2023 中国建筑教育

建筑设计理论·思想与方法

CHINA ARCHITECTURAL EDUCATION

组织编写 | 中国建筑出版传媒有限公司（中国建筑工业出版社）
教育部高等学校建筑学专业教学指导分委员会
全国高等学校建筑学专业教育评估委员会
中国建筑学会

中国建筑工业出版社

图书在版编目（CIP）数据

2023中国建筑教育 = CHINA ARCHITECTURAL EDUCATION. 建筑设计理论·思想与方法 / 中国建筑出版传媒有限公司（中国建筑工业出版社）等组织编写. -- 北京：中国建筑工业出版社，2024.9. -- ISBN 978-7-112-30127-0

Ⅰ.TU-4

中国国家版本馆CIP数据核字第2024N0K283号

责任编辑：李　东　杨桂龙　徐昌强　陈夕涛
责任校对：张惠雯

2023 中国建筑教育
建筑设计理论·思想与方法
CHINA ARCHITECTURAL EDUCATION

组织编写 ｜ 中国建筑出版传媒有限公司（中国建筑工业出版社）
　　　　　　教育部高等学校建筑学专业教学指导分委员会
　　　　　　全国高等学校建筑学专业教育评估委员会
　　　　　　中国建筑学会

*

中国建筑工业出版社出版、发行（北京海淀三里河路9号）
各地新华书店、建筑书店经销
北京雅盈中佳图文设计公司制版
建工社（河北）印刷有限公司印刷

*

开本：965毫米×1270毫米　1/16　印张：$12\frac{3}{4}$　字数：437千字
2024年5月第一版　2024年5月第一次印刷
定价：48.00元
ISBN 978-7-112-30127-0
（43188）

版权所有　翻印必究
如有内容及印装质量问题，请与本社读者服务中心联系
电话：（010）58337283　QQ：2885381756
（地址：北京海淀三里河路9号中国建筑工业出版社604室　邮政编码：100037）

2023 年

顾　　问：（以姓氏笔画为序）
齐　康　关肇邺　吴良镛　何镜堂　张祖刚　张锦秋　郑时龄　钟训正
彭一刚　鲍家声

主　　编：仲德崑
执行主编：李　东
主编助理：鲍　莉

编委会委员：（以姓氏笔画为序）
马树新　王　竹　王建国　毛　刚　孔宇航　吉国华　吕　舟　吕品晶
朱　玲　朱文一　仲德崑　庄惟敏　刘　甦　刘　塨　刘加平　刘克成
关瑞明　许从宝　孙　澄　孙一民　杜春兰　李　早　李子萍　李兴钢
李岳岩　李保峰　李振宇　李晓峰　李翔宁　时　匡　吴长福　吴庆洲
吴志强　吴英凡　沈　迪　沈中伟　宋　昆　张　利　张　彤　张　颀
张玉坤　张成龙　张兴国　张伶伶　陈　薇　邵韦平　范　悦　单　军
孟建民　赵　辰　赵　琦　赵万民　赵红红　饶小军　桂学文　顾大庆
徐　雷　徐洪澎　黄　薇　梅洪元　曹亮功　龚　恺　常　青　常志刚
崔　愷　梁　雪　韩冬青　覃　力　曾　坚　雷振东　魏春雨

特邀学术主持：（以姓氏笔画为序）
邓智勇　史永高　冯　江　冯　路　张　斌　郭红雨　黄　瓴　黄　勇
萧红颜　谭刚毅　魏皓严

海外编委：张永和　赖德霖［美］

学术支持：清华大学建筑学院　　　　　　同济大学建筑与城规学院
　　　　　东南大学建筑学院　　　　　　天津大学建筑学院
　　　　　重庆大学建筑城规学院　　　　哈尔滨工业大学建筑与设计学院
　　　　　西安建筑科技大学建筑学院　　华南理工大学建筑学院

目 录

1 建筑学低年级教学实践与探索 …………………………………………………………………… 7

苏黎世联邦理工学院构造基础设计教学的"建构性"解读 / 陈 静 李岳岩 …………………… 7
从校园认知出发——基于校园体认的浙江大学"建筑设计基础Ⅰ"教学研究
　　　　　　　　　　　　　　　　　　　/ 张 焕 曹震宇 吴 璟 张 涛 吴津东 夏 冰 …… 15
从"民居测绘"到"建筑认知"——央美建筑学专业社会实践课程教学创新研究
　　　　　　　　　　　　　　　　　　　/ 王小红 范尔蒴 曹 量 岳宏飞 …………………… 21
问题导向、体验先行、开放拓展——华中科技大学建筑学二年级设计课程教改探索
　　　　　　　　　　　　　　/ 周 钰 沈伊瓦 郝少波 张 婷 雷晶晶 汤诗旷 李新欣 韩梦涛 …… 31
空间的具身体验与叙事建构——建筑设计基础教学改革与实验刍议 / 艾 登 饶小军 曾凡博 …… 43
综合进阶——建筑学专业基于思维和技能"双目标"架构的高阶设计课程初探
　　　　　　　　　　　　　　　　　　　/ 陈 翔 金方 裘知 王雷 林涛 刘翠 …………………… 55
高密度城市环境建筑设计的 PBL 目标分解式教学研究 / 林晓钰 虞 刚 …………………… 65

2 设计教学的多学科思考 ……………………………………………………………………………… 72

理论·感知·设计——基于声漫步的建筑声学教学创新与实践 / 李新欣 谭刚毅 岳思阳 …… 72
新工科背景下建筑材料和构造课程教学探讨 / 陆 莹 毛志睿 …………………………………… 79
问题和案例导向下的城市建成环境技术类课程改革探索——以《城市环境物理》课程为例
　　　　　　　　　　　　　　　　　　　/ 何玥儿 袁 磊 ………………………………………… 85
建筑设计教学中气候设计训练的三个阶段路径 / 陈晓扬 邓 浩 ………………………………… 91
融入"研究型设计"理念的绿色建筑声学课程教学方法探讨 / 邵 腾 杨卫丽 王 晋 郑武幸 … 97
适宜于建筑学学情的多维度融合式建筑结构课程教学研究 / 熊健吾 杨茜茹 张 埕 ………… 103

3 数字技术与教学研究 ………………………………………………………………………………… 108

与人工智能协作和数字化技术应用的艺术教学实验研究
　　——以"创造形态：建筑学专业基础—艺术造型素描课程"为例 / 于幸泽 ………………… 108
结合参数化设计与美学素养的建筑设计课程的教学实验 / 万欣宇 朱宏宇 肖 靖 卢家兴 … 116
VR 创新教学模式在课程设计教学中的应用——以图书馆建筑设计教学为例
　　　　　　　　　　　　　　　　　　　/ 徐 伟 沈 雄 汤宇霆 朱珍华 …………………… 127

4 建筑历史与理论 ……………………………………………………………………………………… 135

1974 年南禅寺的保护与修缮——兼论 1970 年前后（1966—1976 年）我国建筑遗产保护的理念和实践
　　　　　　　　　　　　　　　　　　　/ 高 瑜 青木信夫 ……………………………………… 135
环境伦理视域下风土聚落可持续发展策略——记云南怒江丙中洛秋那桶村更新设计
　　　　　　　　　　　　　　　　　　　/ 陈虹羽 杨 毅 杨 胜 张廷辉 …………………… 144

5 基金选题研究 ………………………………………………………………………………………… 151

建筑学视域下国家社会科学基金项目的选题研究 / 戴秋思 周浩楠 …………………………… 151

6 教学观察 ……………………………………………………………………………………………… 159

新常态下民办高校建筑大类本科教育模式创新与实践——以重庆城市科技学院为例
　　　　　　　　　　　　　　　　　　　/ 赵万民 杨龙龙 王肖巍 王 爽 …………………… 159
道器相融：从技能到思维到融通——厦门大学"国土空间规划信息技术"课程教学创新与实践
　　　　　　　　　　　　　　　　　　　/ 李 渊 黄竞雄 梁嘉祺 ……………………………… 167

7 青年论坛 ……………………………………………………………………………………………… 173

中国各省农村低碳属性特征及其类型化低碳规划策略初探 / 杨宇灏 胡珈恺 胡文嘉 ………… 173
健康建筑视角下养老建筑设计策略初探 / 韩 琪 宗德新 ……………………………………… 187
价值识别与文化运营背景下的旧建筑更新设计方法——以重庆大学创意产业园 8 号楼为例
　　　　　　　　　　　　　　　　　　　/ 陈 纲 季海泽 李政轩 …………………………… 194

CONTENTS

1 Practice and Exploration of Teaching in Lower Grades of Architecture — 7
The "Tectonic" Interpretation of the Basic Construction Design Teaching at ETH Zurich — 7
Proceed from Campus Cognition—Teaching Research on "Fundamentals of Architectural Design I" at Zhejiang University Based on Campus Recognition — 15
From "Residential surveying" to "Architecture Cognition"
—Research on teaching innovation of social practice course of architecture major in CAFA — 21
Problem-Oriented, Experience-Driven, Open and Expansive: Exploration of Design Course Reform of Second Grade in Architecture, HUST — 31
Embodied Experience and Narrative Construction of Space: Reflections on the Reform and Experimentation of Foundational Architectural Design Education — 43
Comprehensive Progresses—on Design Courses in Senior Grades with the Double Objectives of Thinking Ability and Professional Skills — 55
PBL Target-deomposed Teaching Research on Architecture Design in High-density Urban Environment — 65

2 Multidisciplinary Thinking on Design Teaching — 72
Theory, Perception and Design: Innovation and Practice in Architectural Acoustics Teaching Based on Soundwalk — 72
Exploring the Teaching of Building Materials and Construction Courses under the Background of New Engineering — 79
Problem and Case-oriented Teaching Exploration on the Reform of Urban Built Environment Technology Courses Taking "Urban Environmental Physics" as an Example — 85
Three Stages of Climatic Design Training in Architectural Design Teaching — 91
Teaching Method of Green Building Acoustics Course Integrating the Concept of "Research-Oriented Design" — 97
Study on an Integrated Building Structures Program Adapted to the Architecture Learning Situation — 103

3 Digital Technology and Teaching — 108
Experimental Study on Art Teaching in Collaboration with Artificial Intelligence and Application of Digital Technology—Taking the "Creative Forms: Basic Course of Architecture-Art Modeling Sketch Course" as an example — 108
Teaching Experiments in Architectural Design Courses with Parametric Design and Aesthetic Study — 116
Application of VR Innovative Teaching Mode in Curriculum Design Teaching—Taking the Teaching of Library Architectural Design as an Example — 127

4 Architectural History and Theory — 135
The Conservation and Restoration of Nanzen-ji in 1974—A Concurrent Discussion on the Concept and Practice of Architectural Heritage Conservation in China around 1970 (1966—1976) — 135
Sustainable Development Strategies for Vernacular Settlements from the Perspective of Environmental Ethics: the Renewal Design of Qiunatong Village in Bingzhong luo, Nujiang, Yunnan Province — 144

5 Research on Topic Selection of Found Project — 151
Research on the Topic Selection of National Social Science Found Project from the Perspective of Architecture — 151

6 Teaching Observation — 159
Innovation and Practice of Undergraduate Education Model of Architecture in Private Universities Under the New Normal—Take Chongqing Metropolitan College of Science and Technology as an Example — 159
The Integration of Tao and Utensils: From Skills to Thinking to Integration — Teaching Innovation and Practice of "Information Technology of Territory Spatial Planning" in Xiamen University — 167

7 Youth Forum — 173
Exploration of Low-carbon Attribute Characteristics and Typed Low-carbon Planning Strategies in China's Inter-provincial Rural Areas — 173
The Design Strategies of Old-Age Care from the Perspective of Healthy Building — 187
Design Methods for Renewal of Old Buildings in the Context of Value Recognition and Cultural Operation—Taking Building 8 of Chongqing University Creative Industry Park as an Example — 194

苏黎世联邦理工学院构造基础设计教学的"建构性"解读

陈 静 李岳岩

The "Tectonic" Interpretation of the Basic Construction Design Teaching at ETH Zurich

■ **摘要**：苏黎世联邦理工学院的建筑教育享有世界声誉。将建筑视为建造艺术的学术传统使得建筑构造与设计相结合的教学成为 ETH 教学的特色和传统。本文围绕"建构"主题，对苏黎世联邦理工学院 2007—2017 年 10 年间斯皮罗教授主持的一年级构造课程的教学思想、教学方法、教学手段等方面进行解读，以期为我国的建筑教育提供一些可供参考的教学素材与教学思路。

■ **关键词**：构造教学；建构；教学方法

Abstract: The architecture education in ETH Zurich enjoys a worldwide reputation. The academic tradition of architecture as the art of building makes the teaching of combining architectural construction and design a feature and tradition of education in ETH. The theme of this article is "tectonic." Organizing and interpreting the teaching ideas, pedagogy, and methods of the first-year construction course hosted by Professor Spiro from ETH Zurich from 2007 to 2017, the author provides some ideas and references for architectural education in China.

Keywords: Construction Teaching; Tectonic; Pedagogy

改革开放后中国城市面貌发生了翻天覆地的变化，其中也不乏那些凸显消费时代特征的新、奇、特建筑。这种对建筑形式视觉感官盲目追求的倾向，深深地刺激着人们对当代建筑教育的思考。瑞士苏黎世联邦理工学院（以下简称ETH-Z）建筑教育中，建筑构造与设计相结合的教学特色与传统折射出瑞士建筑师对建筑形式生成逻辑内在性表达的追求。这种将"建造"视为建筑本质的构造设计教学中所体现的价值观与方法论值得我们借鉴与学习。

1 引人注目的瑞士现当代建筑师与建筑教育

瑞士位于欧洲中部，是一个多山，多民族，多语言（德、法、意、罗曼语）的联邦制国家。在不同的文化背景和地理环境的制约与影响下，瑞士26个州保持着各自鲜明的特色。瑞士建筑也是如此，无明显统一风格，但骨子里却透出一种集体意识——对于建造品质的追求。一种对于建筑物质性有效呈现与建筑设计逻辑的尊重，体现了建筑师与传统建造匠人之间的对话。朱竟翔将瑞士建筑的这种特质总结为"具体精神"——设计真正的语言必须来自建筑的制作过程。传统的引用自原型及符号的建筑形式已被源自建造过程的材料与形式所取代。

ETH-Z是瑞士职业建筑师培养的摇篮，教育品质在国际上久负盛名。虽然在教席制度下每个教授的建筑理念和实践方法大相径庭。但并不妨碍"建造"成为ETH教授们的共同信念。如何将概念转译成一座建筑？如何将其建造起来？如何使其变成现实？从某种意义上讲，"建造"在学院里有极高的探讨价值。建筑构造与设计相结合的教学也成为ETH-Z教学的特色和传统。

2 "将建筑视为建造艺术"的学术传统

脱胎于理工学校（Polytechnic School，1855）[①]的ETH-Z建筑教育不同于当时在世界范围内享有盛誉的"巴黎美术学院"（Ecole des Beauxarts）体系[②]。成立之初ETH-Z就将建筑教育的目标定位为三年制的大匠师（Master Builder），体现了对实践性与技术性的注重。1856年建筑学院院长戈特弗里德·森佩尔（Gottfried Semper）将该学位调整为建筑师（Architect），使其在普遍意义的工科基础上更具人文主义的色彩，尽管如此，它仍区别于艺术范畴下的建筑师（the Academic Architect）。

森佩尔在ETH-Z创立初期所奠定的建筑教育理念更多地体现了当时在德意志建筑界兴起的"建构学"思想——它从两个方面给了建筑学新的定义，"一方面，它反对当时的美学思想因为物质层面的问题而将建筑学视为低级的'机械艺术'的倾向，而努力将建筑学提升为一种具有精神品质的'高级艺术'；另一方面，它又反对文艺复兴建筑学中的'自由艺术'观，要求人们创造性地应对重力和结构等物质因素所限定的建筑学的特殊性，并将这一特殊性由建筑学的困难之处转化为建筑学的伟大之处"[③]。作为那个时期的"建构"理论的核心人物之一，森佩尔在ETH-Z任教期间（1860—1863年）完成了《技术与建构艺术的风格和实用美学》，书中将建筑四要素与特定的建构工艺对应起来。对此建筑史学家约瑟夫·里克沃特（Joseph Rykwert）这样评价：森佩尔的体系中，传统观念中那种需要脱离物质和实用需求并进入精神层面才能成立的"高级艺术"与建立在物质和实用层面基础之上的"制造艺术"其实并没有本质的区别，它们都源自自然界并且有相同的形成法则，而建筑学正是传达这些法则的最佳中介[④]。

森佩尔的"建构"思想影响并刺激到当下的思考，以肯尼思·弗兰姆普敦（Kenneth Frampton）的《建构文化研究》（Studies in Tectonic，1995）为代表。他以"诗意的建造"（poetics of construction）直击20世纪60年代以来，建筑学在围绕商品形象而组织起来的媒体和景象社会中所面临的问题，进而引发了人们对建筑学"自治"（Autonomy）的讨论，唤起学者将建造视为建筑本体的思考。ETH-Z的赫伯特·克莱默（H.Kramel）教授在其负责的"基础设计"（1984/1985—1995/1996学年）课程中构建了功能与空间/场地与场所/材料与结构的教学框架（图1）；从建筑构造教席的安德烈·德普拉斯（Andrea Deplazes）教授在《建构建筑手册》（Constructing Architecture，2005）[⑤]中提出的类型—建造—地形理论框架中（图2），我们可以看到：将建筑视为建造艺术（art of building），建筑形式来自于建构理性的意识观念，在ETH-Z的教学中从未缺席。

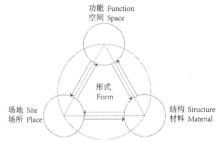

图1 克莱默教授"基础设计"课程教学框架图

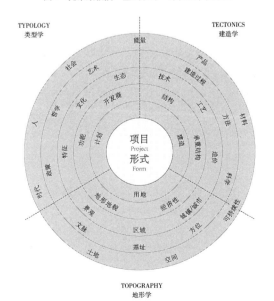

图2 德普拉斯教授《建构建筑手册》理论框架图

森佩尔所奠定的学术传统深深根植于在那里受过教育的每一个人。

3 建筑构造与设计相结合的教学模式

ETH-Z 建筑教育，在 2007 年之前实行的是 5 年 Diploma 学制（其学位相当于国内的硕士学位），2007 年之后按照博洛尼亚进程（Bologna Declaration）[6]的标准将原本 5 年的学制划分为 3+2（本科＋硕士）两个阶段。在"将建筑视为建造艺术"的教学理念指导下，建筑构造与设计相结合的教学模式贯穿整个课程学习直至在毕业设计。构造原理（BUK）的教席跟进各个工作室，与设计教师一起指导学生的设计作业，保证设计方案的技术落地性。

ETH-Z 强调建筑构造与设计相结合的教学的特色和传统，特别体现在自 1961 年由伯纳德·霍斯利（Bernhard Hoesli）教授创立的基础教学体系中。该体系由视觉设计、建筑设计及构造设计三门主干课程构成。1961—1967 年间在构造教席海因茨·罗纳（Heinz Ronner）教授推动下，构造课程（Konstruieren）由最初的每周 3 课时增加到了与视觉设计（Architektur and Kunst）、建筑设计（Entwerfen）相同的课时与学分（每周各一天，8 学分）。罗纳教授的继任者赫伯特·克莱默（H. Kramel）教授认为建造不仅是知识的产物，也是意向的结果，建造过程的真实性也是设计的发生器。克莱默教授在 1971—1983 年主持构造课程期间，成功实现了构造教学的"设计化"转型。将建筑构造课视为一门设计课，它区别于将建筑设计看作是感念（Concept）的成果，是将建筑设计作为建造艺术的整体设计，深入到建造层面。

4 ETH2007—2017 年构造设计课程作业的"建构"性解读

本文选取了 ETH 安妮特·斯皮罗（Annette Spiro）教授[7]的《如何开始》（How to Begin, 2018）一书，通过对斯皮罗教授教案以及学生作业的阅读，在构造课程的"设计化"教学模式下，探讨将建筑视为建造艺术的"建构"教学方法。

4.1 构造课程的结构与内容

《如何开始》是斯皮罗教授主持的 ETH-Z 一年级构造课（Konstruktion I+II）10 年间（2007—2017 年）教学成果的汇总。全书共六部分：一、词汇表——按照字母排序的方式，对构造原理的相关术语进行汇编。体现了斯皮罗教授的建筑观念，也是其教案的思想注脚。二、设计练习。三、设计项目。四、讲座——共 3 篇，第 1 篇是斯皮罗教授 2008 年的就职演讲——《当墙上的污渍变成了兔子》（When the Stain of the Wall Becomes a Rabbit）；第 2、3 篇分别取自 2016 年的构造课讲座：《关于地面》（Concerning Floors）和《经济的七种形式》（Seven Forms of Economy）。五、九名学生的观点分享——描述了他们的学习动机和期望，以及他们在建筑课程开始时所经历的一切。六、工作日志——记录了斯皮罗教授组织的对一年级课程产生影响的工作坊、选修课、游学、研究项目、出版物和展览会。

其中，练习与设计（Exercises and Projects）部分是一年级构造课（Konstruktion I+II）的核心，其教案设计围绕 8 个核心构造问题设置练习题目，层次分明，目标清晰。设计题目与练习环环相扣，形式与空间的生成直指建造本体问题（表1）。

4.2 构造课程的教学理念

在 ETH-Z 设计的第一课是从建造开始的，斯皮罗教授将其视为"圣火点燃"的开始。练习 1——从帽子到棚屋，要求学生完成一顶帽子的制作及其图解制作过程，进而将帽子转化成一个最小居住单元的棚屋，并运用蒙太奇的手法将其拼贴到场地环境中，从而完成第一个建筑设计作品（图3）。

从这个题目的设计中我们可以体会到斯皮罗教授独具匠心的教学构思，"帽子"具有从头开始的寓意，同时"棚屋"往往也被视为建筑的起源，两者结合不言而喻。对于一个初出茅庐的建筑师，第一个作业不应该仅仅是动动手的练习，也是一个作品——一个对于天才的富有创造力的初学者也能完成，但对于经验丰富的专业设计师也难以完成的作品。由此来满足初学者的好奇心与野心。

这个练习中也暗含了对建筑构造的基本原理和设计内容，构造这门介于经验与知识之间（empiricism and knowledge）的学科。对于知识而言，它研究的是建筑物的构造组成以及各构成部分的组合原理与构造方法；对于经验而言，它又是一种能力，是一种将要素组合拼装在一起的能力。当这些要素的组合达到了"整体系统的艺术"性时，就具有了如森佩尔所说的"建构（Tectonic）"性[8]。

4.3 构造课程的教学方法

斯皮罗教授认为：工具的选择会对设计的结果产生直接的影响。在艺术家手中的是一只削尖了的铅笔还是一直柔软的画笔最后的成果是截然不同的，连思考的方式都不一样。斯皮罗教授用一张意大利建筑师乔瓦尼·吉奥·庞蒂（Giovanni Gio Ponti）1970 年在意大利塔兰托上帝之母教堂（Gran Madre di Dio in Tarent）工地上置入绘图桌的照片（图4），向初学者阐明了设计与建造两者密不可分的关系——就像乐谱离不开演奏，建筑作为具象的存在，它离不开建造。建筑施工工地亦是建筑师的工作室。与之相对应的教学中，模

表1 ETH一年级构造课（Konstruktion I + II）（2007—2017年）课程结构

主 题	练习题目		设计题目
1 从帽子到棚屋 From Hat to Hut	1.1	帽子 A hat	1 塔 Tower 在乡村设计一座塔
	1.2	建造图解 Building instruction	
	1.3	棚屋 A hut	
2 构造原理 Construction Principles	2.1	浇筑 Casting	2 宴会厅 Banqueting Hall 容纳24人的宴会厅
	2.2	层叠 Layers	
	2.3	框架 Framework	
3 定义物体 Object Trouve	3.1	场地与物体 Site and Object	3 宿舍 Overnight Accommodation 24~36人的宿舍
	3.2	家具 Furniture	
4 结构与空间 Structure and Space	4.1	演绎 Interpretation	4 守夜人住宅 House for a Night Watchman
	4.2	异常与适应 Exception and Adaptation	
	4.3	空间与光 Space and Light	
5 先例 Minds and Mentors	5.1	平面分析 Plan of Analysis	5 公交车站 Bus Station 8~12道公交站台
	5.2	构造节点 The Constructional Detail	
	5.3	功能流线 Function and Movement	
6 1:1 One to One	6.1	空间大小 Spatial Size	6 市场 Market Hall 400m²的市场
	6.2	剖面详图 Detailed Cross-Section	
7 细部与整体 Detail and Whole	7.1	构造与表现 Construction and Expression	7 海滨浴室 Bathing-Beach Building 服务200人的海滨浴室
	7.2	细部模型 Detail Model	
	7.3	装配图解 Assembly Instructions	
8 材料 Materials	8.1	收集与分类 Collecting and Ordering	
	8.2	模仿 Imitation	
	8.3	材料与项目 Material and Programe	

图3 ETH构造作业一：从帽子到棚屋（从左至右依次是：帽子，帽子制作图解，棚屋，场景拟合）

图4 教堂工地上置入绘图桌

型制作（Making）和图纸绘制（Drawing）是学习的基本工具。

4.3.1 图纸绘制

建筑的平、立、剖面图，透视图，轴测图以及爆炸图②等是学生需要掌握的基本语汇。对于初学者而言，语言的学习一方面要能表达出设计者的想法；另一方面需要传达出正确的信息，起到交流的目的。在斯皮罗教授的教学过程中，设计练习中以徒手草图和手绘图纸表达为主。手绘图纸不仅仅是一个技能的训练，也是设计思维的训练。心手合一地将想法呈现在图面上时，能更迅速地捕捉到对设计的直观感受与概念；相比之下，以计算机为工具的表达，必须通过精确的尺寸才能将概念转译到图面，从而打断了心手合一的协调性。

构造设计练习的图纸区别于建筑设计的概念图纸。与建筑施工图类似，其重点是表达如何建造、如何实现的问题。正如密斯所说，"建筑始于两块砖被仔细地摆放在一起的那一刻"，在这里"仔细地摆放"成为设计与表达的重点。斯皮罗教授的教案中通常要求学生在设计练习中完成建筑图解说明（building instruction）——无须文字描述的建造手册。以图示语言的方式表达设计对象是如何被建造起来的（图5）。

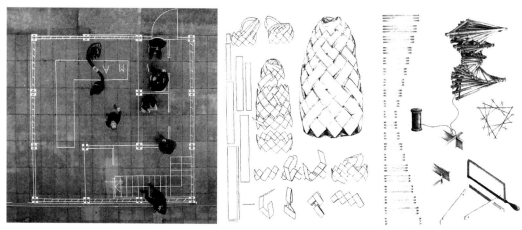

图5 从帽子到棚屋作业中的建造图解

4.3.2 模型制作

将"建造"视为建筑本质的教学方法中离不开模型这个工具。相较于计算机模型存在着设计者和实际物体之间的距离,手工绘图与模型制作使设计者与物体和空间触手可及。正是通过实体模型这种模拟的建造,使结构得以实现,并获得视觉表现。在设计练习中,毫无疑问地将设计的语言指向了制作过程,从而更为直观地体现了建筑形式来自于建构理性的思想。

4.3.3 苏格拉底的问答式教学

斯皮罗教授在教学目标与任务的描述中往往以提问方式进行。例如"场地与对象"的练习中,任务要求学生作项目的场地调研——在树林中选取一个打动自己的场地作为设计基地,在基地周边选取重要的构成要素进行研究。教案针对场地的主客观品质提出如下问题:地形与绿化特征是什么?场地的氛围是什么?光线营造了哪种气氛?场地的味道、声音、温度的感知是什么?场地的空间边界在哪里?视线的方向在哪里?行走的路径在哪里?等等。学生需要带着这些问题进行场地调研,并用书写记录下调研的发现。这种苏格拉底的问答式教学方法更具启发性,更多地激发了学生对问题的思考。

4.4 构造课程的设计练习

4.4.1 构造的基本原理

在森佩尔的建构体系中标明了这两种基本建造技艺类型:一种是由轻质线状构件组合而成的用于围合空间的构架体系(the tectonics of the frame),另一种是在厚重元素的重复砌筑中形成体块和体量的实体结构(the atereotomics of the earthwork)。斯皮罗教授的教案中归纳了浇筑(casting)、层叠(layers)与框架(farmework)三类建造原型,要求学生完成面积不大于 25m²、高度小于 5m 的 1:20 实体模型建造。从单一建造方式出发在寻找建造的法则与秩序中,体会建筑材料的构造与空间特征。

"浇筑"建造要求学生重点关注模版的规划与设计,因为它不仅涉及施工的逻辑性,同时需要推敲空间的虚与实,正形与负形,积极与消极的对立与统一(图6);"层叠"建造中,标准化的砖是唯一的建筑材料。在砌筑过程中,丁、顺错缝等各种砌筑方式如何在满足力学受压的状态下通过拱或悬挑实现从墙面到屋面的空间覆盖,是课程设计的重点与难点。通过练习,学生很容易理解砖与缝编织所形成的肌理美,不是源自图案纹样美学而是源自建造(图7)。"框架"的建造中杆件的节点连接是核心问题。首先要解决的是如何用统一的节点对杆件(长度限定在 2m 内)进行连接形成稳定的三角形受力体系,区分杆件的受压与受拉性能。其次是解决杆件与地面的连接问题,以及从墙面到屋面的空间有效覆盖问题(图8)。

通过练习,学生最直观地看到了材料如何通过不同的构造方式创造了空间。形式的生成源自建造的理性。

4.4.2 构造、结构与空间

构造与结构以及建构关系密切,但又是截然不同的概念,正如爱德华·塞克勒(Eduard Sekier)在其经典论文《结构,构造,建构》(Structure, Constructure, Tectonics)中所说:"结构通过建造得以实现,并且通过建构获得视觉表现"⑩。在这三者关系的训练中,斯皮罗教授教案的设计是从屋顶的形式认知开始的。所选的案例往往具有结构主义特征,如阿尔多·凡·艾克(Aldo van Eyck)设计的阿姆斯特丹孤儿院。屋顶规则的形式呈现预示着一定的组织法则——要素与整体的构成逻辑。练习中要素指向是空间结构与支撑结构。练习要求学生从实体(box construction)、板片(crosswall construction)与杆系(skeleton construction)三大建造系统来推测屋面下的结构系统,并研究其空间特征。

尽管,现代的实际工程中混合的建造方式变得越来越多,但是作为三种建造系统的原型,能

图6　浇筑模型（模版与实体）　　　　图7　砌块的层叠砌筑　　　　图8　杆件的框架

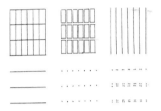

图9　屋顶秩序下的结构与空间研究

图10　墙身剖面大样模型

够较为清晰地为学生揭示空间结构与承重结构的关系。进而能更深层次地探讨结构—构造—建构之间的矛盾冲突与统一协调（图9）。

4.4.3　构造的节点与整体

在建筑构造原理中，通常在建筑纵剖面上将建筑构件划分为基础—墙体—洞口—屋顶四大部分。选取方案的典型剖面制作1∶10的剖面模型，通过定义材料和构件的尺寸以及构造连接方式，确定装配顺序（图10）。

4.4.4　构造与身体

人的身体就是一把尺子，例如脚的长度是英尺（foot）单位，用一肘臂的长度（单位：厄尔ell）来丈量布匹。建筑中，楼梯、台阶的尺度是由人的步幅决定的，人体在定义空间尺度时起到了重要的作用。通常以人体定义建筑的比例尺度，即便是纪念建筑也是如此。建造本身也是一种身体性的事件。

对于尺度的认知与把控只能通过实际经验来获得，这就意味着1∶1真实的比例。斯皮罗教授在新生第一天在练习中，通过帽子的制作将自己的手、身体、日常生活和构造紧密地联系在了一起。剖面练习中，要求学生在1300mm×3000mm的包装纸上绘制出1∶1的建筑剖面图纸，并以自己作为模度人去体验地面、墙面、楼面与身体相关的尺寸（图11）。

4.4.5　构造与材料

建筑构造的设计离不开建筑材料。在我国的专业规范中，建筑材料是建筑构造的先修课程。材料的认知对于实现建筑的真实建造具有重要意义。每种材料都有其自身的形式语言，建筑的形式是生产手段和材料使用的结果。

在练习中我们尚能用1∶1的局部图纸来训练学生通过身体实现对空间与构件尺度的真实感知力，但是图面显示不出来的是材料的价值及其物

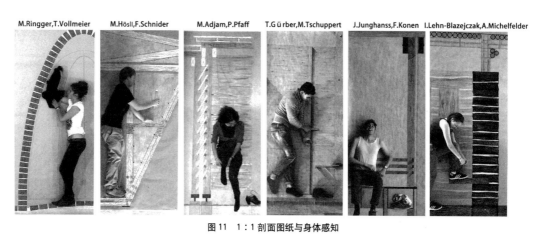

图11　1:1剖面图纸与身体感知

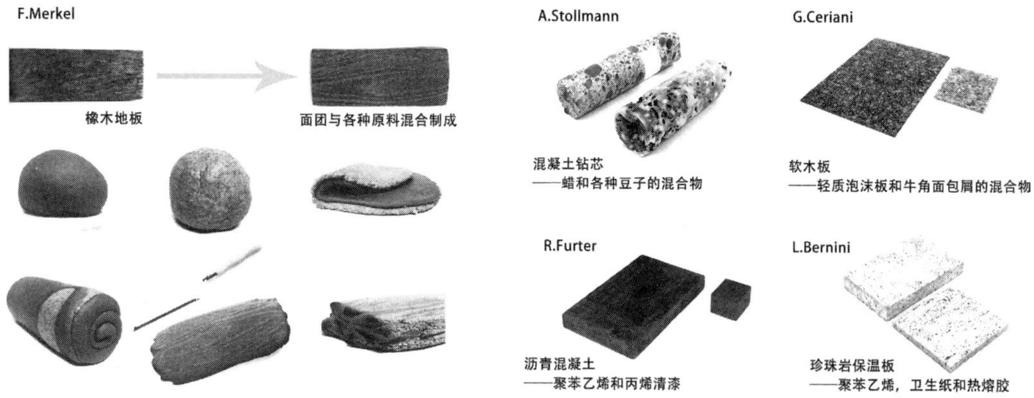

图12　材料模拟练习

理属性。模型制作中对材料的表达也不是真实的。斯皮罗教授的教案中为了让学生对材料有更为深刻的认知力，练习除了针对材料样本的研究外，模拟成为一种路径。正如路斯在《饰面理论》和《建筑材料》中所说的劳动的质量决定了物品的价值。这里的劳动对艺术家而言，就是指工艺技术和艺术性。模拟比原始的材料更有趣。材料模拟练习中，通过模型模拟真实的材料充分调动各种感官：触觉、视觉、听觉、味觉去感知材料，以增强学生对材料的敏感性（图12）。由此也体现了当代建筑"物质性"表达中，材料定义空间氛围感的意义。

5　ETH构造课程对我国教学的启示

在我国，现代建筑教育自创立之日起，就深受西方古典主义学院派的影响。尽管，建筑学专业属于工学学科，但其核心课程建筑设计更偏向于艺术范畴，注重式样与外观。建筑构造课程属于技术基础课程，课程重点讲述建筑物从地基到屋顶的各个构件与构件之间及构件本身组合的设计原理和方法，同时涉及建筑材料，结构选型，建筑物理，建筑设备与制品，施工方法以及建筑工业化与视觉艺术等方面的主题。虽然建筑构造课程在建筑学专业中占有重要的地位，但主讲教师多为技术教研室老师，教学方式以原理讲授为主。课程一般在2~3年级开设。在各大高校建筑设计与建筑构造课程各自为政的局面是普遍存在的。

作为一种当代的建筑理论，21世纪初"建构"在中国建筑界掀起了研究的热度。学界以此作为针对我国当前全球商业化进程和资本主义无限扩张化下"奇观"建筑与"视觉盛宴"建筑进行批判与反抗的理论武器。这也深深触及了建筑教育，各高校的基础教学中掀起了"建构教学的热潮"。这不仅为设计教学提供了新思路与新方法，并且成为沟通建筑设计与建筑技术课程的桥梁。近年来，随着国内学者对"建构"理论理解的深入，更多的教师在高年级的设计课程中加入了"建构"的思想与理论。但是与ETH从建筑师的职业教育的第一课就开始的构造教学，以及在教学中传达的"构思与建造密不可分"的理念和"设计化"的构造教学相比，我们的构造教学体系还有待于进一步完善。

（感谢：感谢瑞士苏黎世联邦理工大学建筑学硕士侯雅馨同学对本文的贡献。）

注释

① 1854年瑞士联邦理工学校（Swiss Federal Polytechnic School）成立，1911年更为现名苏黎世联邦理工学院（Swiss Federal Institute of Technology）。建筑学院（Building School）成立于1855年，由著名建筑师桑珀（Gottfried Semper）任首任院长。

② 巴黎美术学院（Ecole des Beauxarts）成立于1819年，1968年解体。隶属于法国国家的艺术学院。其前身是1671年路易十四创建的皇家建筑学院（Academie Royale d`Architec）。
③ 米切尔·席沃扎.建筑学的建构哲学.王丹丹，译[M]// 丁沃沃，胡恒.建构文化研究：第一辑.北京：中央编译出版社，2009.
④ 约瑟夫·里克沃特.森佩尔与风格问题[J].王丹丹，译.时代建筑，2010，1：120-123.
⑤ ETH-Z构造课必备参考书。
⑥ 1999年欧洲29个国家在意大利的博洛尼亚大学签订的《博洛尼亚宣言》，旨在整合欧盟的高等教育资源，打通教育体系，为学生提供转学和就业的机会。
⑦ 安妮特·斯皮罗（Annette Spiro）教授，1957年出生，先后在德国的奥芬巴赫艺术学院学习黄金和珠宝设计（Golden and Jeweral Design），瑞士苏黎世联邦理工学院（ETH-Z）学习建筑设计。1991年与斯蒂芬·甘腾宾（Stephan Gantenbein）于苏黎世共同创立"安妮特·斯皮罗与斯蒂芬·甘腾宾建筑师事务所"。2007年获得ETH-Z建筑与构造教席。
⑧ 在森佩尔的《技术与建构艺术中的风格》一书中将"建构（Tectonic）"一词定义为："将呆板的、以条状（或杆状）塑造而成的局部组装成为一个不可动摇的整体系统的艺术"。
⑨ 爆炸图（exploded-view drawing）通常以等轴测图的方式将建筑拆解为构件，并表达各个构件组合和装配在一起的顺序的图纸。这种图纸最早可以追溯到文艺复兴时期马里诺·塔科拉（Marino Taccola，1382—1453年）的笔记本，并且由Francesco di Giorgio（1439—1502年）和达芬奇（Leonardo da Vinci，452—1519年）完善。
⑩ 焦洋.在"结构，建造，建构"之间——读爱德华·塞克勒《结构，建造，建构》一文有感[J].建筑师，171：32-33.

参考文献

[1] 王路，郑小东.当代瑞士建筑[J].建筑学报，2005（2）：80-83.
[2] 克里斯蒂安·克雷兹.从概念到建造：ETH克雷兹工作坊15年教学实录[J].晏俊杰，葛明，张旭，译.建筑学报，2016（1）：11-16.
[3] 居伊·德波.景观社会[M].张新木，译.南京：南京大学出版社，2017.
[4] 丁沃沃，胡恒.建筑文化研究[M].北京：中央编译出版社，2009.
[5] 严凡，张萍.解剖一个房子：记ETH建筑系一年级"构造原理"课程[C]//2019中国高等学校建筑教育学术研讨会论文集编委会.2019中国高等学校建筑教育学术研讨会论文集.北京：中国建筑工业出版社，2019：230-233.
[6] 吴佳维.以空间为核心的"设计化"构造教学之形成[J].建筑学报.2019（4）：116-122.
[7] 吴佳维，顾大庆.结构化设计教学之路：赫伯特·克莱默的"基础设计"教学：一个教学模型的诞生[J].建筑师，2018（3）：33-40.
[8] 吴佳维，顾大庆.结构化设计教学之路：赫伯特·克莱默的"基础设计"教学：教案的沿革与操作[J].建筑师，2018（6）：39-46.
[9] 安妮特·斯皮罗.工具的诗学[J].王英哲，译.时代建筑，2012（2）：44.
[10] 尤哈尼·帕拉斯玛.肌肤之目：建筑与感官[M].刘星，任丛丛，译.北京：中国建筑工业出版社，2020.
[11] 肯尼思·弗兰姆普敦.建构文化研究[M].王骏阳，译.北京：中国建筑工业出版社，2007.
[12] 阿道夫·路斯.从《建筑材料》到《饰面原则》：阿道夫·路斯《言入空谷》选译[J].范路，译.建筑师，2011（6）：74-78.
[13] 杨维菊.建筑构造设计[M].北京：中国建筑工业出版社，2019.
[14] SPIRO A，KLUGE F. How to begin? Architecture and construction in Annttes Spiro's frist-year course, ETH Zurich[M]. Gta Verlag, 2018.

图表来源

图1：吴佳维，顾大庆.结构化设计教学之路：赫伯特·克莱默的"基础设计"教学：教案的沿革与操作[J].建筑师，2018（193）：35.
图2：安德烈·德普拉泽斯（A. Deplazes）建构建筑手册 材料 过程 结构[M].任铮钺，等译.大连：大连理工大学出版社，2007.
图3~图12，表1：根据SPIRO A，KLUGE F. How to begin? Architecture and construction in Annttes Spiro's frist-year course, ETH Zurich[M].Gta Verlag, 2018整理

作者：陈静，西安建筑科技大学建筑学院建筑系教学专业委员会主任，教授；李岳岩，西安建筑科技大学建筑学院，教授

从校园认知出发——基于校园体认的浙江大学"建筑设计基础Ⅰ"教学研究

张 焕　曹震宇　吴 璟　张 涛　吴津东　夏 冰

Proceed from Campus Cognition—Teaching Research on "Fundamentals of Architectural Design I" at Zhejiang University Based on Campus Recognition

■ **摘要**：高校建筑学低年级教学的切入角度多样。从学生身边的空间环境入手的角度，有助于让新生较快认识建筑学学习内容。但是相关角度较少系统地从"校园认知"的角度构建教学体系。本文基于浙江大学建筑学"建筑设计基础Ⅰ"课程实践，从"校园认知"理念出发，从"宏观校园""中观组团""微观建筑"三个尺度，引导建筑学新生体会身边的空间氛围、建立组团认知、分析建筑单体，系统构建了一套多尺度、感悟性的建筑入门课程教学方法，培养由切身体认而来的建筑学习热情。

■ **关键词**：校园认知；校园空间；课程改革；建筑学新生

Abstract: There are various perspectives for teaching architecture in lower grades in universities. Starting from the perspective of the spatial environment around students can help freshmen quickly understand the learning content of architecture. However, there is relatively little systematic construction of teaching systems from the perspective of "campus cognition". This article is based on the practice of the "Fundamentals of Architectural Design I" course in Architecture at Zhejiang University. Starting from the concept of "campus cognition", it guides new students in architecture to experience the spatial atmosphere around them, establish group awareness, and analyze individual buildings from three scales: "macro campus", "meso cluster", and "micro architecture". A multi-scale and insightful teaching method for the introductory course of architecture is systematically constructed, cultivating a passion for architectural learning that comes from firsthand experience and cognition.

Keywords: Campus Cognition；Campus Space；Curriculum Reform；New Students in Architecture

一、课程立意

高校建筑学教学模式与中学教育模式差异巨大,一直以来会令部分新生难以适应;近年来随着行业下行,建筑学对新生的报考吸引力下降。因此,有必要基于新生感同身受的视角,从建筑学大一教学开始,让新生切身体会、认知到学科的价值所在,进而培养和保持学习兴趣。

浙江大学的本科教育鼓励理论学习与创造激发联动,在教学体系、教学方式与教育评价方面作出多元探索,校园空间作为支持学科专业传承环境的作用也日益凸显[1]。

因此,浙江大学建筑学大一课题组相关老师编排了教学教案,配套"建筑设计基础 I"课程,在2021—2022学年试行教学。既将校园认知要素结合到建筑设计基础的教学任务中,也要培养与保持大一新生对建筑设计学科的兴趣,探索了专业课知识点与校园认知方式方法结合的难点[2]。

二、校园认知教学设计

课程为建筑学(大类招生)大一新生所上的第一门专业基础课,在每学年的秋季学期第八周进行。校园以其功能复合、交通复杂的特点被类比为微观城市[3],因此课程主要针对新入学的大学生,基于对校园空间充满热情的学习心态,建立空间环境是人们生活的物理范围的概念,尝试理解各种实体与空间要素。让同学们意识到,空间环境具有认知意象,空间的认知与分析是空间设计的基础。大学校园的空间、建筑、景观等所形成的校园氛围和校园环境,对学生有着直接或潜移默化的教育作用[4]。本课程通过对浙江大学紫金港校区校园的空间体验与意象认知(图1),形成"宏观校园、中观组团、微观空间"三个尺度的教学方法,引导学生掌握空间环境的基本要素,及对其感知、认知与分析的基本方法,如下:

图1 浙江大学紫金港校区平面图(浙江大学内部资料)

尺度一:宏观校园:感知校园的空间环境、形成环境意向。

尺度二:中观组团:观察组团的建筑实体和外部空间,分析其组织结构和组合关系。

尺度三:微观空间:识别并分析单个空间的限定方式和特征。

基于课程设计,"校园认知"围绕三方面融入展开:

①形式:课程是学生从高中知识学习过渡到大学专业学习的重要节点,是专业素养基础养成的原点,事业三观塑造的新起点。

②成效:课程充分挖掘校园空间中蕴含的教学素材。

③融点:课程要保证教学中将"校园认知"内容与专业知识内容有机融合。

授课形式与教学方法上结合课堂讨论、参观体验、师生讨论、方案比选等方式;预期教学成效上,通过对调研报告与设计方案的点评与讲解,做到可评估评价,让学生有获得感。

(一)尺度一:宏观校园

尺度一要点:意向认知。宏观校园层面的专业教学,主要通过指引学生在浙江大学不同校区中通过步行、自行车和机动车等多种方式,观察、体验与记忆校园中的各重要建筑和区域,充分了解校园空间的整体感受(表1)。

(二)尺度二:中观组团

尺度二要点:组团赏析。中观层面的组团主要由建筑实体和外部空间组成,两者互为图底、相互依存、缺一不可。组团内的建筑之间或在功能上联系紧密,或在形式上相互协调,共同构成建筑群体;而外部空间或环绕于建筑周边,或由建筑围合,是可被清晰感知并具有实际意义的空间。本阶段的专业教学中,选择紫金港校区校园中的一处组团,在步行体验的过程中观察并记录建筑实体与外部空间的基本信息,以照片、模型、图纸的方式呈现,进而图示分析外部空间的组织结构与组合关系(表2)。

(三)尺度三:微观空间

授课要点:单体分析。挑选校园内典型校园建筑单体,分析组团外部空间的界面围合,如:基面变化、垂直面界定、顶面覆盖等。对空间的围合方式进行分类和整理,并分析围合方式与空间功能、空间性质和空间感受的关系。通过平面图和剖面图将主要空间的大小进行分析和比较,并结合体验者的空间感受,了解外部空间尺度与空间功能、空间性质的关系。本阶段的练习中要求首先在紫金港校区校园的公共区域中选择寻找五处具有清晰识别度和不同限定方式的单个空间进行观察与记录;然后选择其中的一个空间实例,对其进行抽象与再现(表3)。

"尺度一：宏观校园"校园认知内容设计表　　　　　　　　　　　　　　　　　　　表1

周次	专业教学任务	专业教学要点	教学融点	教学形式	教学成效
第一周	充分了解校园空间的整体。然后，在每位学生自己的校园体验基础上，体会城市意象五要素的基本概念（路径、区域、边界、节点和地标）（图2）	1.五种认知意象要素的基本概念	美丽校园：通过感受不同时代的浙大美丽校园，体会国家建设带来的学习生活条件进步与变化	现场调研：参考校园地图，选择不同的路径与方式调研感受散落在浙大校园各个节点的浙大校史、党团、校友人物事迹纪念等空间节点，并用相机、速写本等工具记录自己的观察，从而充分建立对校园空间的整体认知	校园认同：产生对浙大抗战西迁历史等的校园事迹与空间认知的共鸣
第二周	分析不同要素的具体位置，分布与结构，采用恰当的图示在校园地图上进行标注与表达（图2）	2.校园中五要素的具体表现形式		课堂教学：理解马克笔与图示图标语言，用合适的颜色、图例，在紫金港校园地区的底图上绘制包含五种要素的校园空间节点图。用一段文字论述自己对校园节点空间认知与思想、体验、思考的过程（图2）	
第三周	综合考虑各空间意向要素的特点和意义。尝试将五个意象要素相结合，规划出一条校园认知和体验的导览图	3.意象要素的分析方法与图示表达		讨论互动：当下以紫金港校区为例的浙大新校区，有诸多需要改进建设的地方，尤其是校园空间在校园中存在感较低，空间偏展陈，互动性不够，值得让学生各抒己见	要素意向：对校园空间进行分析与表达，绘制新生的校园游览线路图（图2）

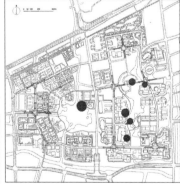

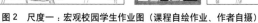

图2　尺度一：宏观校园学生作业图（课程自绘作业、作者自摄）

"尺度二：中观组团"校园认知内容设计表　　　　表2

周次	专业教学任务	专业教学要点	教学融点	教学形式	教学成效
第四周	对紫金港校区校园中指定的片区进行初步的现场踏勘，在此基础上确定个人研究的具体范围并作进一步的详细调研。调研过程中，观察并记录建筑实体和外部空间的数据信息与视觉感受，并以模型、图纸、照片和文字的方式进行综合呈现（图3）	1.建筑实体与外部空间的结构、序列与组合	组团赏析：专门选择类似南华园、求是大讲堂等中华传统建筑组团，作为高品质或者高等级的学校核心组团来研究分析	现场调研：选取校园内具有校园含义的组团，绘制实体与空间的图底关系图，图纸比例自定。在调研范围内拟定一条串联主要外部空间的路线。现场调研时，按拟定路线行走，体验组团中的外部空间，特别关注空间之间的衔接、转换、渗透与层次。拍照记录主要的空间节点，并在其中选取九张照片，表现以时间为序而逐步被感知的外部空间序列（图3）	校园风格：针对紫金港校区纷繁多样的组团风格，树立组团风格上的价值观，从校园认知角度，确立民族传统建筑风格的地位
第五周	梳理上一阶段练习成果，以组团中的外部空间为对象作进一步的分析。首先，尝试提炼外部空间的组织结构，即组团中的外部空间采用何种模式组织为一个整体。其次，关注相邻外部空间之间的组合关系，即两个或多个外部空间之间是如何区分又如何连接的。练习的过程中，初步掌握空间分析的基本技巧和表达方式（图3）	2.空间分析的图示表达		课堂教学：师生讨论提炼校园空间的组织结构。组织结构包括但不限于：街巷式、簇群式、中心式等单一或者复合型的组合。分析校园组团外部空间的功能属性和相关的空间性质，选取典型的相邻外部空间组合实例，以现场照片结合平面、剖面的方式，图示分析其组合关系（图3）。分析的要点包括外部空间的形态、尺度、位置关系，以及邻接界面的状态，并体会校园内容对外部空间带来的变化，及外部空间组织方式对校园内容的展陈表达的作用	

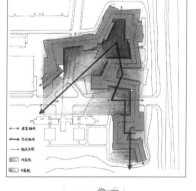

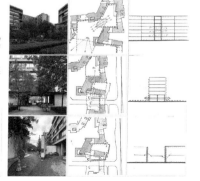

图3　尺度二：中观组团学生作业图（课程自绘作业、作者自摄）

"尺度三：微观空间"校园认知内容设计表 表3

周次	专业教学任务	专业教学要点	教学融点	教学形式	教学成效
第六周	在紫金港校园的公共区域中，寻找具有识别性的单个空间，辨识该空间的几何轮廓及各向界面，同时观察空间内的光影效果和人的活动。选择合适的时间和角度拍摄照片，以充分表现该空间特征；作必要的测量和记录，用以绘制该空间简略的平面图和剖面图（图4）	1. 限定空间的基本模式	模型制作：基于学科匠人特点，贯彻学科真善美与实践结合的规律，通过选取合适的校园空间节点，小组自行改进设计，并通过手工模型或者图纸表达	定点感悟：在紫金港校园中寻找符合特定空间限定方式的校园空间实例。感知例如雕塑、纪念庭院（图4）等校园空间实例的特征，除了几何形态与物理尺寸外，应特别关注在不同时间段光影变化对空间的影响，以及因人的活动和其他因素造就的空间氛围。测量和记录每个校园空间实例的信息数据，自定比例绘制该空间简略的平面图和剖面图	从一幢校园建筑的相关内容开始，动手制作实体模型。并尝试通过局部再设计，进行"校园认知"。通过模型制作等方式，让同学们理解，校园里的校园空间的本质功能是为高校师生提供更好的服务
第七周	在上一阶段练习的五个实例中选取形态、光影、氛围等空间特征最为明显的一个作为本阶段练习的研究对象。对该空间的几何形态和限定要素进行抽象，并制作模型。拍摄模型空间照片，控制光影、视角、尺度、氛围等因素，力求再现原空间的特征（图4）	2. 分析空间特征的基本要素。现实空间的抽象与再现		模型设计：通过抽象、再现等步骤，制作校园空间节点的空间模型。抽象去除对空间特征影响不大的细节，提炼校园空间特征的核心要素——包括空间的几何形态与限定要素。将限定空间的物质要素简化为体块、板片、杆件三种基本形式。制作抽象后的空间模型，以再现空间尺度，营造空间氛围。选择合适比例绘制抽象再现后校园空间的平面图与剖面图（图4）	
第八周	现场答辩				

图4　尺度三：微观空间学生作业图（课程自绘作业、作者自摄）

三、成果与成效

（一）成果形式一：校园特色建筑赏析报告

成效：让新生有自己最喜欢的校园建筑。通过对求是大讲堂、南华园、西教学楼组团、特色园林等校园中华传统建筑空间的走访与分析，让学生了解浙大各大校区的建筑风格风貌（图5），尤其是浙大紫金港校区在校园建设历程上的地位与不足。在相互探讨与比选中，初步建立大一新生对特色建筑的赏析与喜欢的能力。

（二）成果形式二：空间模型与图库

成效：拉近学生与设计实践的距离。从空间上拉近学生与设计实践的距离，让学生关注身边的校园空间，融入校园空间活动中去。进而让学生了解以上这些内容，都需要建筑与空间设计的承载。同时在专业心理上，学生们在对校园要素空间分析的基础上，根据自己的理解，着手提出更好的改进或重新设计方案，抽象再现校园空间，进而获得设计实践与专业成就感、兴趣心理的有机结合（图6）。

四、总结

综上所述，课程建设应随着教学研究的深入与时俱进[5]，浙江大学建筑学"建筑设计基础Ⅰ"通过2021—2022学年试行教学，指引大一新生观察校园空间，体会校园节点功能，引导学生提出校园空间使用改进设计，进而让学生与校园空间产生情感联结；同时也贯穿了空间概念知识点，让学生体会到了初步设计方法，保持了一定的设计成就感与专业兴趣，提高了学生们的校园认知。分阶段分尺度的教学方式让建筑学新生"化整为零"地理解学科知识点，课程取得了良好的教学效果。

图5 校园特色建筑赏析图与报告（课程自绘作业、作者自摄）

图6 校园空间整体模型与节点图库（课程自绘作业、作者自摄）

参考文献

[1] 彭雷,范文奕,靳世涛.促进创新人才培养的大学校园学习环境要素分析：基于两所创新研究型大学校园空间规划的案例研究[J].新建筑,2022(6):98-103.
[2] 李秀英.高职院校建筑工程技术专业进行"校园认知"教学改革探究：以《建筑法规》课程为例[J/OL].现代物业（中旬刊）,2020(6):180-181.
[3] 林旭文,罗子瑜,黄睿.文脉要素作用于校园连接空间形变的设计探讨：以香港城市大学（东莞）招标方案为例[J/OL].建筑与校园,2023(1):19-22.
[4] 张景璇.基于校园文化建设的大学校园规划设计策略研究[D/OL].南京：东南大学,2020.
[5] 刘圆圆.五年制建筑学本科建筑设计系列课思政教学研究[J].住宅与房地产,2020(21):283-284.

作者：张焕,浙江大学建筑工程学院,浙江大学平衡建筑研究中心,副教授,硕士生导师；曹震宇（通信作者）,浙江大学建筑工程学院,浙江大学建筑设计研究院有限公司,讲师；吴璟,浙江大学建筑工程学院,副教授,硕士生导师；张涛,浙江大学建筑工程学院,讲师；吴津东,浙江大学建筑工程学院,副教授,硕士生导师；夏冰,浙江大学建筑工程学院,副教授,硕士生导师

从"民居测绘"到"建筑认知"
——央美建筑学专业社会实践课程教学创新研究

王小红　范尔萌　曹　量　岳宏飞

From "Residential surveying" to "Architecture Cognition"—Research on teaching innovation of social practice course of architecture major in CAFA

■ 摘要：中央美术学院建筑学专业社会实践课程依托美院人文艺术沃土，在下乡实践课程教学改革中探索服务社会的属性，让学生在社会的"第二课堂"展开专业学习和艺术实践。社会实践课程的改革与创新重点将建筑认识实习与课程思政、专业建设相结合，基于建筑学专业与人文艺术高度融合角度，从课程的关联性和梯度性方面进行全面的调整和完善。

■ 关键词：社会实践课；教学改革；建筑认识实习

Abstract: Relying on the fertile soil of humanities and art of the CAFA, the Social Practice Course of school of Architecture explores the attributes of serving the society in the teaching reform of the rural practical course, so that students can carry out professional learning and artistic practice in the "second classroom" of the society. The reform and innovation of social practice courses focuses on combining architectural understanding practice with curriculum ideology and politics and professional construction, and comprehensively adjusts and improves the relevance and gradient of courses based on the high integration of architecture majors and humanities and arts.

Keywords: Social Practice Course；Teaching Reform；Architectural Cognition Internship

引言

中央美术学院建筑学院正式成立于2003年，在艺术院校中是唯一通过建筑学专业本科及硕士教育评估的高校。在新工科背景下，建筑学专业依托美院的人文艺术沃土，建构以"艺术为体、自然为根、人文为魂"，以中国自然哲学为基础，以"实验、创新"为教学方法，以"艺术、自然"为核心理念的本土建筑学教育体系。

中央美术学院社会实践课特指外出写生、艺术考察与社会实践，一般安排在每年4月份，是学校以人才培养为中心理念的集中体现。建筑学专业的社会实践课程立足央美传统下乡实践课程，秉持"艺术来源于生活，又高于生活"的理念，自 2003 年以来，经历了不同的发展阶段：从单纯外出写生，到古村落民居建筑测绘，再扩展到以社会学视角进行田野考察的方式，直至深入乡村社会实践与乡村振兴艺术赋能。在十多年教学中逐步探索建筑学专业下乡实践课程服务社会属性，让学生在社会的"第二课堂"展开专业学习和艺术实践。

一、课程目标——艺术素质培养与社会实践融合

1."艺术修养、价值取向、文化自信"的素质培养

建筑学院致力于培养富有学术创新精神和"艺术家素质"的建筑设计人才，在教学中注重人文艺术素养培养与实践技术传授并重。本文中着重介绍的是本科二年级社会实践课程"建筑认识实习"，教学强调学生亲历考察传统古村落及民居，在地直观感受地域性建筑特点和建造技术等关系，通过在"第二课堂"体验感受，从宏观直至微观层面拓展对建筑的认识。课程同时设置考察现当代优秀中国建筑，为下一步的专业学习做好各种准备。

教学组有意识地训练学生对中国传统建筑文化、建造技艺、村落环境、非物质文化遗产传承等内容展开循序渐进的认识，从"原住民"的生活风俗到非遗发展的传承认知，从传统建造到现代转译的沿袭认知，由浅入深，逐步建构东方自然建筑观。通过一系列社会实践课程培养学生的感性认知力和直觉判断力，强化审美意识。

"建筑认识实习"课程教学目标要求学生在建筑测绘的基础上进行地域性建筑考察和认识，需掌握以下教学要点：1) 通过对古村落不同层面的调研分析，学习空间环境认识方法，强调系统地去观察和记录，对空间环境从总体到单体逐层理性把握；2) 针对地域性民居建筑类型展开研究，从物理空间的有方法的测绘，到了解传统地域建筑和建造工艺的特征；3) 从物理的环境空间认知到非物质形态实地考察，形成对建筑建构文化的初步认知。

2. 下乡课程教学成果转化并服务社会

学生在乡建的"第二课堂"中展开专业考察和艺术实践，促成下乡实践教学成果的整合、应用与转化。在多年的教学改革中逐步形成系统化的教学模式，使学生将"第一课堂"的所学成功转化到"第二课堂"的社会服务，将认知学习延伸到创新创造。围绕弘扬中华文化精神核心价值观，将专业课程与思政教育融合。在下乡社会实践课程中学习传统文化和建筑遗产的同时，通过课程、展览和乡建相结合的形式，推广中国传统建筑文化和当代自然建筑美学理念。多年来，建

图 1　指导教师在考察现场讲解

图 2　现场测绘

图 3　在考察村落进行现场地绘

图 4　现场考察

筑学院的学生共参与国家级大学生创新创业训练计划达 30 项，历年下乡实践课程的教学成果在各类展览、博览会中屡次获奖。

二、课程建设发展历程

本课题组在 2015—2023 年间对我国东南沿海地区传统村落和民居进行了系统性的考察、测绘和研究。

2015 年的下乡课题从福建省泉州南安市官桥镇漳州寮始建于清同治年间（1856—1875 年）的

"蔡氏古民居建筑群"开始,现存较为完整的宅第共16座,单体建筑多为三进或二进五开间的布局。其建筑形式为闽南传统的红砖合院式民居,以"四点金"的建筑形式为主,其年代逻辑清晰,规模庞大,结构完整,做工精美。测绘建筑包括:蔡浅厝、蔡浅别馆、世祐厝、德典厝、世总厝、德棣厝、孝友第、当铺、城隍庙等。

2016—2017年,课题组聚焦闽中地区,对福建省福州市永泰县嵩口古镇进行了较为完整深入的测绘研究。嵩口,古称嵩阳,位于永泰、闽清、尤溪、德化、仙游五县的交汇处,是古代当地重要的漕运枢纽,如今保存完好的明清时期古民居建筑群有100余座。古镇脉络布局完整,建筑形式和谐统一,为闽中传统合院式民居。测绘建筑包括:龙口厝、和也厝、宴魁厝、拔魁厝、耀秋厝、下新厝、望月楼等。

2018年,课题组深入永泰县丘陵地区,进行传统庄寨建筑的考察和测绘。福建庄寨与客家土楼、客家围屋及开平碉楼同属于为抵御土匪侵扰而建设的防御性乡土建筑类型,因地域、社会背景以及文化的差异而各具特色。庄寨主要分布于永泰、闽清、福清等闽东地区,其中永泰庄寨最具代表性。庄寨是在普通民居的基础上加强防御功能后的产物,本质上是闽东大厝衍变发展的结果。庄寨与大厝有很多共同的特点,包括中轴对称的合院形制、以正厅为核心的单中心布局模式以及穿斗梁架结构。测绘建筑包括:爱荆庄、仁和庄、九斗庄、嘉禄庄、万安堡、中埔寨等。

2019年,课题组在福建省平潭岛对东南沿海海岛的石造传统村落和民居进行测绘研究。平潭位于东南沿海,岛上土壤层较薄,地貌大多岩石裸露,盛产花岗岩,同时海风海水侵蚀现象严重,并常年遭受台风的侵袭。因此岛内传统民居在贫瘠的条件下,多就地取材,以条石、毛石、青石等块状石料为墙体的主要材料,以木材作为楼板以及屋顶结构,建造出经久耐用并极具地域特色的石头厝民居。测绘村落包括:君山村、青峰村等。

2020年至2022年,由于疫情原因不便出京,本课程为线上和京内结合进行,课题包括"学生

图6　南安市官桥镇鸟瞰速写

图7　福州市永泰县嵩口古镇航拍

图8　嵩口古镇速写

图9　嵩口古镇特色街道

图5　泉州南安市官桥镇漳州寮"蔡氏古民居建筑群"

图10　嵩口古镇速写

图 11　永泰庄寨航拍

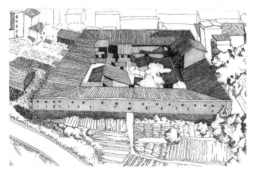

图 12　永泰庄寨鸟瞰速写

图 13　平潭岛传统村落"石头厝"

图 14　平潭岛君山村速写

图 15　杭州市桐庐县深澳村航拍

图 16　深澳村速写

家乡古村落考察""北京中轴线考察"以及"冬奥会建筑考察"。

2023 年，课题组测绘了浙江省杭州市桐庐县深澳村。深澳村位于杭州平原南侧、富春江南岸，是江南地区典型的村、水、田、林、山和谐布局的传统村落，传统建筑保留完整，建筑形式多为浙西地区传统合院式民居。测绘建筑包括：申屠氏宗祠（攸叙堂）、春德堂、怀素堂、继述堂、恭思堂、景瓶草堂、听彝堂、九德堂、八房厅等。

三、课程组织与教学内容

央美建筑学专业本科一至三年级学生通过"自然与文化考察与实践""建筑认识实习"和"城市与传统建筑测绘考察"一系列下乡实习课程进行社会实践能力锻炼，尤其在二年级的"建筑认识实习"课程中强调以田野考察方式认识传统文化和村落。

每年为期 2 周的"建筑认识实习"课程分为两个阶段。第一阶段约 10 天，学生通过短期密集的测绘和田野调查工作，了解不同地区传统村落的历史和发展现状，学习传统村落和自然环境之间的关系，进而从地域性建筑视角研究传统民居与当地气候环境、社会文化的因果联系。第二阶段 4~5 天，作为社会实践课程的重要组成部分，对建成作品进行实地考察的重点在于让学生通过参观当代建筑师的优秀作品，思考传统文化与现代文明的关系，亲历建筑建造过程，建立建构美学的意识。

课程组织一般分为 4 个教师组，一位教师负责 20 个左右的学生。根据多年经验，上述师生比在保证教师辅导效果的前提下，能够实现良好的互动交流和工作氛围。课程授课形式以现场讲授、辅导与评图相结合的方式展开。

课程教师在开课时有针对性地进行一次实地讲授，从村落的空间格局、路网结构、自然环境、建筑类型等方面进行系统性概述，并以小组为单位，组织学生开展村落调研和建筑测绘学习。在调研和测绘学习过程中，每日组织进行一次集中辅导，控制工作进度和调研测绘图纸质量。此外，课程设置两次集中评图，形成学生之间相互观摩

建筑认识实习课程内容安排　　　　　　　　　　　　表1

阶段	教学环节	内容要求
调研测绘阶段	1. 古村落自然因素 2. 环境认知调研 3. 民居测绘	1. 地形地貌、水系山体、气候环境 2. 村落布局、道路系统及街道及公共空间 3. 民居原型、基本型、类型、结构网格、测绘稿平面带柱网、立面
绘制定稿及出图阶段	1. 古村落和民居社会因素调研 2. 民居测绘数据核对 3. 建模	1. 生活、民俗及文化，桐庐地域性建造特点调研分析图绘制 2. 古建测绘图、总图、平面图、立面图、剖面图、轴测图、速写
社会实践艺术赋能	美化乡村活动	墙绘、地绘、美育和文创活动
当代建筑调研考察	当地中国建筑实践考察	了解乡建及当代中国本土建筑实践

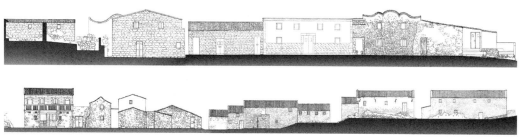

图17　平潭岛君山村街道立面测绘图

学习、师生之间高效互动的良好氛围，促进调研和测绘学习整体质量的提高。

根据上述课程组织和安排，课程主要教学内容分为以下几部分：

1. 古村落自然因素调研

古村落自然因素调研包括地形地貌、水系山体和气候环境。课程首先引导学生从整体角度分析古村落同周边山、水、林、田等自然环境要素的关系，研究当地地形地貌、山水环境和气候特点对村落选址、空间肌理、建筑朝向的影响。从宏观角度认识和理解当地古村落传统村民适应自然、利用自然的生存智慧。

2. 古村落环境认知

古村落环境认知主要包括对村落布局、路网结构、街道与公共空间的认知。课程在环境认知阶段要求学生绘制全村的总平面图、总体鸟瞰图、街道剖面图，并完成村落空间布局、水系、空间功能、绿化景观、重要公共空间节点、街道空间

图18　嵩口古镇鸟瞰速写

图20　永泰庄寨航拍

图19　深澳村鸟瞰速写

图21　深澳村航拍

尺度、景观视线、天际线等相关分析图。此外，学生以小组为单位，确定一处古村落周边广场作为研究对象，通过测绘记录和分析性速写，认识当地村落外部公共空间的具体特征，记录村民交往与公共空间之间的关系。

3. 类型与建筑

古村落类型与建筑研究主要是对民居或古建筑进行实测和分析性写生。引导学生按计划、分步骤、从类型到建筑、从整体到局部进行古建筑研究和测绘学习工作。1）分析并画出当地民居的原型、基型、类型、结构网格；2）建筑测绘，测绘稿—平面图标注柱网尺寸、立面图测绘稿；3）从建筑选址与风水模式与气候条件考察，认识浙江传统民居的特征；4）民居空间布局原理，院落与空间，分析并画出当地民居的构架类型；5）建筑测绘完成剖面测稿；6）结构体系与屋顶关系，等等，结合生活习惯，家族观念等，将空间与行为联系到一起。

4. 地域文化场所空间再现

古村落和民居社会文化因素调研包括生产、生活、民俗文化、地域性建造特点等调研分析。指导学生将测绘建筑空间与人的行为所形成场所进行复原，绘制场景速写。此外，在古村落产业与生活发展历史方面，引导学生对村落进行全面深入的认识了解，收集记录传统文化、民俗等资料，包括文字、图像、视频等。

5. 美丽乡村实践活动

美丽乡村实践活动主要包括"红色1+1""墙绘美丽乡村""乡村艺术展览与美育"等，在下乡社会实践课程中融入思政课题内容。每年通过组织不同形式的实践活动，一方面让学生走进乡村，了解乡村，另一方面是将专业实践学习同乡村建设、乡村美育结合起来，真正将"课程思政"落到实处。

6. 当代建筑调研考察

当代建筑调研考察主要选择当地具有代表性的优秀建筑作品进行实地考察。作为下乡实践课程

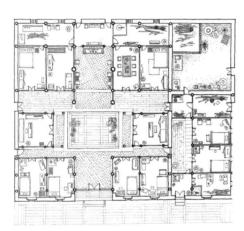
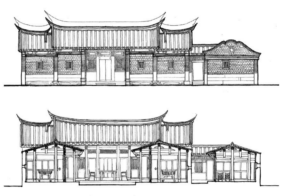

图22 泉州南安市蔡氏古民居测绘图

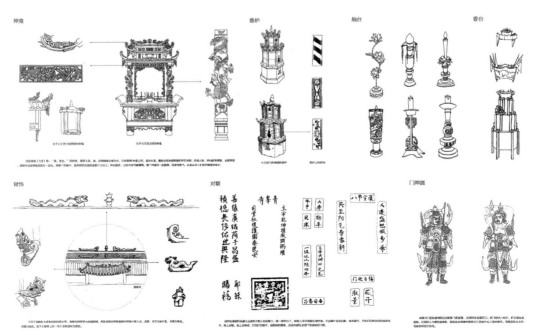

图23 平潭岛传统村落民俗文化调研分析

图24 在南安市开展乡村美育活动

图26 当代建筑调研考察

图25 在平潭岛开展乡村美育活动

图27 当代建筑调研考察

的最后阶段,学生通过3~4天实地考察建筑作品,理解建筑师如何处理建筑和环境的关系,积累实际项目的建造经验和材料做法,培养建构美学意识和规范意识,为下一阶段的设计课程打好基础。

2023年疫情后第一次社会实践课程"建筑认识实习"主题为桐庐地域性传统村落与建筑考察。教学内容在传统村落、民居测绘、建筑改造和技艺学习的基础上,积极引导学生了解传统村落历史文化发展和村落空间格局,考察自然与气候的影响因素,分析当地民居的原型、基型、类型和建造系统,梳理当地民居的传统木构架形式,观察乡村社会文化和日常生活,从乡村的底层逻辑出发探索文化、建筑空间的高阶演进,结合建筑学院教改"自然建筑"思想,探求地域性建筑形成的不同因素。

四、课程主要创新点

1. 构建艺术院校建筑学专业社会实践课程教学创新模式

建筑学专业的下乡社会实践教学立足美院艺术沃土,课程强调扩展专业学习内容,引入服务

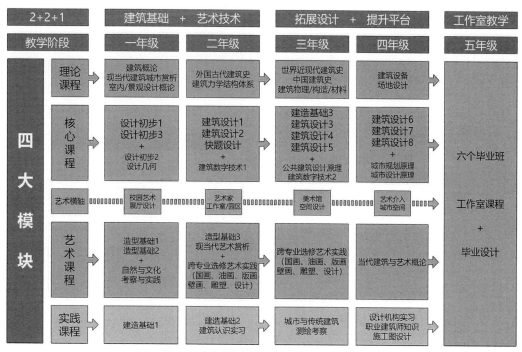

图28 中央美术学院建筑学院建筑学专业教学体系

社会意识，发挥艺术学生观察和动手能力，增强实践教学环节的系统性、综合性和在地性；通过学校与地方、企业的多元合作，将实践能力培养和创新创业教育融入人才培养全过程。

首先贯彻教改思想，央美建筑学院在教学中强调艺术与建筑交叉，自然与建筑交叉。近年来，学院展开一系列教学改革，以创作设计课和史论课为主线，从时间、空间、内容三个维度，建构具有明确学术方向的鱼骨状课程体系。其次，社会实践教学将深度融入建筑艺术创作核心内容，下乡实践课程的在地性特点将直观展开专业知识的系统学习。此外，在自然、文化环境和建造技艺方面进一步梳理教学的外延和内涵，有助于促进课堂教学中课程之间的纵向贯通和横向交融，从学术建构、创作实践、实验创新等多个纬度探索建筑教学的新模式。

2. 梳理实践教学课程上下衔接关系，完善课程体系建设

社会实践课程立足于本科二年级"建筑认识实习"课程。作为重要一环贯穿建筑学院教学改革的课程，其前置课程"建筑设计2-社区中心"注重建构空间逻辑的训练，而后置课程"建筑设计3-自然建筑"则着重培养学生对气候、文化、自然和时间等概念的思考。三个连续的课程一以贯之，循序渐进，深入浅出，从对自然建筑理论的"初步学习认知"到"在地加深感受"再到"建筑方案设计"，引导学生在课程之间融会贯通学习，这是建筑学院教学改革的重要思考点和创新之处。

另外，在课程组织和定位上需要重新梳理各年级实践课程的关联性和梯度性，明确不同阶段的课程目标和任务。一年级的"自然与文化考察与实践"课程重点在于通过"观察"与"写生"形成感悟，培养针对文化和自然的认识能力；二年级的"建筑认识实习"课程重点聚焦物质空间环境与自然环境、社会文化的互动关系；三年级的"城市与传统建筑测绘考察"课程的重点在引导学生从城市和社会的视角认识建筑，思考建筑与城市的关系，建筑与社会的关系。通过明确课程目标和任务，着力将一至三年级的下乡实践课程打造成为一个联系紧密、由浅入深、循序渐进培养学生社会实践能力的系统化体系。

3. "建筑认识实习"课程与"课程思政"相结合

作为社会实践最核心的课程"建筑认识实习"，应发挥艺术学生造型和审美优势，构建传统文化认识、专业学习和创业创新共融模式，融入"弘扬传统文化""助力乡村振兴""参与社会美育"等思政课题，带领学生走进社会、走进乡村。课程内容包括在田野考察、写生测绘、非遗调研的同时，以墙绘地绘美丽乡村；与当地党支部和中小学共同组织"红色1+1"活动；在乡村策划举办传统建筑艺术展览等多种多样的形式。以上系列活动受到各级政府和相关单位的一致好评。

4. 打造建筑学专业社会实践创新课程，探索工科建筑学专业与人文与艺术高度融合

在"新工科"背景下，建筑学作为工科专业，其社会实践的教学立足央美下乡传统，转换下乡社会实践课程工科专业内容，鼓励学生以传统历史文化和服务社会为起点进行建筑艺术创作，将建筑学专业从知识技能层面提升至艺术审美层面，

图29　师生在深奥村现场进行地绘

图30　在当代建筑现场开展学习

图31　深奥村地绘作品航拍图

图32　在当代建筑现场开展学习

都为建筑学探索新工科视域提供了更多的可能性。项目着力于建构建筑创新设计人才培养的"艺术与理工共融"模式,从不同层面保障本科教学人才培养的中心地位。

此外,课题组基于传统下乡课程"建筑认识实习"组织构建社会实践教学框架体系,以"传统村落和古民居测绘"为课程内容核心,将"田野考察""非遗传承"和"参观实习"等内容与测绘教学环节融会贯通,全面夯实和提高学生的基础知识、专业认识和学习效率。

五、教学成果

中央美术学院秉持"服务人民、关注现实"的办学精神。建筑学院在教学中强调艺术人文素养培养与实践技术传授并重,强化审美意识和提升判断能力。在社会实践系列课程中增强服务社会能力,弘扬中华文化精神,立足当代中国社会实践和创新。

教学成果以共享社会及服务社会的方式呈现,围绕"艺术性+实验性+创新性"的培养理念,深刻改变建筑设计与文化艺术、社会服务相对分离的状况,大力提升建筑教育的文化内涵与审美品位,培养能够对接时代需求、把握人文全景的建筑艺术创新人才。

1. 探索学生思想政治教育新模式

传统说教式、灌输式的思政教育模式难以激发学生学习兴趣,无法获得预期效果。课程组在下乡社会实践中融入学生思想政治教育,采用参与互动式的教学模式,通过开展丰富多样的社会实践活动,既调动了学生主动学习和积极思考的能力,也促进了师生之间的相互沟通交流,深入了解了学生的思想状况,从而提高思政教育的实效性。

2. 助力当地乡村美育发展建设

艺术源于生活,服务于社会,央美建筑学院一贯重视与当地乡村的文化艺术交流和互动,通

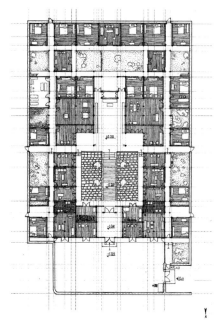

图 33 永泰县嵩口古镇测绘平面图

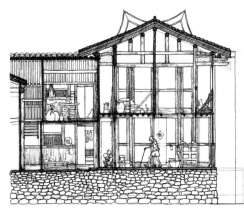

图 34 永泰县嵩口古镇测绘剖面图

过组织"一堂美术课""共绘美丽乡村"等活动,植根传统文化,宣传美育精神,提高当地乡村社会对文化和艺术的兴趣和关注度,营造良好的美育氛围,从而实现艺术介入乡村振兴,艺术融入乡村发展的目标。

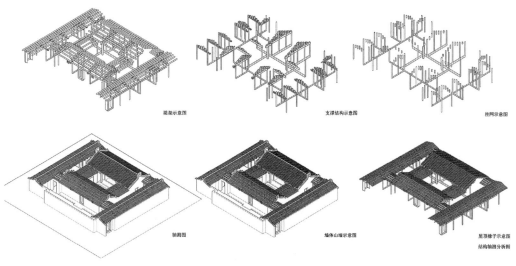

图 35 传统民居测绘研究分析图

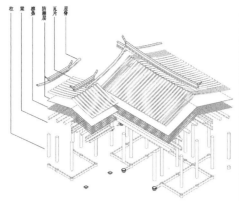
图 36 传统民居局部大样构造分析图

图 37 师生在紫金国际会议中心参观考察

3. 研究多学科交叉融合教学方法

在教学中以"跨学科"的思维进行课程改革和创新。来自不同学科背景和研究方向的课程团队教师，通过建筑学、城乡规划学、社会学、人类学等方向的实地课程讲授，拓宽学生专业视野，夯实学生专业基础知识，形成宽基础的学科融合教学方法。

4. 引导学生展开丰富的艺术实践

学生在社会实践中，专业知识的学习主要以输出带动输入为主，一方面锻炼学生运用专业知识解决问题的能力，另一方面让学生在实践中养成主动学习、独立思考、合作交流的工作习惯。通过下乡社会实践，学生可一揽子解决工具使用、建造技术、建筑构造基本原理等问题，并将注意力更多集中在传统乡村空间场所营造、传统文化与现代文明的关系、当地非遗传承与发展等值得深入思考的领域。

结语

面对百年未见之大变局，对于城乡建设的影响是深远的，如何从历史文化入手，向自然学习，探索可持续发展模式，值得深入思考。央美建筑学专业下乡社会实践课程，是对中国传统民居与气候自然和文化环境关系的学习过程，也是对当地社会和文化的认识过程，更是通过针对一系列当代建筑的认识考察，启发同学对未来城乡建设发展和专业学习展开深入思考过程。

参考文献

[1] 中国建筑设计研究院建筑历史研究所. 浙江民居 [M]. 北京：中国建筑工业出版社，2007.
[2] 陆琦. 广东民居 [M]. 北京：中国建筑工业出版社，2008.
[3] 余英. 中国东南系建筑区系类型研究 [M]. 北京：中国建筑工业出版社，2001.
[4] 刘致平. 中国居住建筑简史：城市、住宅、园林 [M]. 北京：中国建筑工业出版社，2000.
[5] 段进，揭明浩. 空间研究4 世界文化遗产宏村古村落空间解析 [M]. 南京：东南大学出版社，2009.
[6] 陈志华，李秋香. 住宅 [M]. 北京：生活·读书·新知三联书店，2007.
[7] 陈志华，李秋香. 诸葛村 [M]. 北京：清华大学出版社，2010.
[8] 李秋香，陈志华. 村落 [M]. 北京：生活·读书·新知三联书店，2008.

作者：王小红，中央美术学院建筑学院教授，副院长；范尔蒴，中央美术学院建筑学院副教授；曹量，中央美术学院建筑学院讲师，基础部副主任；岳宏飞，中央美术学院建筑学院讲师

问题导向、体验先行、开放拓展
——华中科技大学建筑学二年级设计课程教改探索

周　钰　沈伊瓦　郝少波　张　婷
雷晶晶　汤诗旷　李新欣　韩梦涛

Problem-Oriented, Experience-Driven, Open and Expansive: Exploration of Design Course Reform of Second Grade in Architecture, HUST

■ **摘要**：华中科技大学建筑学二年级设计课程经过多年教改探索，逐步确立了依据建筑设计的基本问题设置设计专题的教学架构。前三个专题为：空间使用、场地响应、材料与建造，分别对应于建筑与人的关系、建筑与环境的关系、建筑本体的关系。第四个专题为群体空间使用，叠加前三个专题的训练内容进行综合运用。各专题依据训练目标进行教学设计，将相关知识、技能与方法融入教学环节中。现有架构注重问题导向、体验先行，并保持课题的开放性和拓展性，教学效果良好，以期为国内建筑设计课程教改探索提供有益的思考。

■ **关键词**：建筑设计教学；空间使用；场地响应；材料与建造；群体空间使用

Abstract: After years of teaching reform and exploration, the second grade architectural design course of Huazhong University of Science and Technology has gradually established the teaching framework of setting up design topics according to the basic problems of architectural design. The first three topics are : space use, site response, materials and construction, which respectively correspond to the relationship between building and people, the relationship between building and environment, and the relationship between building entity. The fourth topic is the use of group space, combined with the training content of the first three topics. Each topic is designed according to the training objectives, and the relevant knowledge, skills and methods are integrated into the teaching phases. The teaching structure focuses on problem-oriented, experience-driven, and maintains the openness and expansion of the subject. The teaching effect is good. We hope this paper could provide beneficial thinking for the exploration of the teaching reform of architectural design curriculum in China.

Keywords: Architectural Design Teaching ; Use of Space ; Site Response ; Materials and Construction ; Use of Group Space

建筑设计具有较强的复杂性、综合性的特点，涉及多层面不同因素的共同影响。学生在学习建筑设计的过程中，需要学习的知识点、需要掌握的技能和方法较为丰富多样。通常而言，本科二年级学生作为建筑设计的初学者，无法在短期内习得完整的相关知识与方法，只能循序渐进地学习。分专题教学是各院校二年级建筑设计课程普遍的培养策略，常见的专题设置方式有：功能、环境、建造、空间等。华中科技大学建筑学二年级设计课程自2015年开始启动教改，对原有架构进行大幅调整，经过多年探索逐步形成了较为完整和稳定的教学架构。

1 教学架构

现有教学架构采用回归建筑设计最直接、最基本的设计问题的策略，据此确立各个专题的教学目标和训练内容。建筑设计涉及人、建筑、环境三者的关系，展开设计时，需要关注的基本问题包括：

（1）如何处理建筑与人的关系？在最基本的层面体现为人对建筑空间的使用，通常称之为"功能"问题。具体而言，又需要考虑不同群体对建筑空间使用的差异性。

（2）如何处理建筑与环境的关系？其中的"环境"包括空间维度上建筑周围物质条件的制约，还包括时间维度上历史文脉的影响。同时，环境可分为自然环境、社区环境、城市环境等不同类型。

（3）如何处理建筑本体的建造问题？主要涉及物质材料、结构、构造与建筑空间及形式的关系。

所以，二年级四个设计专题中，前三个专题分别对应以上三个基本问题，分别为"空间使用"专题、"场地响应"专题、"材料与建造"专题，最后一个专题叠加前三个专题的训练进行综合运用。期望学生经过二年级四个专题的训练之后，对于建筑设计中的基本问题有一个初步理解，掌握基本知识与技能，以及基本的设计方法。

2 教学内容

二年级两个学期一共设置四个设计专题(表1)。
（1）空间使用专题——理想家宅设计。
（2）场地响应专题——东湖书吧设计。
（3）材料与建造专题——宿营地设计。
（4）群体空间使用专题——儿童之家设计。

各专题依据各自的训练目标设置设计任务及教学环节，并将相关的知识、技能与方法融入教学环节中。下面对四个设计专题进行简要分述。

2.1 空间使用专题——理想家宅设计

本专题由教改前的"功能"专题调整为"空间使用"专题，旨在回归"功能"的本原，也即人对空间的使用。设计任务由常规的"小住宅"设计调整为"理想家宅"设计，以此强调"家宅"的多重涵义：物质空间（house），家庭关系（family），以及精神归属（home）。设计课题的深度与广度得以大幅提升。学生基于自身家庭成员展开设计，更具代入感与成就感。任务书特意弱化外部环境的影响，将设计用地限定为虚拟联排住宅中的矩形用地空间（9m×15m×9m），以此聚焦建筑内部的空间使用问题，并重点讲解"基于身体与行为的空间设计方法"。

专题设置了四个训练环节：

①身体感知：家宅测绘与体验（1周）

在二年级开学前通过暑假作业的方式，让学生通过亲身体验，以图解的方式从宏观、中观、微观三个尺度还原自身的家庭生活，体验身体、行为与建筑空间之间的关系（图1）。

②空间场景还原：电影分析（1周）

通过观摩分析电影，以文字、图解还原的方式去探索具有明显差异性的（如国家、文化、种族的不同）另一种家庭生活的可能性（图2，图3）。

③空间策略（4周）

基于身体感知和空间场景还原的训练，进一步发展将生活语言经过图解语言转化为空间语言的能力，初步掌握"基于身体与行为的空间设计方法"。该方法从身体与行为出发，通过生活剧本呈现家庭生活事件，以图解工具将事件关联转化为空间关联。

④建筑转化（3周）

基于理想家宅设计的空间策略，在给定的体

二年级设计专题设置　　　　　　　　　　　　　　　　　　　　表1

专题名称	空间使用	场地响应	材料与建造	群体空间使用
设计题目	理想家宅	东湖书吧	宿营地	儿童之家
设计方法	基于身体与行为的空间设计	基于自然环境场地的空间设计	基于材料与结构的空间设计	基于特定群体与场地的空间设计
设计周期	9周	7周	7周	9周
设计问题	建筑与人的关系	建筑与环境的关系	建筑本体的关系	综合
	如何来处理建筑空间与人对它的使用的关系	如何来处理建筑与自然环境场地的关系	如何来处理材料、结构、构造与建筑空间/形式的关系	综合

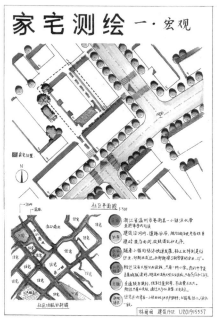
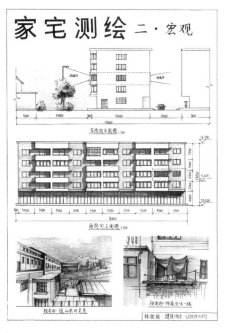
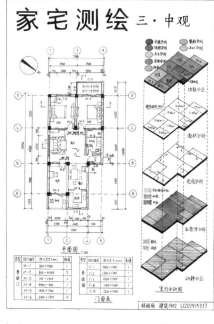

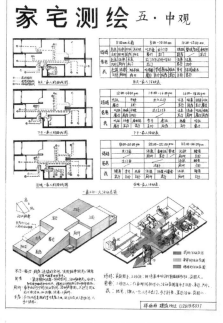
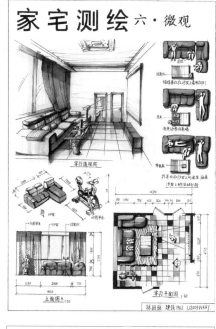
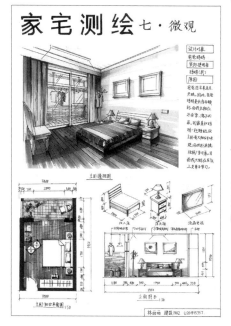
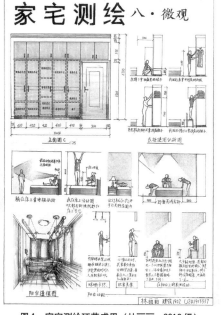
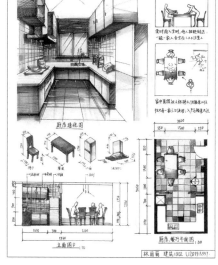

图1 家宅测绘环节成果（林丽丽，2019级）

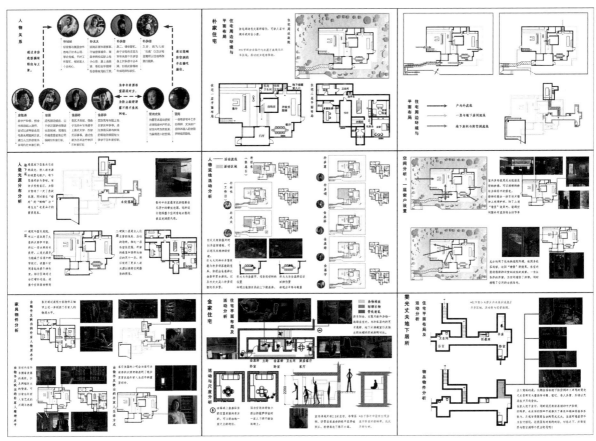

图2 电影分析环节成果（《寄生虫》，王昶厶，2018级）

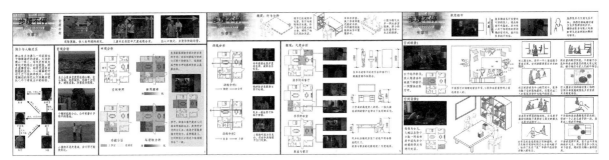

图3 电影分析环节成果（《步履不停》，张馨羽，2018级）

量中组织各种空间单元，依照身体与行为对空间的需求，将空间策略落实为具体而微的空间设计。

本专题教学效果良好，取得了丰富的成果，其中丁千寻同学的设计"猫君的秘密世界"获得东南大学主办的全国新人赛"新人奖"（图4~图6）。教学环节设置有意引导学生发现问题，思考问题。例如，"家宅测绘与体验"环节，引导学生对家人进行访谈，探讨现有家宅存在的问题，并一起畅想理想中的家宅应有的模样；在"电影分析"环节，有意引导学生思考不同民族地域的家宅有何异同。同时，注重体验先行，强调设计研究的重要性。例如，先引导学生深入体验"我的家"；再通过电影分析环节体验"他的家"；进入设计环节则要求学生基于自身家庭成员的空间需求撰写理想家宅的生活剧本，以此作为设计的起点和依据。

2.2 场地响应专题——东湖书吧设计

探讨建筑与环境的关系是二年级的常规设计课题。在教改中，本专题进一步聚焦设计问题，突出专题特色，简化建筑功能要求，重点讲解"基于自然环境场地的空间设计方法"。设计用地选址于学校附近风景秀美的东湖风景区，一方面利于激发学生兴趣，另一方面也便于参观体验。设计任务为在湖滨用地内设计一处书吧，为过往行人及游客提供一个阅读及休憩的场所。

专题设置了四个训练环节：

① 场地调研（1周）

引导学生对设计基地展开实地调研，在对用地环境拥有切身感受与体验的基础上，分宏观、中观、微观三个层面描述场地环境状况，并进行场地评价。

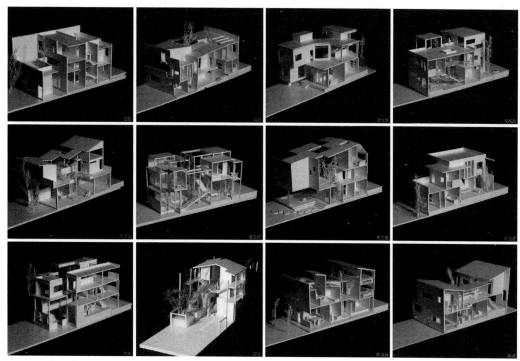

图4 理想家宅优秀作业成果模型（2019级）

图5 理想家宅优秀作业展（2019级）

② 设计研究（1周）

选择自然环境场地中的优秀建筑案例进行深入分析，学习案例分析的基本方法。通过基于自然环境场地（平地、斜坡、山包）的形式构成训练，掌握不同形式要素（直线、斜线、曲线）生成多类型空间（开敞、半开敞、半封闭、封闭）的特点及意义（图7）。

③ 形式生成（3周）

依据调研结论自拟设计任务书。基于自然环境场地特质，结合案例研究，提出建筑形式生成策略。掌握基于自然环境场地的"形式的场地介入"设计方法。该方法基于场地要素分析，发掘场地中的形式线索，以基本形式要素介入场地进行空间设计，由此形成建筑与场地的关联。

④ 建筑转化（2周）

基于形式生成策略，结合空间使用需求完成建筑空间转化。进一步完善设计，制作成果（图8、图9）。

本专题引导学生深入体验自然环境，并思考什么是自然，场地需要什么样的书吧，由此切入设计。教学环节注重趣味性与开放性。前期的形式构成练习引导学生运用基本形式要素介入不同地形，用一张A4纸生成多类型空间，并讲述一个空间故事。该环节教学效果良好，对于设计阶段的形式运用起到了很好的启发作用。同时，建筑功能设置具有一定的开放性，设有自由功能模块，学生基于自拟任务书确定书吧特色。

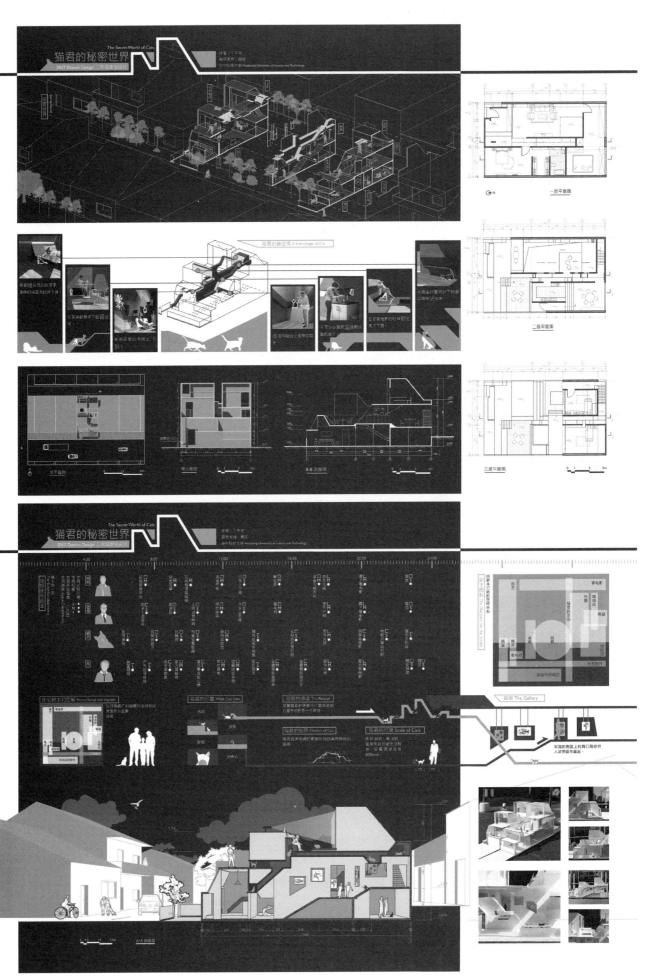

图6 全国新人赛"新人奖"获奖图纸（丁千寻，2018年）
（注：该图纸由设计作业成果图纸改绘而成）

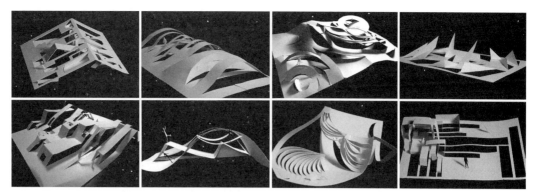

图7 基于自然环境场地的形式构成练习（2019级）

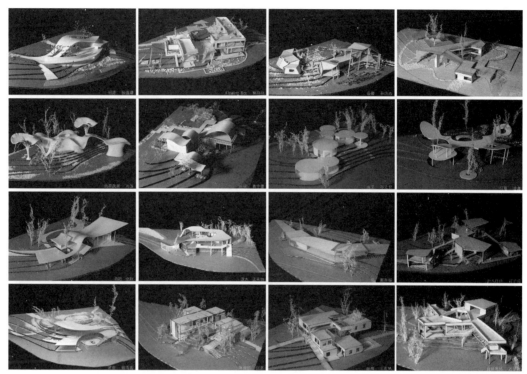

图8 东湖书吧优秀作业成果模型（2019级）

图9 东湖书吧优秀作业展（2019级）

2.3 材料与建造专题——宿营地设计

二年级学生对于"建造"的相关知识储备还较薄弱，本专题的教学策略是弱化功能、环境的影响，聚焦于建造的基本问题。专题重点训练如何基于真实的材料，以真实有效的连接方式，设计出具有整体结构体系和整体空间体系概念的单体建筑。掌握基于结构出发生成建筑形式与空间的方法。设计任务为在一片虚拟的自然环境优美的平坦草地中设计一处可供宿营使用的临时居住单元。

针对训练目标设置了四个训练环节：

① 材料体验（1周）

通过实地调研，对实体建筑材料进行体验，了解其物质特性及对空间营造的影响。选择"理想家宅"设计中的典型空间，在建模软件中以材料贴图的方式，对不同材料的空间特性进行虚拟体验。

② 案例研究（1周）

通过案例研究理解结构与空间的关系，并探索材料的连接方式。

③ 建筑设计（2周）

从材料与结构特性出发，生成满足使用要求的空间单元雏形，并尝试研究解决材料连接等建造细节的问题。

④ 实体建造（3周）

利用模型和图纸推敲，经遴选方案后，由3~4人小组合作完成1:5的大尺度建造。亲身体验材料加工和连接，施工过程组织，以及建成结构及其界面形态的空间效果（图10，图11）。

本专题前期设置"材料拼贴"环节，引导学生思考如何用建筑材料来营造空间氛围；并实地考察富有特色的木构及钢构小型建筑，体验材料、结构与构造在塑造空间时所起的作用。在设计环节，引导思考不同的结构形式具有怎样的空间潜力。本专题对于打通建筑结构、建筑构造、建筑力学、建筑材料等理论课与建筑设计实践的联系起到了很好的纽带作用，也大大锻炼了学生的动手能力与团队协作能力。热火朝天的模型制作过程也大大激发了学生的建筑热情。

2.4 群体空间使用专题——儿童之家设计

本专题由教改前的"幼儿园"设计调整为"儿童之家"设计，旨在弱化幼儿园规范的严苛限制，增强设计的趣味性与创新性。该专题重点训练如何基于儿童这一特殊使用群体以及真实的场地条件进行群体建筑空间的设计。重点讲解基于"空间使用"生成建筑空间形式（由内而外）与基于"场地环境"生成建筑空间形式（由外而内）"双线程耦合"的设计方法。设计任务为在真实校园环境的设计用地中，为儿童的学前教育设计一处"儿童之家"，以促进他们的身心健康发展。

针对训练目标设置了四个训练环节：

① 场地及儿童活动调研（1周）

前期调研分为两个方面，一方面针对设计场地分别就儿童使用群体所涉及的自然要素与社会要素展开调研；另一方面，通过现场观察和互动发现儿童群体的活动及空间使用的特点（图12）。

② 儿童心理与行为研究（1周）

结合电影、网络视频资料及专家讲座探索儿童群体的心理与行为特点，分析其与建筑空间尺度、空间氛围、空间组织的联系（图13）。

③ 空间形式生成（4周）

结合案例研究，从儿童群体及具体行为事件的特点出发，探索室内外空间单元可能的尺度及其形态特征；从不同群体的流线和事件互动出发研究各空间单元组织的形式操作规则。从场地条件出发，探索群体建筑空间的组织模式，并使之与儿童之家不同群体的空间使用需求相契合。

图10 宿营地优秀作业成果模型（2020级）

图11 宿营地优秀作业参加全国建造大赛获得银奖（2022年）

儿园园长进行讲座与座谈，针对学生的疑问进行答疑解惑。由此引导学生思考儿童的心理与行为具有怎样的特点，以及他们又有怎样的空间需求。作为二年级最后一个设计，本专题叠加了前三个设计的训练内容，扩大了建筑规模，进行较为综合性的设计训练。教学效果良好，并获评全国教指委优秀教案与优秀作业（图14）。

3 课题特点

现有课题基于明确的训练目标展开教学设计；基于教案组织教学；基于给定的设计方法引导设计逻辑；同时规范教学环节，注重过程与成果的综合评价（图15）。除此之外，设计课题还呈现如下特点。

3.1 问题导向：基于设计问题设置设计课题，引导发现问题，思考问题

二年级的整体教学架构回归建筑设计的基本问题——如何处理建筑与人的关系？如何处理建筑与环境的关系？如何处理建筑本体的建造问题？并以此为依据，将复杂的建筑设计分解为数个更为容易理解与把握的设计课题，最后一个课题再进行综合训练。在讲授设计方法时，前三个课题围绕各自的设计问题，给出易于把握和推导的"单线程"线性逻辑的设计方法；最后一个课题引导"双线程耦合"的设计方法，使学生初步体验完整建筑设计的"黑箱操作"特性。由此，二年级的四个设计课题形成一个小的闭环系统，使学生经过一年的学习后，能够对建筑设计的概貌形成基本认识。在具体的课题设置中，通过巧妙设置教学环节，有意引导学生发现问题，以问题的思考带动设计思维的训练。

3.2 体验先行：基于认知规律设置教学环节，注重体验先行，回归生活

课题设置关注学生的认知规律，有意突出专题特色，拉开彼此差距，弱化干扰因素的影响，并提供相应的设计方法与环节路径。因而，二年级的设计课题并非真实情境下的完整的设计任务，而更像是一个个的设计训练，每个设计又分为数个训练环节，每个环节设置阶段训练目标、训练内容以及成果要求。因而，老师在"教"的时候以及学生在"学"的时候，都可更为准确与稳妥地把握教学内容，真正做到"循序渐进"。四个课题均设有形式不同的实地调研与体验环节，并就具有针对性的设计议题展开设计研究，同时尽量融入生活体验，使学生在学习过程中更具有代入感与趣味性。

3.3 开放拓展：基于人文关怀拓展设计外延，引导思考家庭、环境、社会、人生

随着时代的发展，建筑学的边界在不断地拓展与重构，其内涵与外延在不断被重新定义，新兴交叉学科不断涌现，高校的建筑学教育也早已不再仅

图12　幼儿园调研与互动（2019年）

图13　幼儿园园长讲座及互动（2022年）

④ 建筑转化（3周）

基于群体建筑的空间形式生成，整合垂直与水平空间形式的建筑转化，运用结构逻辑加以调整适配，形成最终的建筑设计成果，并予以清晰准确的表达。

本专题注重体验先行，在前两周的设计研究阶段，先对设计基地也即华中科技大学附属幼儿园进行实地调研，体验儿童群体的特点；并以观摩影视作品的方式，研究儿童的心理与行为；接着邀请幼

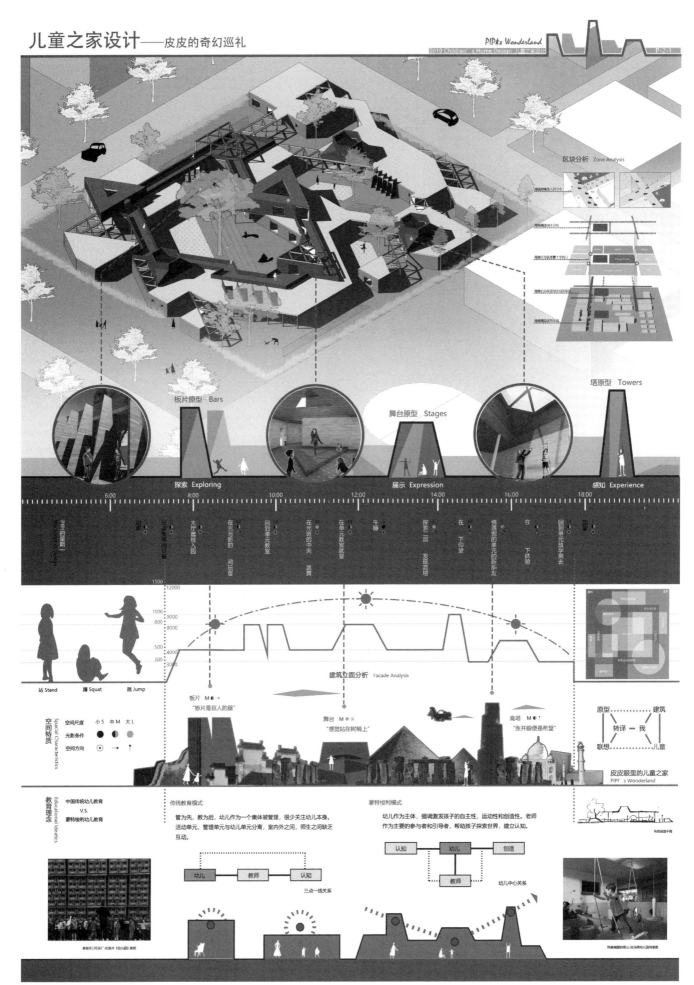

图14 "儿童之家"全国教指委评优作业（一）（赵釜剑，2019年）

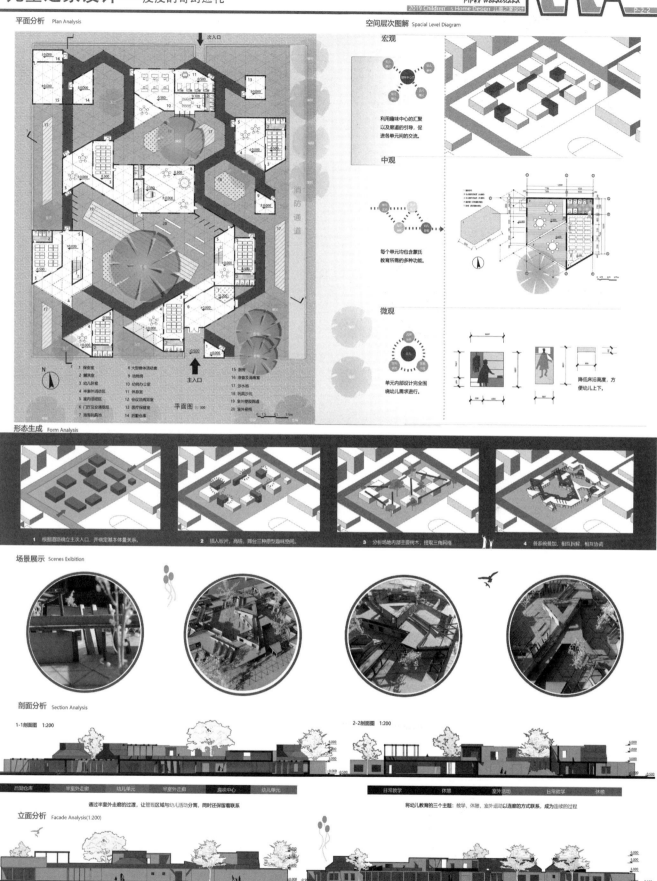

图 14 "儿童之家"全国教指委评优作业（一）（赵釜剑，2019 年）（续）

图 15　终期评图答辩（儿童之家，2021 年）

仅以培养建筑师为唯一目标。在学科范式转变、就业多元进展的大背景下，如何把握建筑设计的基础教学是需要迫切思考的问题。对此，柯林·罗（Colin Rowe）在1954年所讲的这段话依然具有启发性：

建筑学教育的目的——正如所有教育那样——并不仅仅是一种职业训练，而首要的是促进学生精神和智力上的成长，开发他的智慧天赋，并使之掌握建筑学的本质与意义。

因而，二年级设计教学在夯实基础、把握内核的情况下，努力以人文关怀为线索，拓展学科外延，引导思考家庭、环境、社会、人生，努力体现大学教育对于人的培养意义。四个设计课题，以"家宅"为起点，引导学生回归生活、关爱家人，以设计的力量探索理想的新生活；接着在风光秀美的东湖之滨设计一处"书吧"，探讨人与自然、建筑与自然的关系；在"宿营地"设计中，探讨建筑物质本体的人文意义；最后回到"儿童之家"，暗示了"家"的回归，引导学生思考如何为人生的美好童年而设计的同时，进一步思考建筑设计对于"人类大家庭"的意义。

（感谢基础教学团队责任教授汪原老师对二年级教学高屋建瓴的指导）

参考文献

[1] 吴佳维，顾大庆. 结构化设计教学之路：赫伯特·克莱默的"基础设计"教学：一个教学模型的诞生[J]. 建筑师，2018（3）：33-40.
[2] 吴佳维，顾大庆. 结构化设计教学之路：赫伯特·克莱默的"基础设计"教学：教案的沿革与操作[J]. 建筑师，2018（6）：26-33.
[3] 周钰，沈伊瓦，袁怡欣，耿旭初. 基于自然环境场地的空间营造：东湖绿道驿站设计：将基础形式训练融入二年级建筑设计课程的教学法探讨[J]. 中国建筑教育，2019（2）：84-90.

图片来源：

作业图纸均已标注学生姓名；照片均为课题组自摄。

作者：周钰，华中科技大学建筑与城市规划学院，副教授；沈伊瓦，华中科技大学建筑与城市规划学院，副教授；郝少波，华中科技大学建筑与城市规划学院，副教授；张婷，华中科技大学建筑与城市规划学院，教师；雷晶晶，华中科技大学建筑与城市规划学院，讲师；汤诗旷，华中科技大学建筑与城市规划学院，副教授；李新欣，华中科技大学建筑与城市规划学院，讲师；韩梦涛，华中科技大学建筑与城市规划学院，副研究员

空间的具身体验与叙事建构
——建筑设计基础教学改革与实验刍议①

艾 登 饶小军 曾凡博

Embodied Experience and Narrative Construction of Space: Reflections on the Reform and Experimentation of Foundational Architectural Design Education

■ **摘要**：设计教学活动不仅是职业技能的培训过程，同时也是一种创意心智的培养过程。本文探讨了基础教学中空间的叙事体验与形式建构的关系，并引入了具身体验和叙事建构两个关键性概念来分析设计思维的逻辑发展过程。尝试根据"空间认知的理论阐释——叙事知识体系的构建——设计思维的归纳与演绎——设计实践教学的行动策略"的逻辑线索建立起一个实验教学的理论模型。通过借鉴心理学、电影理论和文学文本的叙事理论手法，尝试寻找出空间结构背后的意向性生成逻辑或原理机制。在此基础上，结合二年级教学实验的过程思考与教学成果，从建筑学的角度研究了空间叙事建构的概念框架和实践策略，并推导出设计教学的课程模块和流程，提出一种建筑空间的创造性设计实践操作方法。该研究旨在阐明空间认知的经验和意义，并为设计教学提供课程模块和流程。

■ **关键词**：基础教学；心智结构；具身体验；叙事建构；叙事场景；空间操作

Abstract: Design teaching activities are not only a vocational training process, but also a process of cultivating creative mindset. This paper explores the relationship between spatial narrative experience and formal construction, and introduces two key concepts of embodied experience and narrative construction to analyze the logical development process of design thinking. We attempt to establish an experimental teaching theoretical model based on the logical clue of "theoretical interpretation of spatial cognition - construction of knowledge system - induction and deduction of design thinking - action strategy of design practice teaching". By drawing on the theories and techniques of phenomenology, narratology, film theory, and literary text narration, we try to find the intentional generative logic or principle mechanism behind the formal structure. Based on this, combining the process thinking and teaching results of the second-year teaching experiment, this paper studies the conceptual framework and practical strategies of spatial narrative construction from the perspective of architecture, demonstrates the

支撑项目：广东省教育厅项目"基于数字孪生技术的物质文化遗产交互式体验研究"，编号：2021WQNCX065；国家自然科学基金项目"提高使用效率导向的保障性住房套内空间模块分解及组合优化研究"，编号：5210080700；深圳市科技计划资助项目"深圳市医养建筑重点实验室"（筹建启动），深圳，编号ZDSYS20210623101534001。

experiential process of spatial narrative construction, and deduces the course modules and processes of design teaching, proposing a creative design process and practical operation method for architectural space. The purpose of this study is to clarify the experience and significance of spatial cognition and provide course modules and processes for design teaching.

Keywords：Foundational Education，Mental Structure，Embodied Experience，Narrative Construction，Narrative Scenario，Spatial Manipulation

一、基础教学的反思

基础教学改革与实验是建筑设计课程的重要环节之一。2016年秋季，我们将"叙事建构"教学议案纳入到二年级基础教学的实践当中，开始只是作为一个简略概要的想法，没有现成的教案可循，结果也不可预期……师生们开始找不着方向，一切必须重新开始。这无疑是一次冒险的行动，更像是一次漂无定向的旅行，许多问题随着教学的开展与不断反思而逐渐显现和明晰起来……

设计教学活动是职业技能的培训过程，同时也是一种创意心智的培养过程，学生从高中应试教育的思维方式进入大学的建筑学专业学习过程面临极大的心智挑战。建筑设计基础教学包含了一、二年级两个阶段的课程体系和环节：一年级以"空间建构"为教学主题，以香港中文大学顾大庆教授所建立的一套基于建筑本体的空间形式操作的设计教学方案为蓝本[1]（图1），通过板片、体块和杆件三要素的空间形式操作，完成空间形式建构的基本操作和练习，旨在培养学生对于建筑设计最基本的形式操作技能；而二年级则以新的"叙事建构"为主题，在空间建构的基础上，通过对环境的感知和空间体验的训练，旨在解决空间形式如何与人的空间感知之间互动的问题，建立起一套以叙事为导向的空间建构设计策略。

反思一年级空间建构的教学模式，空间形式的建构与操作是在一种抽象的层面展开，旨在通过形式操作探索生产多种空间形态和方案的可能性，但这是一个始末端开放而意义尚不确定的形式操作策略——意义的生成无由缘起，空间的价值难以估判。如何判断一个形式是有效合适的？如何寻找符合某种特定场所的价值和意义？如何探寻和发现空间形态的内在生成逻辑？以及如何构建以叙事为导向的设计思维模型和课程结构？这些问题成了二年级叙事建构教学的前提预设，借此需要确立一个新的行动方向，通过对环境场所的分析或者对空间场景的具身体验和感知，探索建筑空间形式的叙事主题，建立基于感性经验逻辑的空间生成机制和评判标准，以此为空间形式的建构提供经验意义上的基础和依据（图2）。

就空间认知及其思维特征而言，形式主义的教学方法是一种向本体内观的方式，即通过比较和研究既有建筑案例，对其形式和构成要素进行分类式的简化归纳，消解空间所固有的主体行为特征和内在经验的质素，以期建立一套抽象的普适性的建筑本体语言体系，构建出以形式语言为导向的观察进路和操作策略。然而，这种形式主义理论预设和形式分类法则，由于忽略了建筑在特定环境场所所特有的意向性和差异性，往往引起人们的质疑和挑战。

与其对应，叙事建构的教学方法则是一种向环境外观的方式——强调人与环境的互动过程和空间内容与意义的生成与表达，把建筑空间作为一种特定的事件置入一个整体的环境网络结构当中，关注空间形式的感知生成过程、发掘其空间的差异化特质——从一种较为复杂多维的、网络化的环境中，采取具身介入的空间感知模式和设计策略，从而获得有意味的空间场所和意义。这种叙事建构的设计方法，是以"具身体验"的感知训练和空间表达为主体的叙事建构方法，通过对自然环境或者是城市场所的认知体验，建立一种开放的、积极的、主客体互涉关联的认知态度和独特的设计思路。

图1 一年级空间形式建构教学的框架与流程

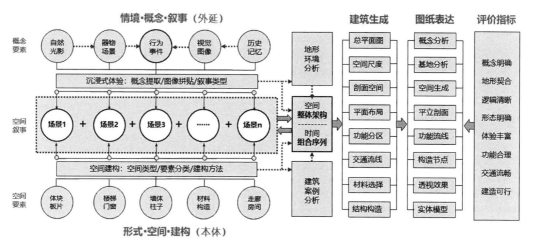

图 2 二年级空间叙事建构教学的框架与流程

二、空间认知的讨论

一般来说，设计思维是一种创意性的思维模式，必须建立在经验的认知基础上，通过反复不断的经验性操作和练习才能习得。以往对于这种经验式的设计思维和教学模式，被认为是说不清道不明、只可意会不可言传的经验传授过程。现代建筑教育强调的是心智训练与思维转化，设计教学体系必须建立在清晰的对空间认知理解的基础之上，因此，必须回归到一种认识论的层面来加以思考和厘清：以"具身体验"②为命题导向的空间认知与感知的训练环节，由此激发出一系列有待深入解析的基本问题将如此展开：空间的意义究竟是什么？人对于空间的认知是如何达成的？空间设计如何表达人们对于空间的新的认知经验？最终如何落实到设计教学的课程设置和教学实践当中？

首先，"具身体验"的概念来自现象学哲学的讨论，试图在主体与客体之间寻找一种基本的关系，即必须与活生生的经验产生关系[2]。世界不再是我所思考的，而是我所生活的，我向世界开放并与之产生互动。我们对世界的理解是以对世界的经验为出发点的。梅洛·庞蒂提出：科学理性要求我们把自己的身体既视为物理结构也视为活生生的经验结构，既是生物学的也是现象学的[3]。这种具身性（embodiment）的双重特性并不是彼此对立的，而是在彼此之间循环往复——它既包含身体作为活生生的经验的结构，也包含身体作为认知机制的环境。

基于现象学的思想进路，回到建筑学的空间命题上来，我们尝试构建关于空间的基本看法和关键性知识框架：空间不是一种排除了主体情感介入的纯粹的客观存在，也不是纯粹主观意识在现实中的投射，而是人与现实感知互动过程所生成的结果——即主客体间性的心智结构，一种自主性的结构。一如彼得·埃森曼所说，"建筑表示了另一种客体，我们可以从以下两个方面来理解：它既是实际城市中可以考证的基本资料，同时又是一种自主的结构……自主结构的自主性也不完全是现代主义那种建筑自身领域的自主性，而是存在于建筑的特定过程和建成实体中"[4]。此外，西班牙学者德索拉·莫拉莱斯也指出：主体的思维"在于主体透过在场的客体来探索心智的地志……利用历史参照以及交织在建筑作品中的思想、艺术与文化，使作品以能在历史中定位的方式，让心灵的场所……得以清楚地呈现"。"场所固然是实质的，不过场所同样也是精神的。这样的场所是特殊的、独一无二的，因此对场所的描述不应该使其个性荡然无存"[5]。的确，把空间看作是一种心智体验的结构，一种精神得以存在的场所，是"人类在场的一种散发，一种来自主体内部的投射"[6]。空间的感知体验并不能直接从建筑本体的形式操作中获得，而必须透过建筑师对空间环境的感知心理过程——感知外界、分析思考、做出判断以及记忆事物的一种总体认知过程。在《具身心智：认知科学和人类经验》中瓦雷拉、汤普森和罗施提出"认知是一种具身行动（embodied–action）"[7]，把我们的认知活动看作是对客观环境的结构反思，但却没有忽略我们自身经验的直接性——回到我们自身经验的具体性和特性（particularity）中。

由此，空间的心智结构始于身体的感知过程，即"一种身心沉浸的感知过程"③[8]——这是我们教学思想中的关键性概念之一。教学将按照"空间认知的理论阐释——叙事知识体系的建构——设计思维的归纳与演绎——设计实践教学的行动策略"的逻辑线索，强调对空间场景的经验性的视觉分析和图示化表达，避免抽象的分类方法所带来的脱离具体场景的意义缺失，从而推导出基础教学的理论建构和实验教学计划——一个完整的课程内容和练习环节，它包括课程设置、基地分析、感知训练、主题提取、形式操练和作业练习等环节。在教学的过程中，根据每一个学生对身处其中的环境的感知体验，提取某些具有精神气质的空间片段和视觉场景，转化和应用到建筑设计当中，建立起一种主题性的空间叙事建构方法。

三、从体验到叙事的转化

如何通过具身体验达成新的空间感知经验并将其转化为设计实践层面的行动策略？这是一种从体验向叙事的转换问题——既把叙事作为一种具身体验的工具，又作为一种空间建构与设计表达的手段，以此探索空间结构背后的意向性生成逻辑。在此有必要讨论一下叙事建构的语境和意义。

法国哲学家罗兰·巴特（Roland Barthes）曾经在其《叙事的结构分析导论》[9]中提出，叙事是一种构建意义和真理的方式。他认为，叙事是一种文化生产，即通过语言和符号来创造意义和价值观，叙事的目的是为了传达信息、表达情感和建立联系。由此叙事可以理解为一种结构或符号系统，一种独特的"意义秩序"或"人类行动的组织原则"[10]。因此叙事行动具有了双重属性：一是指一种空间感知的认知参数或度量工具，二是指一种表达的策略。具体来说，现实生活中的体验被预设成为具有意图和目标导向的准叙事结构，叙事感知与表达行为之间构成了一种不断反馈的双向循环过程，这种过程我们暂且将其定义为"叙事建构"的行动策略，正如唐纳德·波金霍恩（Donald Polkinghorne）所说，"行动是存在的一种表达，并且它的组织体现了人类经验的叙事组织"[11]。

叙事建构在建筑实践意义上转化成一种行动策略，特指建筑师在空间设计时，通过选择、组织和呈现空间场景元素的方式，提炼出一个有意义的主题和叙事线索，包括了空间主题的构思、空间场景元素的选择、空间情节的组织、体验主体角色的分类、形式语言的运用等方面。通过叙事建构，设计者可以将无序的空间元素组织成一个有意义的具有时间秩序和因果关系的结构，使使用者能够更好地理解和接受空间的内容和主题。空间通过视觉场景的片段组合来讲述主题性的观念，传递建筑乃至城市的历史、文化、价值观等信息，它构成空间形式建构过程中的内在依据和目标导向。

空间的具身体验和空间的叙事建构构成了教学环节的两个基本策略，将建筑所处的特定场所作为基本的"原点"，建立其与所处环境之间互动的叙事框架。叙事空间以视觉场景为单位——不同于空间形式建构的以形式要素为单元——融合了客观景观与主体感知的精神意向，以多元感官所介入的"心智场所"[12]为最小单位，将场景按时间或者因果关系的逻辑线索和途径进行拼贴组合形成建筑空间。亦即通过感官体验的心理过程，实现主体行为与环境景观的空间耦合关系和形式结构的生成，而不仅仅是形式操作所偶发生成的片段无序的视觉体验。在与环境的具体互动过程中，我们对空间配置的地标、事件和行动的体验和调查，整合成一种空间记忆的装置，用来组织和存储经验，提供一种有目标指向的行动，激发出空间的循环体验。

四、实践教学的命题思考

围绕教案的主题设定和实验路径，实验课程所进行的空间体验与叙事操作是一个开放的过程，可以理解为对上述具身体验和叙事建构理论的思想实验，并延续到设计教学的思考分析当中，涉及场所基地的选择、设计主题的确定以及空间认知的操练和设计表现手法的拓展等各个方面。

为了摆脱传统建筑类型学的教学模式对思想的禁锢，在基地的选址上我们先入为主地将设计主题设定为"城中村档案库"[13]，这一方面是考虑为设计活动选择一个复杂的城市基地作为空间认知的背景，学生必须从具体的环境当中进行具身体验的观察；另一方面则是有意回避那种传统教科书所设定的功能建筑类型，如美术馆、图书馆、旅馆等。在此，建筑的功能是不确定的，学生在空间的感知和认知过程中，自主生成一种符合基地特性的"功能任务书"，避免落入传统建筑类型学的俗套。

空间即档案。城中村是一个巨大的城市历史记忆和市井生活的视觉资源和文化宝库：密不透风的住宅楼群，纵横相接的街道和宅间缝隙，传统样式的庙宇祠堂，沿街开设的店铺摊位，组成了复杂迷乱的空间景观；黄昏来临，城中村里的人群熙熙攘攘，穿街走巷，地摊上人们围坐在烟熏火燎的地摊烧烤周围喝酒聊天，鸡鸭狗猫活跃在街头巷尾觅食打闹，本地居民和外来打工者共同构成了城中村复杂的人群社会阶层，构成了一幅生机盎然的市井生活场景——俨然所谓的"欲望都市"[14]（图3）。"城中村档案库"的主题设定，正是基于这样的空间肌理和社会网络，教学活动通过现场调查和体验，构建一种多维取向的叙事场景，通过设计一处储存、展示和传达过去历史的建筑空间——一个记忆的装置，探索城市被遗忘被忽略的价值和意义，并协调现在的居民与未来愿景的关系。

城中村基地是一个新旧更替过渡期的历史街区（图4），是一个为我们的调查提供了充满无限活力的社区，其中饱含丰富的现象和实物资料。通过挖掘图纸、图片、故事、新闻事件和场地的

图3 城中村的空间场景

图4 城中村的生活场景

物理条件的历史档案,学生将确定其场所的精神。课程作业的内容包括在该地区拟建一系列公共空间项目,设计一个具有公共意义的文化建筑,通过程序、形式、建构来解决被遗忘的历史问题。课题由三个相互关联的部分组成:一是通过挖掘基地的历史和地理层面来研究基地的空间场景和社会现象的潜力;二是通过设计和建造一个记忆的装置来表达设计主旨的概念;三是制定城中村档案库的设计任务书,通过空间的形式建构来响应记忆装置所表达的概念成果。

"城中村档案库"的空间属性在功能上并不一定是传统博物馆与美术馆的变体,成为某类展品的展示场所,而是储藏生活记忆的场所,这个记忆的装置,使其灵魂寄寓建筑空间完成其精神的表达。城中村并不是严格意义上的文物,但是它带有一定的历史记忆,它既作为一种物质存在的客体,同时它又是一个融合了日常生活、记忆与想象的心理空间实体,构成一种度量时间的装置:一方面是记录历史过去的视觉记忆档案,另一方面它又包含了对于未来的想象——一种潜在的发展动力。城中村的活力机制,来自于它所嵌入的空间网络所固有的潜在能量,即空间所承载的历史价值和面向未来的社会的集体欲望。

五、叙事建构的教学示例

阿尔多·罗西曾经在《城市建筑》中宣称,城市是上演人类事件的剧场。这个剧场不再只是一种象征,而是一种实在。城市凝聚了事件和情感,每一次新事件都包含了历史的记忆和未来的潜在记忆场所,因此是可以容纳一系列事件的地点,它本身也同时构成了事件。"城市本身就是人民的集体记忆,是集体记忆的所在地。历史的价值被视为集体记忆,它帮助我们把握城市结构的意义"[12]。在这种独特场所的概念中,包括了特定地点与其中建筑物之间的那种既特殊又普遍的关系。城市的特征可以用它对过去、现在和未来的态度来描述和定义。一个城市通过选择收集和处理文物的方式直接影响人们的文化体验。建筑物也许是发生在特定地点中那些事件的标记;地点、事件和标记之间的这种三重关系构成了城市建筑体的特征。基于罗西所提出的类型学分类构架,城中村乃是一种作为城市背景的"经久性"①标志。新的建筑嵌入这种构架当中,建立起与城市的感知性互动机制,建筑作为一种媒介或心智场所,建立起整体城市空间网络与内在的社会历史的关联逻辑。

围绕这个城中村的主题设定所展开的空间叙事建构的教学实验路径分两个层面。首先,是前期的对基地环境的感知与分析,提取一些重要的设计理念或者是主题线索,即叙事的线索;其次,是结合建筑本体的空间形式建构来完成一个完整的有主题意向和目标的设计过程。每个同学根据自身对环境的认知或者具身体验所建立的叙事策略都是不一样的。也就是说,需要从根本上建立一种创意思维,而不仅仅是一种具体的形式操作。

对基地环境的感知与分析是一个敏锐的感性认知过程,正如每一种艺术形式——文学、绘画、音乐、建筑等——需要借助特定的媒介和手法来建立一种独特的观察视角,在一种具体的环境或者是特定的场所中去建构有效的或者是有意义的主题。

这种观察视角和媒介方式是为了培养学生的一种独特的观察和感知的能力。为此，在课程的第一个阶段——感知体验环节的设置，观察实验按照电影图像、诗歌文本、器物装置、园林场景和行为事件几个方面的启示而分成 5 个小组。强调观察探索的深度，提高对被遗忘的城市文物的认识，寻找作为设计理念的驱动要素，分析和解释城市的记忆要素。在此略举几项实验课题加以说明。

课题一是南头古城的空间感知实验工作坊。实验以电影分镜头为媒介组成了"影像工作小组"，在特邀指导老师康赫的指导下，简略讲述了西方电影史上的"正反打句法"和"蒙太奇手法"的电影分镜头处理方法[13]。学生分三次对古城基地进行了拍摄练习：第一次练习是未经训练的随意拍摄，全组同学几乎以同样的眼光进行观察拍摄，照片呈现为一种同质的游人景观效果；第二次练习在学生了解电影的"正反打"和蒙太奇手法后，重新进入基地观察拍摄，明显取得了不一样的效果；第三次练习则是学生自定拍摄脚本——一个基于自我观察基础上的纪实性叙事构思——完成 1 分钟的小电影制作（图 5，图 6）。这个实验所带来的启发是：分镜头拍摄打开了学生原本单调

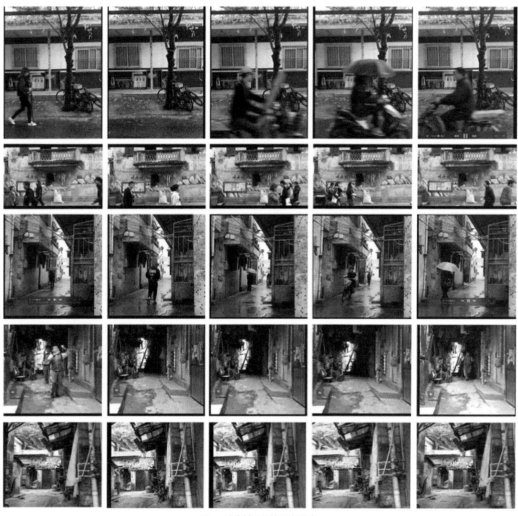

图 5　城中村场景的影像拼贴

图 6　城中村场景的影像拼贴

同质的观察视野，不断变换观察主体的视角——游人、本地人、打工者、动物……. 学会从不同角度对空间进行感知和体验，并将其有机地组合构成在一起——类似立体主义的拼贴手法，形成丰富多元的空间意象；电影所创造的生活与影像的双重现实，使学生回旋于现实的体验和空间设计的建构活动之间，不断与现实进行对话的同时，完成对于"有意味的形式"的叙事建构过程。

课题二是校园杜鹃山的环境感知实验工作坊。这个专题设置以华莱士·史蒂文斯的"注视一只黑鸟的十三种方式"[14]诗歌文本为媒介手段，要求学生通过观察自然的山体环境及其要素，强制性打开观察的视角，提炼出十三幅画面场景，以诗歌写作的方式展现对环境认知的体验和感悟，并以此为前提进行空间形式的建构和叙事。诗歌的创作始终围绕这样的主题：想象与现实，艺术与自然的关系。正如史蒂文斯所强调的"去寻找那纯粹诗人的纯粹目的……提供对生活的新鲜生动的感觉"[14]。主张人类应尽量开放自己的感官以充分领略现实之美，以自己的经验和想象作为立足点来观照生活（现实和自然）。诗语结构既是主观心理层面的构造，也是客观世界自然结构的反映。艺术的想象赋予生活一种崭新的秩序。本案将文本的概念转化为观念装置的方法和路径，即将自然环境要素和场景与你、我、他或他们的关系进行视觉化的解析，构成一系列故事和场景片段，再将其通过形式的串联叠加，组成整体的建筑空间场景——一种空间的诗语结构（图7）。

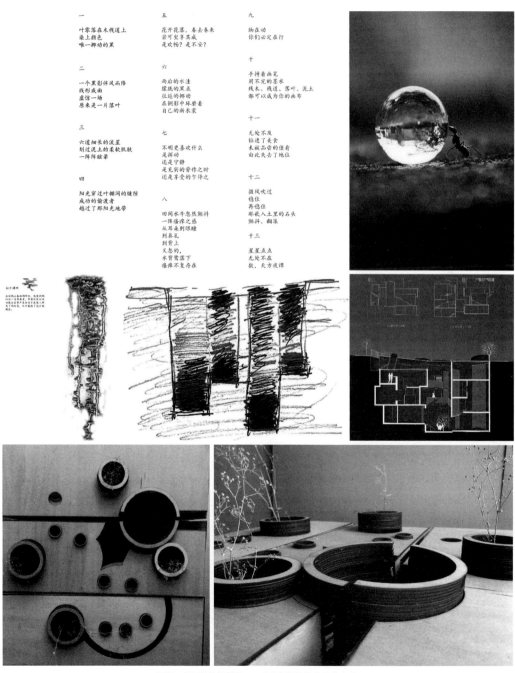

图7 空间的诗语结构 —《观察蚂蚁的十三种方式》

图 7 空间的诗语结构—《观察蚂蚁的十三种方式》（续）

课题三是校园艺术邨感知实验工作坊。选取了卡尔维诺的《看不见的城市》[15] 和村上春树的《海边的卡夫卡》[16] 等小说作为文本媒介，组成了以行为为导向的空间叙事及建构小组。学生通过阅读小说，在小说想象的空间中捕捉那条看不见的叙事线索，以明信片或者手绘方式构建出一幅幅片段的空间场景（图8、图9）。小说提供了一种旅行或遭遇事件的经历。主体的行为成为一种叙事策略，行动者扮演不同的角色，拆解旅行的记忆，再把它们调换、移动和倒置，以另一种方式重新组合。"行走"是人在运动中对于空间环境体验的一种典型方式。当一个人沿着路线前进时，他／她会遇到连续的物体、场景和事件，经由感觉运动与环境的相互作用，由此会根据发生的顺序对环境进行线性建构。同时，该时间顺序对应视点不断变化的空间顺序，即路径。行动者根据自身内在参考系统来定位连续的场景元素，从而完成与环境交流。因此，叙事———一种通过人类行动所表达的线性的结构，在这种结构中，人类的行为接受了它的形式，并通过它而有意义。

另一个叙事的主题为"宽窄间"的作业，以陶渊明《桃花源记》中"登楼如山行，变化宽窄间"[17] 为灵感，寻找和感受在建筑与院落之间穿行时空间与建筑宽窄的变化。建筑与自然地形交融，在建筑之中营造出登山游林的氛围。主体建筑概念从日本建筑师妹岛和世的李子林住宅出发，分析探讨空间并提取原型"十字形"进行操作变形，使用简化原型作为苑中核心构筑物的生成原则，将原型置入结构和功能形成斋（陡坡、窄）与轩（缓坡、宽）两个建筑。学生在基地的分析和体验时建立了以坡为主导的空间构想，从空间原型的思考转化为对空间叙事的感受和发展思路———以三线工业遗产的营造记忆及砖木结构技术特质为起点，使用实体模型推演和手工图纸绘制的方式，重新诠释"双坡顶"的可能性。用一个诗意的故事

图 8 空间的叙事结构 —《日子》

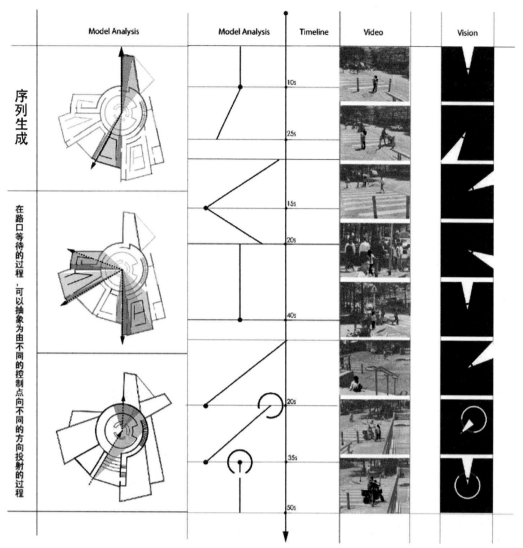

图 8　空间的叙事结构 —《日子》(续)

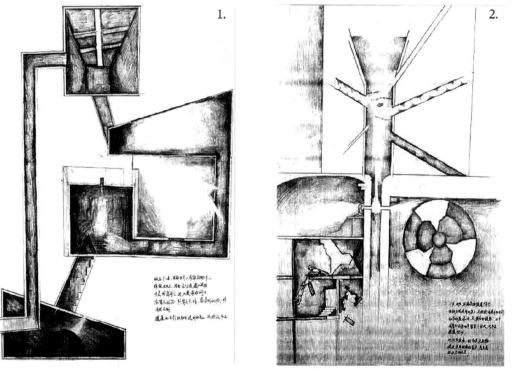

图 9　空间的叙事结构 —《海边的卡夫卡》

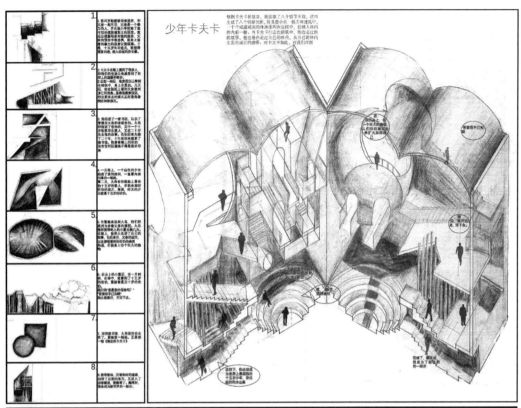

图9 空间的叙事结构 —《海边的卡夫卡》(续)

和意境引导建筑的生长,这种"隔绝、独立和静谧"的情境感受恰似《桃花源记》里的画面(图10)。

限于篇幅,本文无法全面展现学生作品中闪耀的思想火花和主题构思,也无法深入展开围绕主题所进行空间形式建构上的创新实验,仅仅是讨论教学实验中的空间感知经验的突破和叙事表达的策略。概略言之,叙事建构通过蒙太奇式的拼贴、空间诗语结构的组织、文本叙事的情节构造,旨在将各种异质的和片段的空间场景组织成一个完整的空间叙事结构逻辑,使得场景单元因叙事而生成意义。

图10 空间的叙事结构 —《宽窄间——艺术邨斋轩苑设计》

注释

① 本文为建筑与城市规划学院《二年级设计教学成果集》撰写。
② 具身体验指具身认知（embodied cognition），也称"具体化"（embodiment），是心理学中一个新兴的研究领域。具身认知理论主要指生理体验与心理状态之间有着强烈的联系。生理体验"激活"心理感觉，反之亦然。
③ 身心沉浸一词见于法国著名结构主义哲学家罗兰·巴特（Roland Barthes）所写的《恋人絮语》一书，表达了恋人在绝望或满足时的一种身不由己的强烈感受。这里引申为一种身心互动的感知过程。
④ 心智场所之心灵的场所。见于莫拉莱斯的《差异：当代建筑的地志》，他提出，场所固然是实质的，不过场所同样也是精神的。心智的基地，亦即建筑作品所注入心灵的场所。
⑤ 《城中村档案库》是实验课程所制定的教案命题，指在城中村的基地环境中设计一所有关城市记忆的展示场馆，以区别与传统的博物馆和美术馆的类型。
⑥ 《欲望都市》是由妮可·哈罗芬瑟执导的美国爱情喜剧。在此引申为一个充满欲望和激情城市市井生活场景。
⑦ 经久性概念是指罗西构架中城市的时间特征。经久性建筑把其自身的经久特征归结为它们在特定环境中所处的位置。
⑧ "正反打句法"是指电影中的对话镜头，一般是两个人的对话场面，一般有两种镜头拍摄方式：内反打和过肩镜头。"蒙太奇手法"根据影片所要表达的内容和观众的心理顺序，将一部影片分别拍摄成许多镜头，然后再按照原定的构思组接起来。蒙太奇就是把分切的镜头组接起来的手段——将摄影机拍摄下来的镜头，按照生活逻辑，推理顺序，作者的观点倾向及其美学原则联结起来的手段。
⑨ 伊塔洛·卡尔维诺《看不见的城市》小说中，描写了55个城市的秘故事，有着各种各样的建筑、街道、广场和人物。城市的真正魅力在于它是柔软的，它吸纳众多，无所不包，始终是希望的体现，又是郁积负罪感的源泉。这个城市是一个神秘的地方，只存在于人们的想象中，这些城市都有一个共同点：那就是它们都无法被看到，只能通过心理漫游式的想象行动，才能拼贴出一幅不完整的城市意象。
⑩ 村上春树《海边的卡夫卡》小说的叙事为明晰的双线结构：第一条线索以自述的方式讲述主人公田村卡夫卡的成长过程；第二条线索叙述中田的经历和寻找"入口石"的经过。作品以这两点偶合为纽带，从隐喻的运用；传统文类"神话"的借用；照片、歌曲与油画的运用；梦幻与现实的融合三个方面切入的叙事艺术，将两条叙事线索整合为一个完整。
⑪ 《桃花源记》是东晋文学家陶渊明的代表作之一，选自《陶渊明集》。此文借武陵渔人行踪这一线索，把现实和理想境界联系起来，通过对桃花源的安宁和乐、自由平等生活的描绘，表现了作者追求美好生活的理想和对当时的现实生活不满。

参考文献

[1] 顾大庆，柏庭卫. 空间、建构与设计 [M]. 北京：中国建筑工业出版社，2011.
[2] 埃德蒙·胡塞尔. 欧洲科学的危机和超越论现象学 [M]. 王炳文，译. 北京：商务印书馆，2017.
[3] 梅洛·庞蒂. 知觉现象学 [M]. 姜志辉，译. 北京：商务印书馆，2001.
[4] 奥多·罗西. 城市建筑 [M]. 李祖民，译. 北京：中国建筑工业出版社，1998.
[5] 伊格拉西·德索拉·莫拉莱斯. 差异：当代建筑的地志 [M]. 施植明，译. 北京：中国水利水电出版社·知识产权出版社，2006.
[6] H.F. Mallgrave & E.Ikonomou.Empathy，form and space：problems in German aesthetics，1873-1893[M]. Getty Center for the History of Art and the Humanities，1994.
[7] F·瓦雷拉，E·汤普森，E. 罗施. 具身心智：认知科学和人类经验 [M]. 李恒威，李恒熙，王球，于霞，译. 杭州：浙江大学出版社，2010.
[8] 罗兰·巴特. 恋人絮语 [M]. 汪耀进，武佩荣，译. 上海：上海人民出版社，2016.
[9] 罗兰·巴特. 叙事的结构分析导论 [M]. 刘绍铭，译. 北京：商务印书馆，1996.
[10] Andong Lu.Narrative Space：a Theory of Narrative Environment and its Architecture[M]. University of Cambridge，2009.
[11] Polkinghorne，Donald. Narrative knowing and the human sciences[M]. State of New York University Press，1988.
[12] 同 [4].
[13] 康赫. 空间中的正反关系——影像札记之二 [J]. 上海文化，2018（05）：59-67.
[14] 史蒂文斯. 注视一只黑鸟的十三种方式：史蒂文斯诗选 [M]. 王佐良，译. 北京：人民文学出版社，2018.
[15] 伊塔洛·卡尔维诺. 看不见的城市 [M]. 张密，译. 南京：译林出版社，2006.
[16] 村上春树. 海边的卡夫卡 [M]. 林少华，译. 上海：上海译文出版社，2003.
[17] 陶渊明. 陶渊明集 [M]. 北京：中华书局，1979：163-166.

图片索引

图 1，作者自绘；
图 2，作者自绘；
图 3，某学生，城中村场地调研；
图 4，某学生，城中村场地调研《围墙内的人生百态》；
图 5，某学生，城中村 1 分钟小电影《空镜头》；
图 6，某学生，空间的场景拼贴《明信片设计》；
图 7，某学生，空间的诗语结构《观察蚂蚁的十三种方式》；
图 8，某学生，空间的叙事结构《日子》；
图 9，某学生，空间的叙事结构《海边的卡夫卡》，获 2022 东南·中国建筑新人赛 TOP16；
图 10，某学生，空间的叙事结构《宽窄间——艺术邸斋轩苑设计》，获 2021 年东南建筑新人赛 TOP2。

作者：艾登，深圳大学建筑与城市规划学院助理教授；饶小军，深圳大学建筑与城市规划学院教授；曾凡博（通讯作者），深圳大学建筑与城市规划学院助理教授

综合进阶——建筑学专业基于思维和技能"双目标"架构的高阶设计课程初探

陈翔 金方 裘知 王雷 林涛 刘翠

Comprehensive Progresses—on Design Courses in Senior Grades with the Double Objectives of Thinking Ability and Professional Skills

■ 摘要：本文通过对浙江大学建筑学专业近5年实施的三年级核心设计课程的介绍，阐述以提升"思维能力"和"专业技能"为核心目标的高阶建筑设计课程的思路与方法，剖析以"约束性设计""开放性设计""系统性设计""探究性设计"为教学模块的课程体系的内容和步骤，为建筑学设计课程教学改革提供有益的样本探讨。

■ 关键词：课程改革；思维能力；专业技能；教学模块；课程样本

Abstract: This paper introduces a series of key design courses in Grade 3 implemented in the architecture major of Zhejiang University in the past five years. It elaborates the theories and ways about design courses in senior grades with the core objective of improving "thinking ability" and "professional skills". It analyzes the content and procedure of course systems which include teaching & learning modules such as "restrictive design", "open design", "systemic design" and "exploratory design". It is supposed to provide helpful samples of teaching reformation of architectural design courses.

Keywords: course reformation；thinking ability；professional skill；teaching & learning module；course sample

一、课程目标与体系

本科三年级，是建筑学专业学生加深专业理解，提升综合性建筑设计能力的重要阶段。自2016年以来，浙江大学建筑学专业对本科三年级的核心设计课程进行了一系列改革，以"全面养成"为宗旨，以提升"思维能力"和"专业技能"为核心目标，形成较具特色的建筑学高阶设计课程教学体系。其中的"思维能力"部分，以问题为导向，通过对"约束与回应""概念与实现""系统与整体""问题与对策"等一系列问题的探讨式学习，建构学生的设计方法论系统，提升学生的设计思维水准；"专业技能"部分，立足实战能力的培养，通过调研、

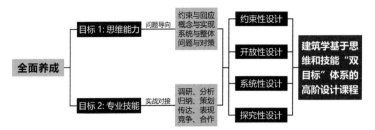

图1 "课程目标与体系"思维导图

分析、归纳、策划、传达、表现、竞争、合作等内容的训练，丰富学生的专业操作技能，提升学生的专业综合素养（图1）。

具体到课程层面，通过"约束性设计""开放性设计""系统性设计""探究性设计"等四个教学课程模块的设置，将基于思维和技能"双目标"提升的训练内容串联在一起，形成脉络清晰、结构有序的课程体系。课程在上述四个教学模块的框架下，每年设置不同的对象和场地，在保持教学思路连贯性的同时，兼顾了课程面貌的丰富性。

本文通过对具体课题样本的探讨，分析两大核心目标的实现路径，为建筑学专业高阶设计课程的教学改革提供认识论、方法论层面的思考。

二、约束性设计——制约的反馈

"约束性设计"以既有建筑更新改造作为课题内容，选择学生相对熟悉的校园建筑环境作为课题对象，通过设计条件的限定，强化对功能、空间、结构、材料及形式语言等建筑核心问题的聚焦。训练通过对既有建筑的认知与解析，深入理解建筑内在系统的逻辑特征。设计保留既有建筑的结构体系，通过注入新的功能，更新建筑空间及形式语言，实现对既有建筑的改造再利用。

课题时长8周，个人独立完成。课题可供选择的改造对象包括：食堂、图书馆、教学楼、教工活动中心、结构实验室等。本文以"结构实验室改造"为例，简述如下。

1. 课题概况。作为课题对象的结构实验室，建造于20世纪70年代，位于校园东西主轴北侧缓坡之上。建筑由单层的42m×18m的大跨实验大厅和西南侧的两层辅楼组成，实验大厅由八榀预制混凝土桁架屋面形成覆盖。课题要求学生结合调研分析建筑现状，明确使用主体及相关约束条件，自主确定改造更新的主题及功能策划，并根据自拟任务书完成内部空间改造、外部造型更新以及周边环境质量的提升。

2. 教学任务。参观结构实验室；对原设计蓝图进行数字化还原；确定主题及案名；拟定含详细面积指标的设计任务书；完成从功能计划图向三维空间结构的转译；完成图纸一张（A0×1），包含但不限于：表达功能定位、设计概念、空间构成等内容的建筑设计图解分析，表达基本功能空间关系的平、立、剖面图，表达重点空间概念的剖透视图及透视图，完成1：100的建筑模型。

课题过程中穿插"图解与分析""结构与营造""材料与形式"等专题讲座，帮助同学正确理解理性逻辑与建筑美学之间的深层次联系。

3. 作业选例。作业以"校园体艺空间"植入为改造任务。设计保留原有建筑的柱子与屋架，拆除部分墙体，穿插小尺度功能体量，形成活跃的文体、艺术功能及交往空间；将周边环境处理为建筑开放系统的一部分，形成室内外空间关系的对应与延续；利用屋架空间的高度，配合天光的引入，形成一个独特的小型图书馆。设计保留原有建筑构件特征的同时，强化了空间的特色。对屋架空间的一体化处理改变了建筑形式的逻辑关系，体现出基于约束限定的设计回应策略（图2）。

4. 训练成效。训练强调约束对设计的影响，使学生理解建筑设计的过程是回应约束、解决问题、建构张力、实现释放的过程。课题通过自主功能策划，训练基于"生活实践"和"建筑理解"的"功能计划"操作；从关注行为需求与空间布局的对应关系入手，理解建筑功能与空间模式的关联性，实现向内约束基础上的建筑内部空间的更新设计；结合校园历史发展和整体环境风貌的调研分析，寻找向外延展的新的形式语言，提出建筑外部形态及环境空间的更新设计策略；关注与原有建筑结构体系和空间体系的协调，通过适宜的形式语言和形式逻辑，处理空间界面、材料运用、节点构造等问题，提升建筑设计素养和建筑思维深度。

三、开放性设计——概念的延展

"开放性设计"通过预设一个发散性主题，激发学生通过自主性思考，以创新性思维介入设计，强调设计师的主体意识在建筑设计过程中的作用。"开放性设计"以兼具不确定性和未来性的"未建筑"为课题对象，引导学生通过阅读与思考，完成最小制约、最大开放下的自主性探索；通过问题建构及基于问题设定推导解决路径的步骤，训练基于理性驱动的设计性思维；通过主题海报及概括性设计表达，训练对设计主旨及内涵的提炼和归纳。

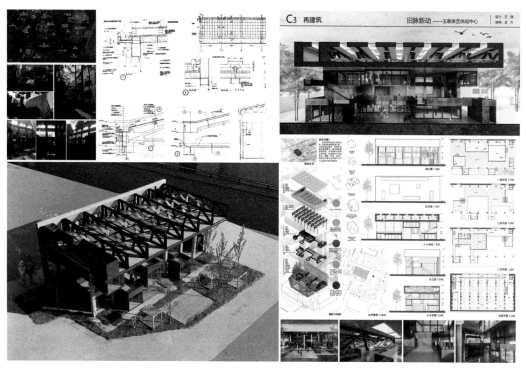

图 2 "再建筑"基础资料及作业选例

课题时长4周,双人合作完成。历年选题包括:庇护所、中继站、观景台、X舞台、多米诺等。本文选择"中继站"做具体阐释。

1. 课题概况: "中继站",原指在运输线中途设立的补给、转运站——它是通向未来目的地的一个中间过渡点。面对人类社会加速发展带来的未来不确定性迅速增长的现实,以"中继站"为题,思考在到达不可知的未来之前,为人类群体或个体营造一个可以停留的、可预期的、安全的所在,为不确定的未来建构一个确定的支点。课题向任何符合"中继站"定义的功能系统开放,唯一的约束是要能实现这个系统从外部环境到本体空间在逻辑对应关系上的自洽。

2. 教学任务: 完成海报+设计提案各一张(A0×2),包括但不限于:案名、关键词、任务及对策的图解分析、轴测图或透视图、表达设计原理的技术图纸……

3. 作业选例: 作业以"过度社交避难中继站"为题,关注人的内心世界,为那些对于来自外界的注视和自身压力感到焦虑,疲于应付,甚至陷入自我怀疑的人们设计一个心理庇护所,使他们在回归日常社交之前,能够以更大的自主权来选择独处或交往。设计从迷宫的形式和路径得到启发,将独居单元与迷宫般的外环境结合在一起,探讨了不同层级的生活交往空间的可能形态,设想了从独处、独行,到远望、感知、相遇、同行、逃离、留言、交谈、聚集等一系列有趣的场景,以期身处其中的人们能够形成以个人意识为主导的社交习惯,可以更加自如舒适地回归社会。该设计拓展了中继站的概念边界,并且为这一概念的成型搭建了完整的叙事场景,海报及图纸表达围绕概念主题,具有很强的信息传递性(图3)。

4. 训练成效: 本课题以"中继站"为设计起点,推导有约束下无限多样的设计结果。训练鼓励最大限度地拓展命题的概念边界,并为自己所确定的任务设定外部环境条件及内部运作机制,完成空间系统的故事性建构,以图示语言的方式完成设计原理的阐述,完成设计概念的概括提炼和表达。训练通过基于"目标导向"的"设计对策"的获取,鼓励设计师以合理的策略操作回应特定的性能预设,建构"有意义的想象"与"强有力的设计"之间的真正的关系,理解开放性思维在设计过程中的价值及意义。

四、系统性设计——整体的建构

"系统性设计"将建筑理解为包含环境、行为、功能、空间、结构、形态等多个子系统的集合体,认为建筑是由上述系统要素复合建构的整体系统。课题有意识地选择学生相对陌生的复合功能作为设计任务,以突出功能系统在设计过程中的在场感。课题在场地选择上兼顾都市及自然的双重特征,以放大环境系统在设计中的影响。课题的训练有助于学生理解基于系统性思维的建筑整体性的意义,以及通过系统性方法实现建筑整体性目标的途径。

课题时长8周,个人独立完成。历年选题包括:动物收容所、西溪艺舍、杭州书画院、城市艺术和文化综合体、半郭山社等。本文以"动物收容所"为例,简述如下。

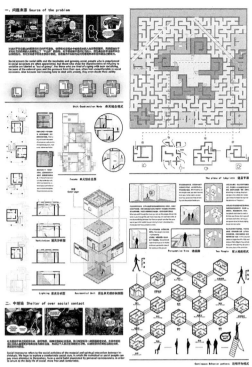

图3 "中继站"作业选例

1. **课题概况**：课题选址于城市近郊的山脚空地，其北侧为城市商务用地及城市道路，东侧为拟新建城市公园，西侧为上山便道及现有住宅，南侧为老和山。基地北低南高，落差约8m，总用地面积约7000m²。训练要求考虑场地、环境、功能等复杂要素，完成总建筑面积约3600m²，包含动物收容、诊疗、笼舍和辅助功能空间，以及室外场域空间内容的整体性设计方案。

2. **教学任务**：田野调查；案例研究；制作1：500基地模型；制作功能列表；基于功能、形态、环境系统整体协调的空间策略；制作工作草模；深化设计；完成图纸（A1×6），包含但不限于：总平面图、表达系统要素关系的分析图、表达基本功能空间关系的平立剖面图、特殊构造详图、分解轴测图、表达重点空间概念的剖透视图及透视图；完成1：100建筑模型。

课题过程中穿插"系统思维与设计""总平面设计""剖面与设计""BIM系统"等专题讲座，帮助学生理解通过系统性手段实现整体性目标的具体技术方法。

3. **作业选例**：作业针对"动物收容所"这一特殊建筑主题，充分利用场地高差组织功能空间，以矩形合院嵌入山体的方式回应建筑与场地的图底关系。侧向打开的界面不仅将人引入建筑，也为野生或流浪动物的进入预留了可能。建筑与山体之间以台阶状的"观众席"相衔接，表达了人工与自然之间互相守望的依存姿态。设计将功能、空间、场地系统之间的关系统合为一处整体性场所，回应了训练的预设目标，达成了对复杂建筑问题的深层次的理解。因疫情原因，该轮教学通过线上完成，部分教学内容有所调整，建筑模型未制作（图4）。

4. **训练成效**：结合田野调查与文献阅读，研究使用对象的基本行为模式，提出与之相适应的空间类型、尺度标准、环境特征，理解使用对象与空间形态之间的关联；梳理目标任务的基本功能需求并完善任务书，有针对性地提出适宜的空间组织结构，完成功能系统与空间系统的复合与转译；结合环境要素，统筹场地的视野、高差、出入口等关系，完成与场地逻辑相关联的建筑空间、形态、语言系统的设计；通过合理的结构选型和营造策略，处理空间界面、材料运用、节点构造等建筑技术层面的问题。训练有助于学生理解建筑设计复杂性的具体内容，引导学生通过对影响建筑设计内在关系的系统性问题的回应，达成基于整体性目标的综合性建筑设计能力的提升。

五、探究性设计——策略的回应

"探究性设计"以村中城为载体，通过对城中村这一特殊对象的观察、访谈、整理、归纳，提出城中村面临的问题以及既有状态下对特有公共服务功能的需求，以策划案的方式提出局部更新的对策建议，拟定任务书，完成相应设计。

本课题时长12周，包括全员合作调研、个人设计、多人合作深化设计等过程阶段。历年的城中村课题包括"非规划式建筑——骆家庄的前世今生""亦城亦乡——杨家牌楼的有机更新""村中城——益乐新村的二元二次方求解""共同进

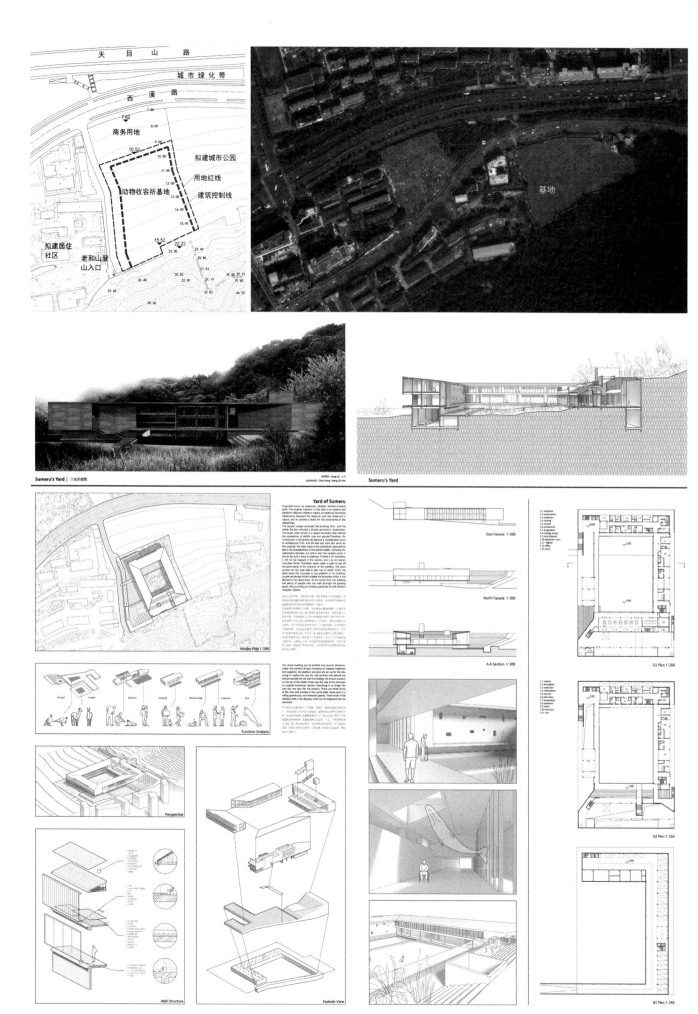

图4 "动物收容所"场地概况及作业选例

化——五联东苑的现代性转译""逆向迭代——五联西苑的外生型演绎"等。本文择取其中的"益乐新村"课题,做一个简略的介绍。

1. 课题概况:益乐新村位于杭州市文一西路北侧,西斗门路南侧,丰潭路东侧,紧邻诸多住宅小区,与浙江财经大学文华校区、西斗门工业园区相毗邻。基地内共有435幢行列式密集布置的四层独立住宅,租住着超过2万人的城市年轻创客。作为这个社区的主体人群,他们构成了感观上的表象世界,是这个社区社会的显性表达。作为房东的原住民,尽管在数量上只占很小的比例,但掌握着社区的大部分话语权,他们构成了表象下的真实存在,是这个社区社会的隐性力量。这样一种"二元"结构,存在着很强的矛盾张力,需要加入基于社会学、建筑学方式的"二次方"求解策略,提升社区的效率与活力(图5)。

从认知切入,研究既有空间的历史、现状以及变化的动因;研究既有状态下对特有公共服务功能的需求,以"Plug-in"为策略,提供使软件更好运行的硬件升级;选取城中村的特定区块进行更新设计,提出策划案,自拟任务书,并制定地块周边微规划;针对特定的功能架构,创新性地提出富有个性的解答,完成从功能计划图向三维空间结构的转译;关注新旧建筑的协调,妥善处理新旧建筑在结构和空间原型上的对应关系;通过适宜的形式语言和营造手段,达成基于整体性目标的功能结构、空间结构、形式结构的完善,提升建筑设计素养和建筑思维深度。

2. 教学任务:课题过程包括问题研究、项目策划、微规划、任务书制定、个体设计、概念竞标、团队合作设计等环节。根据组织方式特点,分为五个阶段。

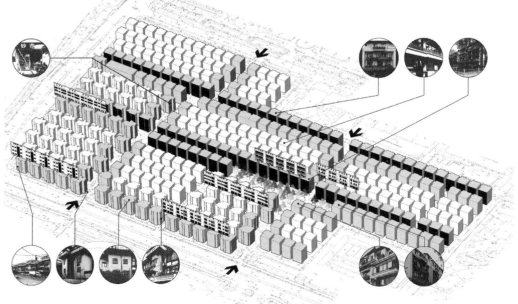

图5 "益乐新村"现状分析图

阶段 1：认知拼图 + 专题研究（2 周，全体同学分成 7 个小组合作完成）

完成客观信息的收集、整合、表达，对可能形成策略的问题进行较深入的研究。7 个小组对应的七个专题分别为：

(1) 对象题解："城中村——村中城"题解、城中村地图、案名提案、城市化、乡村的进化、建筑生命周期；
(2) 案头认知：案例分析、城市化理论梳理与引用；
(3) 社区社会：人口容量、人口组成、组织架构、管理模式、经济、文化及历史沿革、原住民——隐形社区、租户——显性社区；
(4) 规划解析：区位、规模、密度、路网、肌理、尺度、界面、人均容量；
(5) 服务体系：商业配套及形态、服务配套、外围交通、动态交通、静态交通、消防通道、回车场地；
(6) 建筑分析：标准平面、标准剖面、标准立面、最小居住单元、功能外挂；
(7) 环境节点：绿地、绿植、路灯、标识、监控、垃圾收集、可能的景观对策（图 6）。

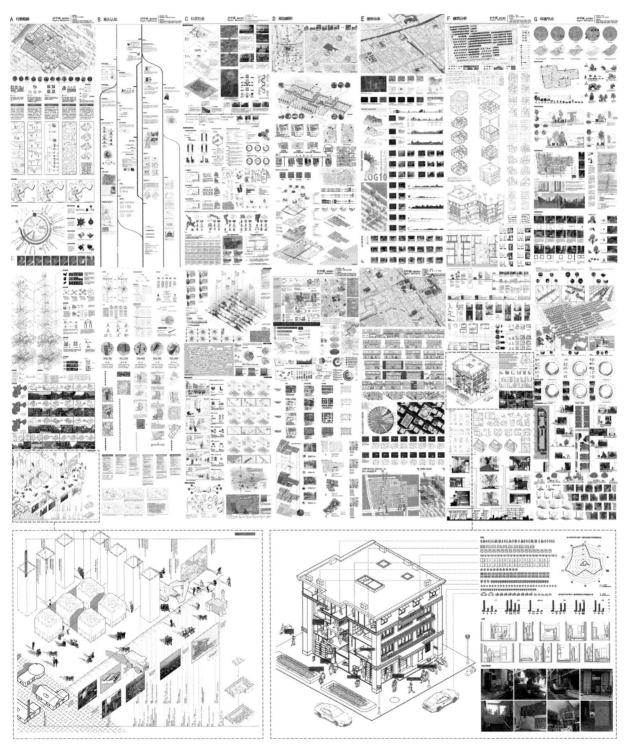

图 6 "益乐新村"认知与研究成果汇总

阶段2：策划与评估（1周，单人完成）

策划与评估环节内容：策划案名、策划目标及愿景、策划主体（业主、开发商、政府选择其一）、机制描述（问题、需求、策略、成效）、可行性分析（影响因子、退出机制、效益评估）等。

完成策划文本（A4×10），装订成册，需设计封面。

评选30%左右策划案进入阶段3。

阶段3：微规划+功能任务书（1周，单人完成）

根据阶段2策划案内容，完成改造地块选择（约6000m²），并制定地块周边的微规划条件，制定功能任务书。

（1）地块微规划内容：用地红线图（含用地红线及建筑控制线）、用地面积、建筑面积、建筑密度、容积率、绿地率、高度控制、机动车及非机动车指标……

（2）编制功能任务书，包括：概述、具体面积指标、功能关系图、设计导则。

阶段4：概念设计（3周，单人完成）

概念设计采用快速设计方式，强调针对策划案及功能任务书做出具有回应性的设计构思方案。成果包括图纸（A0×1）：案名、策划案简述、功能计划图解、整体总平面图及局部总平面图、概念平面图、空间剖面图、效果图；1：500工作模型。

评选30%左右方案进入阶段5。

阶段5：深化设计（5周，3人小组合作完成）

图纸（A1×6），内容包括：设计背景和切入点图解分析、基地分析、设计概念分析、总平面图、平立剖面图、表达重点空间概念的剖透视图、空间和结构分解轴侧图、整体及局部透视图、表达构造与材料的节点详图。

三种比例尺的模型：城市尺度基地模型（1：500）、建筑尺度设计模型（1：100）、节点尺度剖切模型（1：20）（图7）。

除了邀请业界资深建筑师参与评图及公开答辩，在阶段4和阶段5，另聘请6名一级注册建筑师参与课程指导。这种与实战对接的实践导师制度，在"探究性设计"的教学组织中一直得以延续，强化了专业教育的特色。

为配合"探究性设计"涉及的知识性内容的教学，任课教师及实践导师开设了一系列的专题讲座，包括："建筑策划与评估""场地规划相关知识与技术管理规定""营造设计"等，极大地拓展了专业教学的知识范畴。

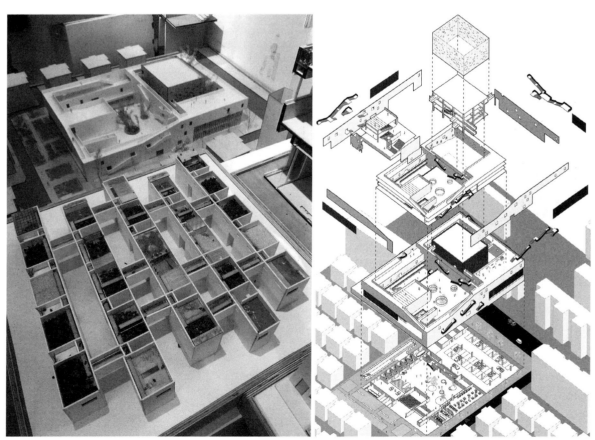

图7 "益乐新村"小组作业部分成果

3. 作业选例：作业以"龙舟食街"为题，回应所在场地的传统特色及现实需求，将城中村原住民赛龙舟的古老特色纳入策划案的核心考量。设计将龙舟赛后各村龙舟的集体存放作为设计的切入点，在场地里设置了一个立体的龙舟存放架。解决龙舟这个超长物件存放难题的同时，使该场所呈现出独特的地域文化特色。功能配置上专辟一处龙舟修复工场，既解决实际的维修问题，又使龙舟制作、修理这门即将消失的手艺转化为现实生活中活化的展示场景。设计选择城中村毗邻城市道路的区块作为更新对象，向市民开放的空间围绕一条食街展开，而面向城中村的部分则兼顾生活性及服务性。这种兼具开放性与依托性的两元空间格局，也为后续具体的空间场景设计带来更多的可能性与张力（图8）。

4. 训练成效：课题通过了解建筑设计问题的源起和建筑设计任务所要实现的目标，训练学生的问题解决意识；通过了解社区、人群、决策机制对建筑设计的影响，理解建筑设计的任务在于改善使用者空间环境质量并实现其价值的最大化，理解适宜性设计的意义。从发现问题、探讨策略、寻求解决的角度切入设计，对学生而言是一个富有挑战的全新的尝试。配合这个任务，加入概念竞标和团队合作等能力训练的内容：通过大团队合作完成庞大的前期调研工作；通过策划案的遴选确立可控的任务数量；通过个人方案的竞争以

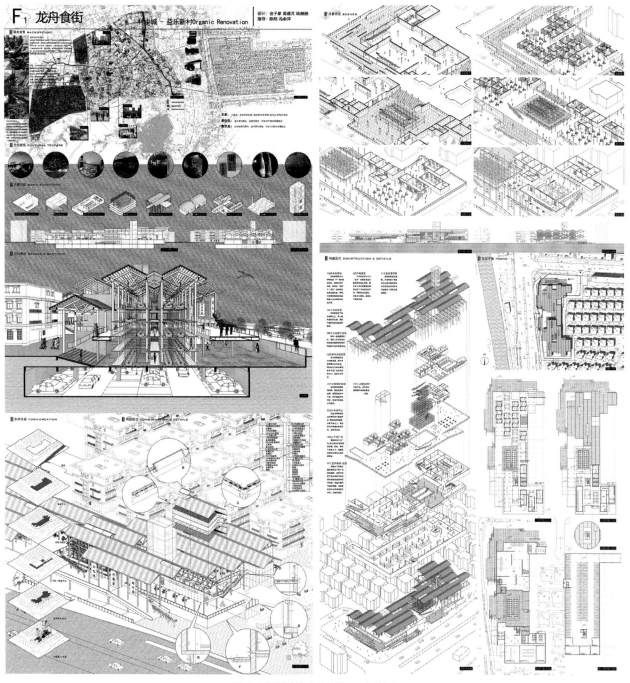

图8 "益乐新村"作业选例——龙舟食街

确定小组合作的初步成果；通过小组合作达成深化设计的成果深度。这个过程需要个体努力和团队协调相结合，有利于学生跳出个体思维的局限，接受更宽广的思考维度，同时有利于学生了解未来职业的工作场景，引导学生发展自己的潜质与个性，实现知识与技能的全面提升。

六、结语

作为建筑学设计教学的重要环节，三年级的高阶建筑设计课程，面临突破传统设计教学的类型化模式，探寻新时代建筑学综合性人才培养方式、路径的任务使命。本课程围绕提升学生的"思维能力"和"专业技能"两个具体目标，回归问题导向，训练学生发现问题、研究问题、解决问题的能力；拓展专业知识的光谱边界，引导学生理解所学专业的内核与外延；注重素质能力培养，尝试提前塑造学生的职业意识和专业人格。本课程通过多年的实施与改进，积累了一批成熟的教案与作业成果，取得了良好的教学成效。希望通过本文的介绍，能为从事建筑教育的同行提供一个可资探讨的建筑设计课程样本，为国内的建筑学教学改革提供有益的思考。

作者：陈翔，浙江大学建筑工程学院、浙江大学平衡建筑研究中心，副教授；金方，浙江大学建筑工程学院副教授；裘知，浙江大学建筑工程学院副教授；王雷，浙江大学建筑工程学院讲师；林涛，浙江大学建筑工程学院高级讲师；刘翠，浙江大学建筑工程学院副教授

高密度城市环境建筑设计的 PBL 目标分解式教学研究

林晓钰　虞　刚

PBL Target-deomposed Teaching Research on Architecture Design in High-density Urban Environment

■ 摘要：拆解复杂系统问题是建筑设计思维训练的主要目标之一。针对本科三年级建筑设计教学中出现的建筑规模扩大化、城市语境复杂化、设计尺度多样化等具体问题，本文以《居住区规划与建筑设计》课程为依托，建立 PBL 目标分解式教学模式。在教学过程中通过问题设置，以任务递进的顺序合理分解题目内容，引导学生认知与理解高密度城市环境的复杂系统特征，将目标驱动式的设计学习变为层层递进的任务驱动式学习。

■ 关键词：PBL 教学法；目标分解；高密度城市；设计练习

Abstract: Dismantling complex system problems is one of the main objectives in the thinking training of architecture design. Targeting to the specific teaching problems, namely, the expansion of architectural scale, the complexity of urban context, and the diversification of design scales emerged in the teaching of architectural design courses in the third grade of undergraduates, this paper is based on the course "Housing Planning and Architecture Design", establishes the target-decomposed teaching mode based on PBL teaching method. In the teaching process, it reasonably decomposes the content in the order of task progression, in order to guide students to recognize and understand the complex system characteristics of the high-density urban environment, changes the goal-driven learning of design into a progressive task-driven learning mode.

Keywords: PBL Teaching Method；Target-Decomposed；High-Density City；Design Exercise

课题来源：广东省教育规划课题（高等教育专项）（2021GXJK064），哈尔滨工业大学（深圳）本科教改项目（HITSZERP20017），哈尔滨工业大学（深圳）思政课程和课程思政专项课题（HITSZIP22014），国家自然科学基金（52208018）。

1.基于PBL的目标分解式教学模式的建立

对当下城市现状的认知和理解是建筑教学中的一个重要课题。目前，我国城市化呈高密度、集约化发展趋势。随着社会经济的发展，各类物质资源要素在城市中快速聚集，产生高密度空间环境。高密度城市环境可实现资源的高效整合，并可提升空间活力与土地使用效率[1,2]，因此被认为是推动城市可持续发展的必然趋势。

从建筑教学层面来看，本科阶段学生对于城市的认知是由浅入深、逐步深入的过程，三年级在五年制的建筑学本科教育中起着承上启下的衔接作用。低年级教学的设计课题为小单体建筑设计，在任务设置中尽可能简化城市环境，设置较为简单直接的城市场景。随着设计课题难度的加大，三年级的设计教学面临建筑规模扩大化、城市语境复杂化、设计尺度多样化等具体问题，从物质与非物质要素两方面引导学生挖掘城市空间背后的社会组织逻辑，探寻城市、建筑、人三者之间的辩证关系，为高年级的设计课程打下基础。

哈尔滨工业大学（深圳）建筑学院依托深圳市，将认知与探索深圳市的高密度城市场景的复杂系统特征融入本科三年级教学中，通过PBL教学法进行教学目标拆解并分解设计任务，设置一系列的设计练习，引导学生挖掘复杂城市系统元素并转化为适当的建筑语言，帮助本科阶段学生理解高密度城市环境、处理高密度城市场地。

PBL（Problem-Base Learning Method）是以问题为导向的教学方法，主要培养学习者发现问题、理解问题，并以问题为核心组织自主创新的主动学习框架的能力。1969年加拿大MacMaster大学医学院提出该教育改革方法[3]，借以改变传统医学教学的知识记忆模式，培养界定问题的综合判断与思考能力。该教学方法现已广泛应用于各领域的教学过程中。PBL教学法以学习者为中心，通过问题的建立界定学习目标与需求，并引导学生整合信息，通过组织研讨等学习活动获取知识。PBL教学法的重点不是解决问题，而是透过问题的建立，促进学生的自我发展与主动学习，使学生建立自我学习与批判性思维框架[4]。

拆解复杂系统问题是建筑设计教学的主要目标之一，与PBL教学法的核心思路不谋而合。高密度城市环境在有限的空间内高度浓缩动态与静态、整体与局部等多维度要素，是典型的复杂有机系统[5]。基于PBL教学法，可实现对设计题目中的重点环节进行合理分解，层层递进，设置问题并组织学生围绕关键问题进行分阶段研讨式学习，引导学生各个击破，从而将目标驱动式的设计学习变为任务驱动式的设计学习。基于PBL的目标分解式教学模式通过系统性分解高密度城市环境空间体验，实现对混杂纠缠的城市空间及居住生活的综合性认知。

2. 教学改革方案

本次教学改革以哈尔滨工业大学（深圳）建筑学本科三年级秋季设计课程《居住区规划与建筑设计》为依托。《居住区规划与建筑设计》课程衔接二年级的小体量建筑单体设计与三年级春季学期的大型公共建筑设计课程（表1）。该课题是16周的长课题，通过认知城市现状、发现城市问题，引导居住区空间形态布局并深化建筑单体设计[6]。长课题的训练有助于带领学生分专题厘清各设计阶段，实现从系统的城市认知到细化的建筑设计的全过程训练[6]。该课题中首先设置真实城市场景，需要处理高密度城市建成环境中的复杂空间及其背后的非物质社会关系问题；其次，该课题建筑规模扩大，从单一量体设计拓展到建筑群体布局；最后，该课题涉及城市、地块、建筑等多个设计尺度，全尺度设计题目可训练学生对于同一课题在感知与建造等不同层面上进行自主思考。

针对以上三个特点，基于PBL的目标分解式教学法，本课程总体教学设计分为前后衔接密切的"分解－融合"两阶段："调研与规划"（8周）、"单体与细部"（8周）。该方法针对学生调研成果往往无法有效转换成设计工具的痛点，将调研分析与建筑设计过程紧密结合。通过问题分解深化专题理解深度，通过成果融合发现子项问题间联系，两者互相映照形成完整教学体系。第一阶段是城市调研与设计阶段，通过问题拆分，组织小组式研讨学习，考察基地及周边城市环境的形态结构、人口组成、交通道路、开放空间、法规限定等城

《居住区规划与建筑设计》课程与二、三年级总体教学设计关系　　　　　　　　表1

学期	课程	设计题目类型	设计题目内容	设计主题词
二年级春季学期	建筑设计A	单一空间、建筑设计	私人住宅、游客中心	场地与功能、结构与构造
二年级秋季学期	建筑设计B	小单体、建筑设计	学生交流中心、社区图书馆	材料与表皮、策划与空间
三年级春季学期	建筑设计C 居住区规划与建筑设计	城市调研、地块规划、建筑设计	居住区规划、集合型居住建筑单体设计	密度与强度、舒适与品质
三年级秋季学期	建筑设计D 大型公建设计	大规模、复杂功能、公共建筑设计	文化中心（展览类）、剧场（观演类）	类型与形式、氛围与建造

市条件及其对于场地的影响,理解城市结构秩序,综合调动外部空间设计元素创造良好的城市空间。第二阶段是建筑单体深化阶段,综合城市阶段的场地分析成果,通过形态推演批判性反思城市调研问题,将对于场地周边真实环境的细致观察与分析融合到建筑内外空间设计中,形成最终的设计成果。

问题拆分和设计任务细化是应用PBL教学法进行高密度城市解析的关键步骤。阿尔多·罗西(Aldo Rossi)等学者提出将建筑设计问题置于"城市-街道-建筑"三个尺度下形成分辨率递进的逻辑层次,将街道视为城市的细部,将建筑则视为街道的细部[7],将特定城市语境场景与氛围抽象表达到建筑设计中。因此,本项目基于该空间逻辑,将城市阶段的设计任务细化为4个子课题,包括城市调查、街道微更新、居住建筑发展进程、总体布局,每个子课题各历时2周(图1)。城市调查课题以500m为半径选取城市区域开展调查,在该范围内以"城市物质与非物质环境认知"为核心问题,并扩展为城市肌理、地块结构、活动空间三个面向分别以一组关键词进行问题描述。街道微更新课题在城市调查的基础上,提出"有品质的街道生活"问题,在调研范围内寻找细微调整后能大幅度提高空间品质的街道场景进行改造设计。居住建筑发展进程课题以"居住空间形态与居住生活模式关系"为核心问题,以小组为单位选取具有时间先后次序的一组住宅案例进行分析,关注该案例与时代、社会、人群、经济背景的联系,并结合前期城市调查内容,提出基地内目标人群及相适应的户型类型。总体布局课题以"密度与城市外部空间"为课题,通过基地上的体块操作反馈不同密度条件下形成的物质空间形态。第二阶段的建筑单体设计通过内外部空间形态设计,回应第一阶段的城市问题。

在每个子任务中设置问题界定、情景设置、线索搜集、交流讨论四个环节,建立PBL的具体教学程序。问题界定环节凝练关键问题,通过关键词引导问题描述;情景设置环节将任务场景细化,并投射到不同尺度的城市环境中;线索搜集环节建立学习小组,通过资料搜集、实地调查、访谈及测绘等方法进行小组内自主创新式学习;交流讨论环节组织各小组对议题成果进行汇报与讨论,理解不同出发点导出的调查研究结果的异同。

3.课程实操

场地位于深圳市福田区的华强南片区,包括城中村、居住大院、高层住宅等多种居住建筑肌理,是典型的深圳市高密度城市居住区。各子任务根据研究场景规模组织学生以小组或个人的方式交替完成,其中小组协作串联个体思考综合为知识系统,个人课题锚定重点问题深化研究形成设计成果。

教学中前后两个阶段共5个子任务的教学组织均分别遵循PBL教学程序的四个环节,与建筑设计环节一起形成5个循环往复的独立练习,同时这5个练习在思考深度上互相补充、层层递进,形成完整的从城市到建筑单体的全过程设计训练。在具体教学过程中,突出PBL教学程序中围绕特定问题进行交流讨论的学习模式,邀请职业建筑师参与到教学与评图的指导中,引入实践背景以丰富学习视角。在教学组织上,注重评图的重要性,以2周为一个评图周期,在每个周期安排完成一项阶段性任务并组织评图。通过评图可以促进教师与学生之间的交流,有利于教师及时了解学生对于具体设计问题的理解,把握教学进度;同时

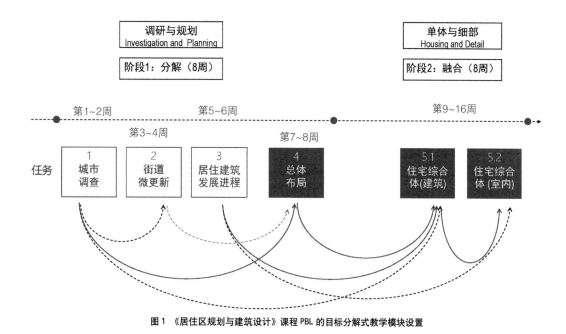

图1 《居住区规划与建筑设计》课程PBL的目标分解式教学模块设置

在评图中学生也可以多方听取意见，了解其他同学的设计进展，有利于成果共享，拓展思考广度。

城市调查为小组课题，学生以"城市形态"为核心议题，根据城市肌理、地块结构、活动空间三个面向分为三个小组（表2），通过实地调研、跟踪观察、居民访谈、文献资料阅读分析等多种方法进行城市调查并完成调查报告。在该练习中将学生眼光拓展到纯建筑范畴之外，理解建筑设计工作的目的不仅仅是空间造型，更是对人的行为和意识进行梳理及组织的过程（图2）。

街道微更新为个人课题。在街道尺度上，促使学生理解良好的街道品质与城市生活的关系，基于城市调查中发现的城市问题，寻找细微调整后能大幅度提高城市空间品质的场景进行改造设计，要求考虑现实可行性，以相对较小的代价，取得较大的空间效果。在该课题中学生进行针灸式的问题精确锚定，讨论了街道的物质空间尺度、步行活动尺度、沿街立面与商业空间氛围、停车规划等具体城市问题，有助于学生进一步理解街区的界面特征（图3）。

居住建筑发展进程为小组课题，以地区性的住宅发展为线索，每组选择具有时间先后次序的一组住宅案例进行分析，着重关注该案例与时代、社会、人群、经济背景的联系，并提出本地段目标人群类型及相适应的户型。在该任务中，以"住宅形式与居住生活"为问题，学生通过资料收集与分析整理，学习不同时代不同地区的住宅案例，理解住宅空间户型划分是特定社会经济模式的产物，为探索高密度城市背景下的住宅类型奠定基础（图4）。

城市调研的三个面向及各分主题关键词 表2

类别	主题关键词
A类 城市肌理	城市肌理（urban fabric）
	开放空间与绿地系统（open space and green infrastructure）
	步行空间系统（pedestrian space system）
	基础设施（infrastructure）：城市大型基础设施与城市空间及城市功能之间的关系
B类 地块结构	居住及其环境调查（housing）：如居住社区间公共/私人领域区分等
	菜场或大型市场（market）：市场运作的时间及功能规律考察，及其周边影响关系调查
	沿街商业（shops）：沿街商业的使用功能、空间类型、运作方式调查
	街道与地块（street and plot）：街道的尺度、沿街立面、街巷肌理等
C类 活动空间	人群与空间（people and space）：活动边界、活动类型等对空间的需求和影响的关系等
	尺度与空间（spatial scale）
	边界（boundary）
	可变性（flexibility）
	可达性（accessibility）

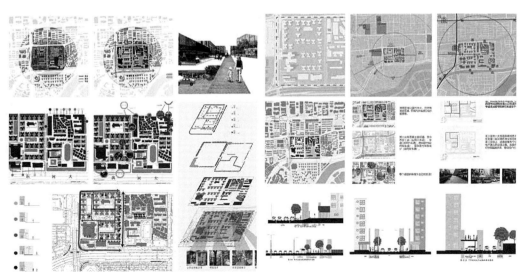

图2　城市调查课题作业成果展示

总体布局为个人课题，通过建筑量体的总体形态布局回应城市场地，以理解规划设计在城市发展中起到的作用。该课题以"环境与形态"为关键问题，通过专题讲座、小组讨论、模型推演等方法引导学生考察与理解基地周边城市区域，提取有效设计元素组织建筑群体布局，通过密度分布调控城市形态，体验在较高密度区域进行建筑设计的方法（图5）。

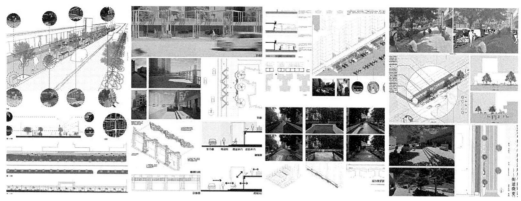

图3　街道微更新课题作业展示

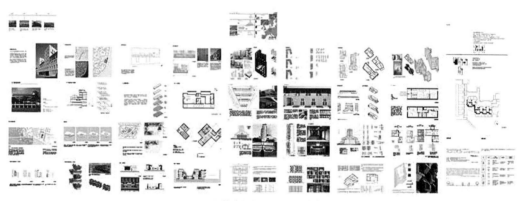

图4　居住建筑发展进程课题作业展示

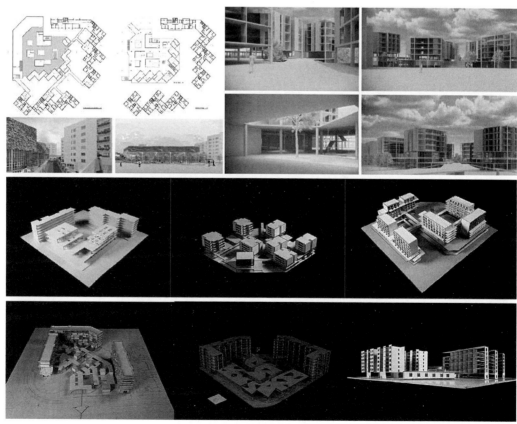

图5　总体布局课题作业及模型展示

图 6　最终设计成果展示

建筑单体设计为两人小组课题，综合第一阶段各步骤成果，融会贯通到建筑单体室内外空间形式的塑造中，逐步推进设计深度，并对材料、构造、节点细部等进行深化设计，形成最终的设计成果。通过抽象、吸收、转化周边城市环境中的建筑氛围与空间语言，培养学生理解与建立"使建筑自然而然地从环境中生长出来"的设计思路（图6）。

4. 实践经验与思考

基于PBL的目标分解式教学模式依托建筑学专业本科三年级的建筑设计课程。首先，针对低年级向高年级过渡阶段设计教学中出现的建筑规模扩大化、城市语境复杂化、设计尺度多样化等三个方面的具体教学问题，通过教学环节安排，设置相应的练习，将高密度城市环境下的建筑设计任务进行分解。该方法将调研分析与建筑设计过程紧密结合，有利于挖掘复杂城市场景中有效的环境信息，使城市认知分析成果有效转化为设计语言，可以有效解决大规模、多尺度的高密度城市环境中的建筑教学衔接问题。

其次，PBL的目标分解式教学是在多尺度上深化学生思考、培养学生自主学习的设计教学模式。在传统的设计教学中，训练路径面向最终的设计成果呈单一的线性发展，强调对于最终设计目标的完成程度。而本项目将单一线索的线性设计教学模式改为多线索并进的螺旋方式，设置一系列小练习，打破学生对于设计问题的预判，逐步沉淀学生对于最终设计问题的认知。该方法既保持整体性视角，同时鼓励学生从城市、地块、建筑等多个尺度反复推敲讨论，激发学生在不同空间尺度上对同一设计问题进行自主思考，鼓励与培养学生自主发现问题的学习型教学模式。

通过此次课程训练指导，初步探索了认知高密度城市的教学模式，引导学生按照一定的教学流程，逐步深入，不仅有利于设计深度的提高，并且激发学生超出命题限制，深入挖掘真实城市生活场景，有意识地塑造具有情感属性的城市空间。

课程参与学生名单：

梁小林、赵美茹、刘艺幻、张兴旺、王睿、夏誉轩、韦汝吉、刘瑞灵、林子淳、陈怡胜、郑雨希、李世濠、毛雨骞、郭羽棋、吴晋轩

参考文献

[1] 吴向阳,李拓,徐谣,等.高密度城市住区韧性空间研究导论[J].住区,2021(4):38-42.
[2] SAJJAD M,CHAN J C L,CHOP R A S S. Rethinking disaster resilience in high-density cities:towards an urban resilience knowledge system[J]. Sustainable cities and society,2021(69).
[3] KEICHERTER E A. The role of problem-based learning in the enhancement of allied health education[J]. Allied health,2003(32).
[4] 尹达,田建荣.基于云计算的PBL教学法与"翻转课堂"的融合实施模型[J].基础教育,2014,11(4):42-47.
[5] 郑屹,杨俊宴."泛健康"视角下高密度城市设计方法的反思与探索[J].城市发展研究,2022,29(9):2,23-32.
[6] 黄旭升,朱渊,郭菂.从城市到建筑:分解与整合的建筑设计教学探讨[J].建筑学报,2021(3):95-99.
[7] 阿尔多·罗西.城市建筑学[M].黄士钧,译.北京:中国建筑工业出版社,2006.

图表来源

本文图1及所有表格为作者自制,其余图片均来自学生作业。

作者:林晓钰,哈尔滨工业大学(深圳)建筑学院副教授;虞刚(通讯作者),哈尔滨工业大学(深圳)建筑学院教授

理论·感知·设计——基于声漫步的建筑声学教学创新与实践

李新欣　谭刚毅　岳思阳

Theory, Perception and Design: Innovation and Practice in Architectural Acoustics Teaching Based on Soundwalk

摘要：面对室外声环境知识体系和感知体验技术的更新，本次教学纳入声景这一学科前沿内容，尝试了基于"声漫步"的实验教学创新方法，将基于"校城融合"的声景设计作为课程最终考核内容，以帮助学生认识影响声环境感受和评价的多维因素，提高声环境认知能力和分析能力，并掌握室外声环境优化设计方法。本教学旨在夯实学生的声学理论基础，了解学科的前沿发展，提高声环境的认知维度，并通过实践增强理论转化为实践的能力。

关键词：建筑声学教学；声景研究；声漫步；室外声环境；声环境设计

Abstract: In response to the updates in knowledge systems and perception technology of outdoor sound environments, this course incorporates frontier subject of soundscape and attempts an experimental teaching innovation method based on "soundwalk". Soundscape design based on "campus-city fusion" is used as the final assessment content to help students recognize the multi-dimensional factors that affect sound environment perception and evaluation, improve sound environment cognition and analysis ability, and master outdoor sound environment optimization design methods. This teaching aims to consolidate students' theoretical foundation of acoustics, understand the frontiers of the discipline, enhance the dimensions of sound environment cognition, and strengthen the ability to think of transformation from theory to practice through practical experience.

Keywords: architectural acoustics teaching; soundscape research; soundwalk; outdoor sound environment; sound environment design

1 室外声环境教学现状与思考

噪声控制是建筑设计中必须解决的实际问题[1]，社会各界也对此做出极大的努力，在建筑声学教学中也得到了重视和回应。噪声控制教学内容包括噪声的基本概念、测量、评价方

资助基金项目：国家自然科学基金青年项目（项目批准号：52308022）；湖北省住房和城乡建设科学技术计划项目（项目编号：2023[79]）

法以及噪声源的特征和控制方法。同时，也会涉及相关的法规和标准，如《声环境质量标准》《建筑隔声评价标准》等。以理论课讲授为主，辅以实验教学和案例分析，加强学生对噪声控制知识内容的理解和应用能力。但 20 世纪 90 年代研究发现，当声压级低于一定值的时候，人们的舒适评价就不再仅仅取决于声压级，噪声类型、个人的特征及其他因素起到重要作用，这就涉及声景（Soundscape）的研究范畴[2]。因此，室外声环境教学的课程内容也要及时更新，以适应不断变化的技术和实践需求。

建筑声学作为建筑学专业本科教育的主干课程之一，如何将传统噪声控制与声景研究前沿相结合，通过理论学习、场景体验和设计实践，帮助学生夯实声学理论基础、提高声环境认知维度、掌握优化设计方法、增强理论到实践的思维转化能力，是本次教改所要解决的核心问题。

2 特色教学的传承与创新

本课程从基础理论、实验方法、考核方式对室外声环境进行全方位的教改设计，针对传统的噪声控制理论学习和声压级测试方法予以保留，创新性地增加声景观理论知识和声景体验感知，通过设计实践替代了以往的结课考试（图1）。

2.1 基础理论更新

基于城市声环境品质提升角度，本次课程教学整合噪声控制和声景设计研究前沿的知识体系，使未来参与城市和建筑设计的建设者，不仅具备噪声控制意识，而且能够有效地利用积极声源服务于人们的生活，解决目前快速城市化所带来的以交通噪声主导、声环境千城一面的同质化现象。

噪声对生活质量的损害值得我们注意，其表现是睡眠障碍和烦恼情绪[3]。为了在声源、传播途径和接收点三个方面通过建筑设计途径有效降噪，学生既要掌握声源特性、声音传播特性、材料声学特性等基本原理，也要了解噪声评价指标、相关标准、控制策略的实施效果等应用性知识。此方面的知识体系相对完整，在应对现阶段城市噪声问题时起主要作用，因此，它仍是训练学生相应观察意识和设计能力的重点所在。

声景研究的是人、听觉、声环境与社会之间的相互关系，是一项听觉生态学的研究，声景也是营造健康人居环境的重要因素之一。国际标准化组织（ISO）对声景的定义是：个体、群体或社区所感知的在给定场景下的声环境[4]。不同于一般的噪声控制，声景研究并不局限于对声压级的控制，而是从声音类型、个体特征、其他环境要素交互等方面整体上考虑如何营造令人愉悦、放松的声环境。目前，此方面的知识体系已逐步完善，虽然应用尚处于初步阶段，但对打造生态健康城市和保留社会文化记忆具有重要意义，因此，需向学生介绍相关研究前沿知识以应对未来的城市发展要求。

2.2 实验方法改进

建筑声学课程主要包括授课部分和实验环节，课堂讲授内容包括基础理论和建筑声学设计，实验环节主要是对仪器的使用和实地测试方法进行讲解和实操。针对噪声控制方面的理论学习内容，涉及噪声的产生机理和传播规律、声学材料特性和应用以及噪声评价方法和设计标准。在实验环节安排环境噪声测试，涉及评价指标选择、测试方法、数据分析和报告撰写。

由于建筑声学理论相对抽象、深奥，实际教学过程中学生经常反馈该部分授课内容过于晦涩难懂，实际授课效果欠佳[5]。而且传统的建筑物理实验课程通常以测定单一的声学参量为内容[6]，容易导致学生为了实验而实验，难以有效促进学生对于建筑声学设计进行整体性的思考与创新。在以往的教学中，曾尝试通过工程案例讲解以及动画、音频、视频等多种教学手段提升学生的直观认知和实际应用能力，但对于建筑声学的系统化学习和掌握效果并不理想，在知识结构体系架构和重点内容把握方面还需要通过实际体验进行整合和梳理，以达到更好的教学效果。因此，本课程实验环节采用"声漫步"设置个人体验和生理指标同步测试方法，使同学能够厘清和回顾环境刺激对个人感知的影响。

2.3 考核方式创新探索

作为一门应用学科，需培养学生具备较强的个人学习能力、问题分析能力和设计实践能力。

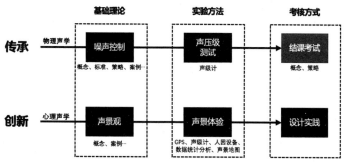

图1 室外声环境教学的传承与创新总体设计图

因此，本课程在理论学习部分，引入"声景"概念和相关知识，以增强学生对学科发展前沿——声景专业知识的认知、研究与应用能力[7]；在实验部分，通过"声漫步"体验，加强学生对环境要素观察和感知的能力，并结合生理信息采集技术，运用主客观数据对比分析，使学生认识到不同声环境条件对个体感知切实存在影响，同时可以锻炼学生的科研能力和数据分析能力；在设计实践部分，学生针对自己以往的一项课程设计方案，从噪声控制和声景营造两个维度，根据发现问题、分析问题、提出问题、解决问题的逻辑进行室外声环境优化设计。

3 融合"理论·感知·设计"的教学方法与路径

本次课程面临的挑战来自于理论知识、实验实践与设计实践的合成与运用，如何整合教学资源、规划教学任务是对教学组织形式的挑战；如何引导学生通过体验与实践进行探索，发现问题并解决问题是对教学模式的挑战[8]；指导学生在设计中运用所学的声学理论知识以及实验实践结果，辅助设计创作，是对教学效果的挑战。

本课程按建筑声学的教学任务内容、具体实施方法和教学目标搭建纵向课程体系，从教学组织、教学模式和教学效果三个方面进行探索和改进（图2）。在教学组织方面，本课程采用分层次、分阶段的教学安排，将噪声控制、声景研究、校园声景体验与调研、建筑场地声环境优化设计应用等内容分为四个模块。在教学模式方面，采用课堂讲授、声漫步、声环境指标实测、生理指标实测、噪声控制及声景设计方案制作和视频展示等多种教学手段，激发学生的主动参与和创新能力。在教学效果方面，每个模块有明确的教学目标和任务，通过实验报告和设计作业全面评价学生的知识掌握程度、技能运用水平和创新思维能力。

3.1 声环境基础理论学习

在传统噪声控制理论学习的基础上，增加了声景的相关概念、研究内容、评价标准和案例分析。声景评价主要针对ISO12913-1定义和概念框架、ISO12913-2数据收集和报告要求、ISO12913-3数据分析三个标准内容进行简单介绍，向学生展示噪声地图和声景地图的历史沿革和表达方式，对其在噪声污染防治、区域价值评估和声环境品质提升的应用意义进行阐释，并引导学生在后期的感知体验和设计分析中采用相关的可视化表达方法。在案例分析中对古典园林、现代建筑的"声景"设计巧思及其效果进行介绍，例如：扬州个园中的风音墙，墙上开有许多圆形孔洞，在风吹过后产生啸叫，类似冬天的西北风，渲染隆冬的氛围；寄畅园的八音涧，通过溪、涧、潭、瀑、暗流等产生不同的水声体验，模仿金、石、丝、竹、匏、土、革、木八种古代乐器声音；英国"钢都"谢菲尔德火车站前广场坐落着的大型钢雕塑，不仅能够作为声屏障阻挡广场上的噪声，而且配合喷泉与跌水设计产生不同频率的水声，从而有效地掩蔽了交通噪声；意大利小镇阿尔泰那"骡铃声"的声景设计灵感来源于当地的交通工具骡子，融合了提示作用以及对老年人的社会关怀，未来可能成为当地标识性声景和当地文化的一部分。

3.2 "声漫步"感知体验

学生是大学校园的主要使用人群，教学要求学生通过亲自的声漫步体验校园声环境，有针对性地分析校园环境、建筑以及使用者诉求，并综合运用声学理论知识以及声景设计理论进行设计，以此培养学生的判别能力和思维整合能力，提高学生对设计的认知维度。

在校园内，选择了3条具有代表性的声环境特征的实验线路进行校园声景体验（图3）。所体验的线路在不同区间有明显的声环境特征差异，且尽量包含自然声主控段、社会声主控段、交通声主控段这三类特征声环境中的两种及以上。其中，自然声包括鸟鸣、水声、喷泉声、风声等；社会声包括上课下课声、操场运动声、人群交谈声等；交通声包括汽车、电动车等。

两名同学为一组，选择一条路线进行实测体验。其中一位同学携带生理检测仪漫游体验校园声景观，采集漫游体验者的心电、脑电等生理指标，另外一位同学同步测试声压级数据，并对声环境

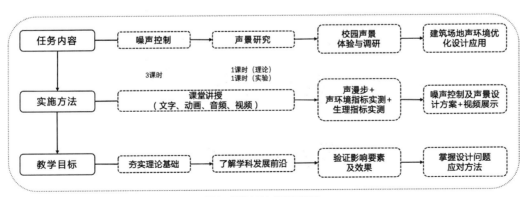

图2 教学方法与路径示意图

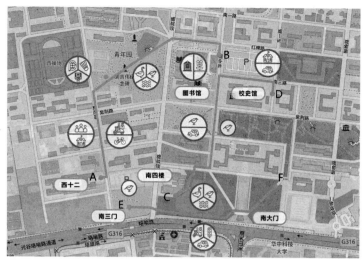

图3 声漫步感知体验路线

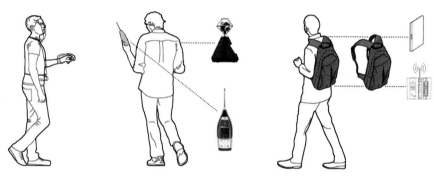

图4 声漫步体验人员示意图
（从左到右依次为：体验人员、声环境记录人员、生理记录人员）

和行走轨迹进行录制（图4）。体验结束后，学生可根据体验数据针对声音大小和类型的刺激效果进行可视化分析。

3.3 基于问题导向的研究性设计

通过基础理论学习和实际体验感知，针对前期课程设计方案的场地声环境进行优化设计。首先，诊断场地现有的噪声问题，采取有效措施控制不利声源对场地环境的影响，例如：通过地形、建筑、绿化阻挡噪声。其次，需结合体验效果考虑听觉的舒适度、可辨识度和标识性提出声景设计方案，例如：利用现有的自然或人文的有利声源增强空间的活力和情感；添加新的有利声源，丰富空间信息和表达；增加掩蔽声，覆盖或消减一些不利或产生干扰的声音。最后，对设计方案的噪声控制和体验感知效果进行评估。此外，鼓励学生综合考虑人类健康、城市发展等多方面因素，从建筑形式、材料利用、表达方式等角度针对室外声环境进行创新设计。

4 教学成果与反馈

4.1 "声漫步"体验认知

经过声漫步感知体验后，学生可根据声音类型、声压级、生理指标、行走轨迹等数据结果，对声环境要素的作用进行分析，主要方法包括声景地图和数据比对。以AB段路线的一组测试数据为例，学生们绘制了声景地图，包括声压级、声音类型的空间分布特征，可以将体验场地的声环境特征进行可视化分析；绘制了声压级、脑电波（Beta波）和心率随时间的变化情况，可以了解各类数据的分布范围（图5）。

通过进一步的感知体验回顾和数据分析，学生们注意到了以下问题：（1）较高的声压级会影响交谈，并有吵闹感，一般水平噪声会影响休憩行为；（2）当声压级较低，且以自然声为主的环境中，体验者的Beta波水平较低，心率也比较平稳；（3）Beta波和心率随着噪声值的增加呈现上升趋势；（4）在声压级的波峰、波谷位置，生理信号出现较大的波动；（5）整体上看，Beta波呈下降趋势，心率呈上升趋势；（6）声压级水平接近情况下，分别处于自然景观和城市景观当中，人的生理指标存在差异。

"声漫步"体验认知不仅使学生掌握了声学仪器的使用方法和噪声评价指标声压级，而且通过生理反馈数据能够使学生直观观察到声环境要素对个体的影响，理解设计根源，加强噪声控制和声景设计意识。例如：设计时要考虑声压级、声音种类对功能使用的影响，也要注意到产生声音的功能空间也会改变场地声环境特性；声漫步设

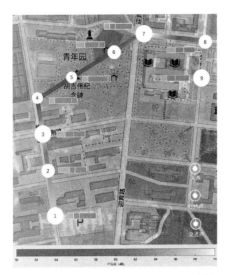
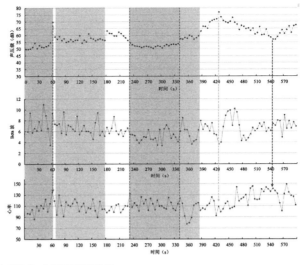

图 5 声环境感知体验逐时数据分析

计既要考虑声音构成、视觉环境对人心理的影响，也要考虑空间形态对声音传播和听觉效果的影响，另外还要考虑声音的空间布局和时间组织，契合场景特征和氛围需求。

4.2 基于"校城融合"的声景设计

根据理论学习及前期声漫游体验的实验结论指导学生进行声景设计实践，设计主题为基于"校城融合"的多模式声景体验的大学生活动中心场地设计，要求具有活动、宣讲等功能，注意人文氛围的营造。设计作业着眼点紧跟时事，疫情暴发导致的封校加剧了"校城割裂"，针对这一情况，为了缓解校城边界空间出现的断层，制订了促进校—城空间界面融合与渗透的设计目标，基于校园声景体验与调研，对校—城连接面进行再设计，通过校园之声与城市之声的碰撞，打造后疫情时代校—城融合的范例。

设计场地位于校—城连接处的一片闲置空地（图6），建筑用地面积约1.38公顷，西邻公共教学楼，东靠开阔绿地，北倚停车场，南侧面向城市主干道。交通声、鸟鸣声、课铃声、校园广播声、人群声等各种声音交融混杂，缺乏对不利噪声的有效控制和对有利声音的组织布局。针对此现状，引导学生结合场地现有声环境条件，设计建造具有校园声景特征的大学生活动中心，提出兼顾"校—城"个性展示与"融合"共性体现的声景设计策略。

以某小组的设计成果为例对教学成果进行分析。该组同学首先针对场地噪声控制方法及效果开展实测分析，考察了距离、景观遮挡、土坡遮挡、建筑遮挡对于交通噪声衰减的影响。从对比分析结果可知（图7），土坡遮挡在对于场地交通噪声的阻隔方面效果最佳，景观遮挡次之，距离以及建筑的遮挡对于交通噪声的衰减及阻隔有一定作用，但此次测试由于建筑后方接受点距建筑边缘较近，降噪效果并不十分显著。

鉴于校园声景体验和噪声控制效果测试，针对场地声环境改善提出以下设计策略（图8）：(1) 地块南侧为城市主干道，交通噪声大，而且是建筑的主要开窗方向，因此，临近南侧道路的建筑采取一定的退让处理，并利用景观墙、绿植和土坡对噪声进行阻隔，降低对部分场地和建筑内部空间的干扰。(2) 与光谷广场商业中心区相对的西南侧保持开敞，在中南方向也保留了一个出入口，方便东侧人员进入建筑，使校园与城市环境保持一定的沟通性，通过城市噪声对校园内的师生起到信息提示作用，降低校园环境的封闭性。(3) 通过建筑围合出封闭式和半封闭式庭院，

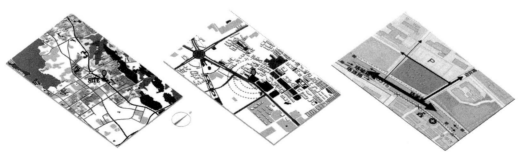

图 6 设计场地示意图

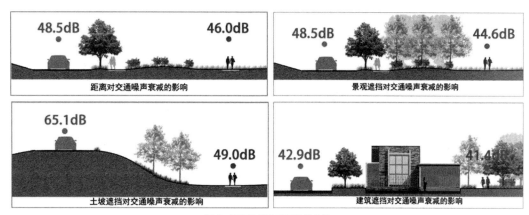

图7 噪声控制策略及效果分析

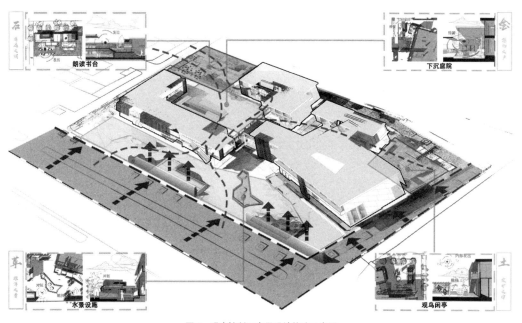

图8 噪声控制及声景设计策略示意图

西北侧半封闭式庭院毗邻教学区，与校园特色融合，引入教学读书声作为声景观；东北侧半封闭式庭院内植被茂密，虫鸟活动频繁，营造自然声景区；中心的封闭式庭院则通过下沉广场的形式，创造幽静之感。中南方向增加了喷泉，利用白噪声的掩蔽作用，一定程度上控制交通噪声的干扰性。综上，利用"朗读书台""观鸟闲亭""下沉庭院""水景设施"将空间设施与读书声、鸟鸣声、活动声和流水声融合营造出"悠扬之声""清远之调""空旷之律"和"雄浑之音"的不同声感知体验，分别对应我国古代八音中的"石""土""金""革"。

综合前期体块的空间建构以及主题声景观营造，以移动流线为基础，考虑自然、人工和文化因素，创造了一种在漫步过程中不断变化的声景序列，实现了"景随步移"的效果。在不同的主题声区，可以体验到不同的声音效果，并且这些声音体验被有机地串联起来，形成了一个完整的声景篇章。同时，建筑和景观也被巧妙地融合在一起，形成了一种具有律动的声景观序列（图9）。

该设计通过科学的测量和分析，针对实际的场地环境进行了合理的声学设计，充分考虑了环境噪声对于建筑内部和校园的影响，并通过营造不同的声景环境为人们带来更好的声音体验。该设计不仅考虑了声音的质量和种类，还注重声音的文化意义和情感价值，意图为漫游者创造一个多样化的声景环境，营造出更加宜人的校园声环境。总的来说，这是一项具有创新性和可操作性的声环境设计方案。

5 总结与展望

建筑声学研究的焦点开始从单纯的噪声控制转向声景研究，同时，建筑声学内容学习较为抽象难懂、理论脱离实践现象严重，需要建筑声学教学内容和方法进行创新和更新。本次教学将传统噪声控制与声景研究前沿相结合，引导学生从多维度考虑声环境设计问题；采用"声漫步"体验融合实验测试、个人感知和数据分析替代传统的噪声测量实验，解决初学者学习建筑声学知识

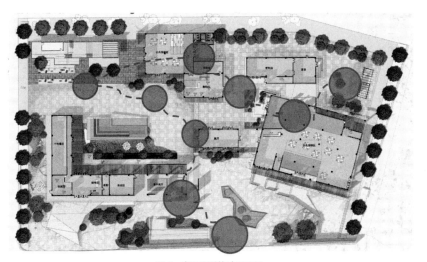

图 9　声景序列体验展示图

感到抽象和难以理解的问题；通过基于"校城融合"的声景设计考察学生的理论知识、测试方法和设计应用的掌握情况，提高学生的声学知识水平和实践能力。

本次教学实践期望通过前沿研究的融入、全新教学模式的探索以及综合考核模式的尝试，为室外声环境教学提供参考和启发。此外，声景是目前声环境研究的前沿领域，声漫步是一种比较新颖的教学方法，尚有许多可以探索的方向，例如，结合虚拟现实技术的声漫步体验、针对场所记忆的声景确立、适配大学校园学习和生活需求的声景营造等。在未来的教学过程中可以尝试更多的教学方法和技术手段，不断创新教学模式，提高教学效果和质量。

（感谢华中科技大学建筑与城市规划学院罗佳华、黄韦诺、戴赟尧、木斯塔法、肖馨瑶同学在课程教学环节的帮助与支持！）

参考文献

[1] 杨柳，刘加平.建筑物理（第5版）[R].北京：中国建筑工业出版社，2022.
[2] 康健.城市声环境论[M].戴根华，译.北京：科学出版社，2011.
[3] 迈克·戈德史密斯.吵！噪声的历史[M].赵祖华，译.北京：北京时代华文书局，2014.
[4] 杨春宇，唐鸣放，谢辉著.建筑物理（图解版）（第二版）[M].北京：中国建筑工业出版社，2020.
[5] 王雪，朱新荣，何文芳.建筑物理课教学设计——以建筑声学课为例[J].高教学刊.2021，7（31）：125-128.
[6] 葛坚，马一腾.建筑物理课程探究性实验教学模式研究[J].中国建筑教育.2016（01）：39-43.
[7] 刘畅，谢辉，吕旺阳，等.探索·协同·疗愈——基于问题导向模式的声景设计教学创新与实践[J].新建筑.2022（5）：135-140.
[8] 韩冬青，鲍莉，朱雷，等.关联·集成·拓展——以学为中心的建筑学课程教学机制重构[J].新建筑.2017（03）：34-38.

图片来源

本文所有图表均为作者自绘或自制。

作者：李新欣，华中科技大学建筑与城市规划学院讲师，湖北省城镇化工程技术研究中心；谭刚毅，华中科技大学建筑与城市规划学院教授，副院长，湖北省城镇化工程技术研究中心；岳思阳（通讯作者），华中科技大学建筑与城市规划学院工程师，湖北省城镇化工程技术研究中心

新工科背景下建筑材料和构造课程教学探讨

陆　莹　毛志睿

Exploring the Teaching of Building Materials and Construction Courses under the Background of New Engineering

■ **摘要**：新型城镇化、新型工业化背景下涌现出许多新的建筑技术、新的材料。建筑学的教育怎样应对新的发展变化？建筑材料与构造教学中应该进行怎样的改革来应对时代发展的需要是一个值得研究的问题。哪些教学环节与教学设置是教学中最重要的，最能体现建筑教育本质的？哪些教学内容是建筑学学生必须掌握的基本知识，在教学中需要讲解清楚？哪些教学内容可以结合新时代的变化，与新材料、新技术进行更好地融合，并且叠加升级，为教学注入新的活力？同时，怎样将建筑材料与构造课程这门建筑技术课程与建筑设计更好的结合为建筑设计服务。文章对以上问题进行了思考与实践。

■ **关键词**：新工科；建筑教育；建筑材料与构造教学；建筑设计

Abstract：In the new era of new urbanization and new industrialization, many new building technologies and new material changes have emerged. In this context, how should architectural education respond to new developments and changes? What kind of reform and renewal should be carried out in the teaching of building materials and construction to cope with the development of The Times is a problem worth studying. Which teaching links and teaching Settings are the most important in teaching and can best reflect the essence of architectural education? What teaching content is the basic knowledge that architecture students must master and need to explain clearly in the teaching? What teaching content can be combined with the changes of the new era, better integrated with new materials and new technologies, and superimposed and upgraded to inject new vitality into teaching? At the same time, how to better combine the course of building materials and construction with architectural design to serve architectural design. In this paper, the above problems are considered and practiced.

Keywords：new engineering; Architectural education; Teaching of building materials and construction; Architectural design

本论文属于《云南自然与人文专题》2023年云南省专业学位研究生教学案例库建设项目相关研究。

本论文属于昆明理工大学课程思政内涵式建设项目《云南自然与人文概论》2021年课程建设相关研究。项目编号：2021KS089

2017年2月，国家提出"新工科"的发展战略。4月，教育部在天津大学召开新工科建设研讨会，有60多所高校参与研讨。其中，"学与教"的变革是新工科建设关键性的内容之一。怎样培养能适应未来多元化发展的创新性人才是社会的需要，这也是高校师生关注的话题。[1]

什么是"新工科"？"新工科"对应的是新兴产业，首先是指针对新兴产业的专业，如人工智能、智能制造、机器人、云计算技术等，也包括传统工科专业的升级改造。伴随社会经济的发展，建筑行业也在经历着升级改造。近些年，生态化建筑、装配式建筑、智能建筑得到快速发展，建筑中对于能源的节约，对于建筑生产的模块化、快速化，对于建筑智能与控制，对于舒适度的提升等多方面进行延伸与扩展。这些变化都为建筑设计与建筑技术的推进提供了新的可能性，也提出了新的要求。[2] 建筑业人才也需要不断掌握更加扎实的基本功，同时跟上时代发展变化进行知识更新。这些需求都促使建筑学教育也必须进行升级改造符合时代发展需要。

一、新工科背景下对课程的思考

（一）新工科背景下建筑材料与构造课程的改革的探讨

在新时期，新工科背景下，作为大学建筑教育怎样培养学生成为通识建筑师、合格的建筑师？教学中又应该更新什么？什么是建筑学当代发展演变中需要保留下来的最本质的核心内容？而哪些方面又需要进行调整以符合时代的变化？建筑学体系、教学架构、教学手段、教学过程及控制、教学载体一系列的教学环节怎样控制？空间、建构、形式，这些建筑学的核心问题在新时期应该怎样教学？这一系列的问题都敦促建筑教学需要进行梳理与改进。应对新工科与时代发展的变化，比如信息技术、生态化设计、数控技术等新技术、新材料怎样叠加进入到建筑学的教学体系中作为有益的内容补充。[3]

（二）对课程提出的要求

1. 课程学习的重要性

建筑学本科教学主要有三条线索——建筑设计、建筑技术、建筑历史。三个板块对建筑学专业学生都有重要作用，它们还常常交织在一起形成学生对建筑的总体认知，促进学生建立建筑学学习的整体思维观。

从整个行业来看，绿色、节能和环保等新技术、新材料在不断地发展。传统的建筑构造课程主要讲授建筑构件的构造原理及构造方法，对于材料的特性及其连接方式等构造内容涉及较少，也较少涉及不同材料对建筑形式和空间的影响。随着建筑领域的新材料、新技术的不断涌现，许多传统的构造做法已经落后，远远不能适应当今的需求，这促使《建筑材料与构造》等课程的教学方法、教学手段要伴随时代发展进行升级和优化。

从未来人才培养的需要来看，学生需要掌握更扎实的专业基本功，这些基本功不仅包括建筑设计的能力，还包括对建筑技术知识牢固掌握的能力。未来的建筑人才岗位需求是更加多样的，学生可能从事建筑设计工作，也可能到房地产公司成为工程管理人员，还可能从事建筑技术咨询工作。课程的改革特别需要注意时代与学科综合发展的需要，通过课程学习培养出更全面的人才。

2. 课程学习的必要性

建筑材料与构造课程是建筑学本科教学中一门重要的专业技术课程。

在以往的建筑教学过程中，学生们常常有重设计轻技术的不正确的思维观念。学生们常常关注建筑设计、建筑功能以及建筑造型、图纸表达的效果，而对建构中的建筑材料缺乏最基本的认知，对于构造知识缺乏系统学习，对于建筑技术与建筑设计怎样融合的问题更是难以主动探讨。

只有掌握课程学习特点并进行相关的知识储备，学生们在今后的设计中才有可能结合个人的设计特点与风格进行材料的合理选择，同时做出应对不同设计的深入的、合理可行的构造设计，才能为下一步在工作中独当一面打下坚实的基础。[4]

二、课程学习中的主要问题

（一）建筑材料与构造内容关联性不够密切

在以往的建筑材料与构造课程学习中，建筑材料分类多，需要认知与记忆掌握的知识量大。在构造部分的学习中，构造知识量大而细碎，没有实际的施工经验，知识学起来无头绪。并且，学生们学习中常常出现"重设计，轻技术"的思维方式导致对这门课程的不够重视。学习材料知识的时候也不太知道怎样和构造知识相结合。即使学习了材料与构造知识也会出现不知道在自己的专业中的哪个环节可以用得上、怎样去运用等一系列问题。这些问题为这门课程的教学带来了困难。[5]

（二）建筑构造与建筑设计脱节

另外，材料与构造课程与设计课教学出现了较为严重的脱节。材料与构造课程与建筑设计课程在教学体系中是两门独立的课程。以往建筑材料和构造课很少涉及建筑设计的内容，学生要么认为建筑构造是属于技术类的课程，与建筑设计课程没有关系，从而不重视；要么学习了材料、构造知识却不会自然而然地将它们和设计课程相关内容结合起来共同运用。因而，建筑技术课程未对建筑设计课程形成更好的支撑和补充。

而建筑设计课程中，学生们没有结合建筑材料与构造课程的基础知识，设计往往做不深入，常常只关注形式上的内容而忽略了建筑建构，忽略了对建筑空间、形式与材料、构造等建筑基本问题的关注和思考。而这些被忽略的内容恰恰是建筑的生成过程中具有逻辑性的、理性的重要的核心内容。[6]

三、课程改革措施探索

基于上述问题，建筑材料与构造课程建立新的理论教学体系与实践教学体系势在必行。哪些是教学中必须坚持的基本原则？哪些是教学中需要进行创新改变的？对建筑材料与构造教学，笔者主要进行了以下几方面的探索。

（一）不变的原则——加强基础知识的系统性学习

教学环节中抓住以下要点：建筑材料与构造中的基本原理和基本知识必须牢固掌握，学生只有对基本原理和基本知识牢牢掌握将来才能在学习与工作中做到"以不变应万变"。

在具体教学中的主要策略：其一，在材料的教学中，注重贯穿材料的组成，材料性质和材料用途之间的逻辑关系。讲授时配以直观的图片，同时配合典型的实际案例分析介绍材料知识。其二，构造课程当中，讲清基本的构造原理，必要时配合三维模型构造进行讲解。构造课程中鼓励同学们动手、动笔，绘制重要构造详细图。教学中重要的构造环节，配合专项训练。比如，地下室防水构造、玻璃幕墙构造、吊顶工程等，通过直观的绘图练习，巩固这部分知识的掌握。其三，加强调研与实习环节，到工地现场认知材料构造。[7]

（二）变化与创新——将材料与构造知识引入建筑设计中提高综合能力

以往的材料构造课程学习起来比较枯燥，课程教学中尝试进行一些变化与改革，在教学中强调整体建筑观念的建立。教学中引导学生将所学的材料和构造知识，运用到学生方案设计中，将学生学习的细碎的、片段的知识整合在设计中。在同学们掌握了基本概念和基本原理的情况下，学会创造性地将这些知识引入设计中进行运用。从材料、结构、构造方面切入设计，让同学们认识到不应该仅仅追求建筑的空间以及形式之美，更应该关注形式下建筑的逻辑生成方式。

在课程教学过程中，讲解材料、构造的知识的同时，贯彻进行建筑设计案例教学。这不仅实现教学思路与建筑设计过程的内在逻辑和规律相统一的思路，还使学生体会到建筑构造是建筑设计不可分割的组成部分，构造设计是建筑方案的深入与延续。学生们对材料、构造的相关知识也得到了实践运用。这样教学使学生的综合能力得到了提高，激发了学生们对材料、构造学习的兴趣。

课程的创新还体现在以往的考核是通过考试来进行，考试的方式较为僵化，学生的综合能力得不到体现。笔者对课程考核方式进行了创新，课程结课时布置一个大作业，学生将完成建筑材料、构造设计与建筑设计的结合。题目要求学生结合自己的建筑设计方案完成相应的节点的材料与构造设计，使教学过程与实际工程的设计过程相吻合。这样一次"实践性作业"，将同学们平时学习的各章节、各部分的"碎片化"的知识整合到一个综合的设计作业中来完成。这样做的目的是使同学们建立只有把建筑设计和材料、构造完整融合才能产生一个好的建筑的整体思维观。

大作业的教学进程安排如下：

1. 学生选定一个自己做的最有想法，最有创意的建筑设计方案与老师讨论、解读。尝试通过画草图的方式讨论材料、构造的合理性。

2. 材料构造草图的深入。这个阶段是对上一个阶段学过的知识进行创新性的尝试。学生们通过查找资料、比选材料、设计构造节点和个人的设计思路匹配，尝试通过构造与材料的合理运用来体现个人设计者的风格，同时考虑与环境结合、与地域结合、与文化结合。这阶段的作业体现多学科交叉的综合知识的运用。学生需要将风格迥异，特色鲜明的设计方案和材料、构造较好地结合。才能更好的体现建筑技术与建筑设计自然而然的融合。

3. 修改完成阶段。学生将设计的材料与构造节点通过三维计算机模型进行深入表达，完成最终作业。随后进行图纸的展示与点评。通过展示与点评扩大了同学们的视野；学生之间也学习了不一样的方法。[7]（图1～图4）

（三）运用信息技术参与教学过程

现在互联网非常发达，课程中很好地利用了丰富的网络课程资源。比如：大学慕课中有许多非常好的国家精品课程、特色课程，在教学中推荐学生们进行课前、课后的补充学习。同时，教师还可以播放一些高质量的建筑建造和施工的相关内容的视频进行教学补充。[8]

昆明理工大学建筑与城市规划学院具有全国领先水平的计算机存储教学资料的OR系统，这个系统可以提供共享资源，省内外院校之间可以通过这个系统进行技术交流、作业观摩互评，同时这个系统可供学院内师生之间进行批改、点评，互动交流学习。师生可以在这个系统中实现远程交互学习，体现了新时代互联网加的新型学习方式。笔者的学生课程作业完成后通过计算机网络将设计过程草图与设计最终成果上传OR系统还可以进行互动学习与交流。这

图1 材料与构造设计作业一（1）（昆明理工大学建筑与城规学院2017级褚睿绘制）

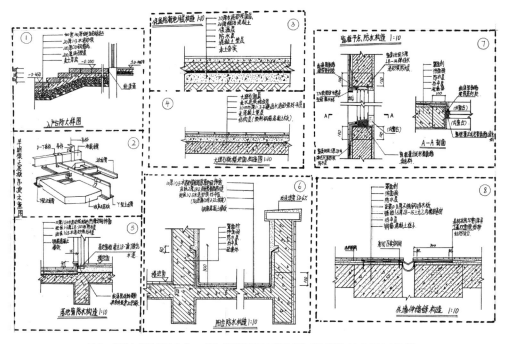

图2 材料与构造设计作业一（2）（昆明理工大学建筑与城规学院2017级褚睿绘制）

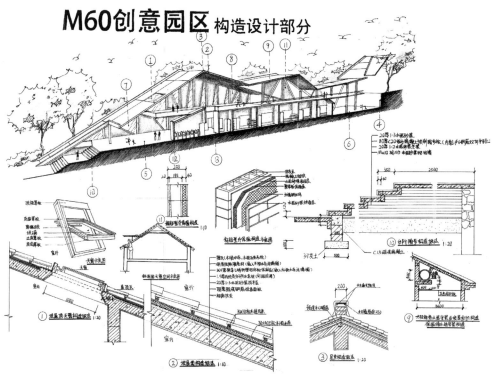

图3 材料与构造设计作业二（昆明理工大学建筑与城规学院2017级胡李燕绘制）

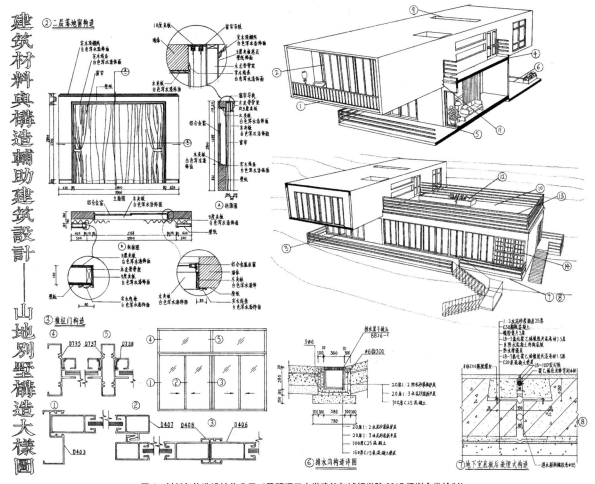

图4 材料与构造设计作业三（昆明理工大学建筑与城规学院2017级谢金发绘制）

对于可以反复、持续性的学习是非常好的一种方式。[9]

（四）考核方式多元化，加强对学生的过程性考核管理

考核方式多元化，课程实施模块化（理论+技能）考核。

理论部分以随堂小作业、小测验、调研报告、随堂图纸绘制等形式展开。这样能及时进行作业、测验的批改以此来观察同学们的学习情况，对课程的整体掌握情况进行教学节奏的控制，对学习状态较差的同学进行引导和帮助。

过程性考核能较好地考察学生综合能力，提高学生的实践能力，为培养新工科人才进行有益的探索，顺应了当代建筑教育传统学科更新的发展方向（图5，图6）。

（五）加强调研与工地实习训练

建筑材料与构造课程的教学环节还设置了调研与工地实习，学生对建筑实际的体会与感知是学习中非常重要的补充内容。老师每年都会花费心思寻找一个较合适的建筑工程实际项目带同学们去现场进行参观学习，在工地上认识地下室、楼地面、屋面、幕墙、装饰装修等内容，让学生直接感知材料构造在建筑设计中的重要作用。有

了这个环节的设置，学生对于材料与构造知识就有了最直观的掌握认知。

四、总结与思考

通过建筑材料构造课程的教学探讨，笔者认识到建筑材料和构造课程在整个学科领域中的重要性以及将专业技术课程与建筑设计结合的重要性。材料与构造课程的教学实践和改革实践要在课程体系的建设中进行研究。[10, 11]

（1）材料与构造的基础知识需要在课程中打好扎实的基本功。教师通过不同材料及其构造的综合讲解让学生掌握相关原理，而不是灌输知识点。这样学生们在设计中就会运用不同材料建构出想要表达的建筑形式。同时课程中增加对新型材料与新型技术的关注，课内增加一些新材料以及新的构造做法的讲解。

（2）建筑材料与构造课程需要和建筑设计以及其他课程结合，互为补充，让学生在课程中掌握的原理、方法在具体的建筑设计中得到操作和印证，这对于材料与构造课程以及设计课程都起到双向吸收、相互依托的作用。

（3）教学过程中需要加强信息技术手段在教学中的应用，发挥现代信息技术为学科带来的支持。

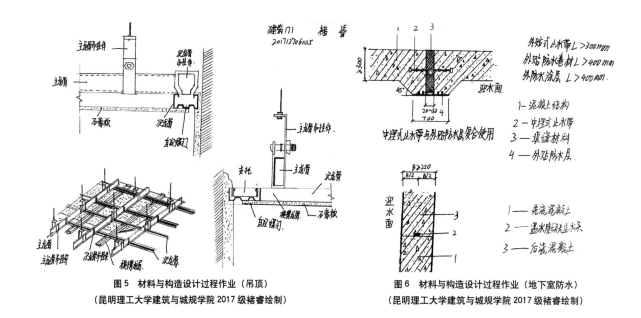

图 5　材料与构造设计过程作业（吊顶）
（昆明理工大学建筑与城规学院 2017 级褚睿绘制）

图 6　材料与构造设计过程作业（地下室防水）
（昆明理工大学建筑与城规学院 2017 级褚睿绘制）

（4）在调动学生的学习积极性、主动性方面采取有效措施。结合应用型人才培养目标，对建筑学专业的"建筑材料与构造"课程进行教学法研究，采用适合本校人才培养特点的教学手段和方法，充分调动学生的学习积极性和主动性，提高学生实践应用能力，激发学生的设计创新能力。

参考文献

[1] "新工科"建设行动路线（"天大行动"）[J]. 高等工程教育研究，2017（2）：24-25.
[2] 林健. 面向未来的中国新工科建设 [J]. 清华大学教育研究，2017.38（2）：26-35.
[3] 董凌. 建筑学视野下的建筑构造技术发展演变 [M]. 南京：东南大学出版社，2017.
[4] 陈镌. 技术与设计的整合 [M]. 上海：同济大学出版社，2015.
[5] 姚家伟，倪琪，侯兆铭. 建筑技术课群中"建筑构造"课程的建设研究与探索 [J]. 大连民族大学学报，2016，9，第 18 卷第 5 期.
[6] 陈镌，孟刚，颜宏亮. 技术与设计的整合 同济大学建造技术与设计团队教学改革十年回顾（2010—2020 年）[J]. 时代建筑，2020（3）：45-49.
[7] 高亦兰. 可资借鉴的建筑学教学体系 [J]. 世界建筑，1990.2-3.156-158.
[8] 尚俊杰，张优良. "互联网+"与高校课程教学变革 [J]. 高等教育研究，2018，39（5）：87-93.
[9] 韩俊南，张婷婷，艾红梅，王宝民，曹明莉，赵丽妍. 建筑材料慕课建设与教学实践 [J]. 高等建筑教育，2020，1（29）：68-72.
[10] 蔡忠兵，刘志文. 高校慕课建设：现状、问题与走向 [J]. 高教探索，2017（11）：45-49.
[11] 孔宇航，辛善超，王雪睿. 新综合——设计与构造关系辨析 [J]. 时代建筑，2020，2（1）：22-25.

作者：陆莹，昆明理工大学建筑与城市规划学院；毛志睿，昆明理工大学建筑与城市规划学院，副院长，教授，博导

问题和案例导向下的城市建成环境技术类课程改革探索
——以《城市环境物理》课程为例

何玥儿　袁　磊

Problem and Case-oriented Teaching Exploration on the Reform of Urban Built Environment Technology Courses Taking "Urban Environmental Physics" as an Example

■ **摘要**：面向建筑类学生开设的城市建成环境技术类课程需要建立有效的教学模式，帮助学生科学认知城市建成环境中设计要素与物理环境性能的关联机理，构建起设计语言与性能参数之间的转换桥梁，以适应碳中和时代的建筑设计。本文以《城市环境物理》课程为例，针对传统教学模式中存在的教学内容偏重理论、知识图谱更新不足、课程定位不够清晰等问题，提出基于案例教学（CBL）和以问题为导向（PBL）的教学方法，从教学模式、教学内容、考核方式三个方面进行探索，形成一套"理论解析-工具辅助-设计实践"相互耦合的课程体系，强化与设计主干课程的横向联系，提升城市建成环境技术类课程教学水平，从知识传授、能力培养和品格塑造等多个维度，促进学生全面发展。

■ **关键词**：理论教学；案例教学；问题导向教学；设计实践

Abstract: An effective teaching mode is required for urban built environment technology courses for architecture students. It enables students to scientifically understand the correlation mechanism between design elements and physical environment performance in urban built environments, bridging the gap between design language and performance parameters, allowing architectural design to meet the demands of the carbon-neutral era. Taking the course "Urban Environmental Physics" as an example, this study proposes the implementation of case-based teaching (CBL) and problem-based teaching (PBL) to address issues in the traditional teaching approach. These issues include an overemphasis on theory in teaching content, inadequate updates to knowledge maps, and an unclear course positioning. The exploration of the teaching method encompasses three aspects: teaching mode, teaching content, and assessment methods. By integrating theoretical analysis, tool assistance, and design practice, a curriculum system is developed with a primary focus on strengthening connections with the main design courses. This approach enhances the teaching quality of urban built

资助项目：2022年度广东省本科高校教学质量与教学改革工程建设项目"CBL+PBL：教学模式变革引领城市建成环境课程改革探索"

environment technology courses, facilitating the comprehensive development of students in terms of knowledge transfer, skill cultivation, and character shaping across multiple dimensions.

Keywords: Theoretical Teaching; Case-Based Teaching; Problem-Based Teaching; Design Practice

一、城市建成环境技术类课程开设背景

城市建成环境是指城市区域内的建筑物、基础设施、公共空间以及与之相关的自然和人为要素所组成的综合环境。城市建成环境技术类课程，包括《建筑环境学》《建筑物理》《城市环境物理》等，主要论述城市空间形态和布局、城市物理环境、建筑室内物理环境及建筑能耗的耦合关系和相互作用机理，旨在探讨在城市规划、居住区规划、建筑群设计和建筑单体设计等规划和设计领域中，如何运用技术手段来改善日益严重的城市热湿环境、光环境、声环境、风环境和大气环境等问题，以提高建筑的可持续性、舒适性和环境适应性。在碳中和时代，相关课程教学则被赋予了新的使命和更高的要求。这些课程涉及多门物理学科的基本原理，并结合建筑设计、规划设计、建筑构造等学科内容，综合处理多种相互影响和制约的实际问题。针对这类内容广泛、理论性和实践性兼顾的课程，不仅需要传授知识，还需注重培养学生的综合能力和素质，尤其在面向习惯形象思维和感性思维的设计专业学生时，需要重新审视技术类课程的教学模式，明确教学目标，并提高教学质量。

二、传统理论教学模式反思

近30年来，国内高校陆续开设了城市建成环境技术类课程，并经历了多轮改革，逐渐形成了一套应用于建筑学专业的知识体系及教材。但城市建成环境技术类课程在国内院校的传统教学模式仍面临一定挑战。

首先，教学内容偏重理论，教学方式依赖知识灌输。城市建成环境技术类课程理论内容包括物理学、传热学、气象学、流体力学、环境科学等知识领域，涉及学科多、跨度大，且需要学生具备较强的逻辑、理性和科学思维。设计专业学生对物理学基础理论的兴趣相对缺乏，知识储备相对薄弱，科学思维相对欠缺，因而，侧重单向知识灌输的传统授课模式，包括以公式推导和计算为主的课程内容，难以激发学生的学习兴趣，导致难以达到满意的教学效果。

其次，知识系统更新缓慢，与学科前沿发展趋势脱节。传统的教学内容侧重基础理论的讲授，从而缺乏与前沿研究和实践的结合。在我国推动"双碳"目标和"健康中国"战略的背景下，亟需让该课程更贴近当代发展需求，跟踪学术和实践前沿，阐述该课程在实现"双碳"目标、改善人居环境方面的贡献，激发学生兴趣和学习动力，以培养适应新时代绿色、健康、低碳发展需求的建筑设计及城市设计专业人才。

最后，课程定位不够清晰，与主干课程关联度不够。传统的课程教学未能强调课程技术知识与设计创新的内在关联，且缺乏对实测方法、模拟技术、数据分析方法的实操教学，使学生无法从该课程中获取对方案设计的直接帮助。

三、CBL+PBL教学模式改革思路

总结授课经验，城市建成环境课程涉及多个学科的知识交叉，相关理论具有开放性，且注重与设计实践的融合。如何使设计类学生理解理论知识和计算公式与建筑设计的关系，掌握城市建成环境优化设计原则，切实提升学生设计能力，应视为该类课程的关键教学目标。在诸多教学方法中，案例教学法（case-based learning, CBL）是以案例为基础的教学方法，尤其适用于建筑学的教学工作，可作为日常理论教学的补充。以问题为导向的教学法（problem-based learning, PBL）是以问题为导向、以学生为主体组织教学，可充分调动学生的学习积极性、主动性，提高学生分析和解决设计过程中应对实际问题的能力。因此，在教学实践中，我们从教学设计、教学内容、考核方式三个方面，提出"CBL+PBL"教学模式变革，探索整合"技术理论课"和"设计课"的可能性。

以《城市环境物理》课程为例，调整课程架构（图1），形成"理论解析－工具辅助－设计实践"相互耦合的课程体系：①在教学设计方面，采用案例教学法对抽象概念进行具体的案例应用教学。案例库包括学生作业案例库和参考案例库，由师生共建一个可持续更新的"城市物理环境优化设计"教学案例库。同时，采用问题导向教学法串联课程，通过从可见、可感知、可发现的场地中寻找城市物理环境问题的方式，将理论与实际相结合，让学生构建起设计语言与性能参数之间的转化方法，提高学生对该内容的接受程度。②在教学内容方面，改变传统教学中重理论、轻实践的授课内容，通过设置"理论解析与研究前沿""辅助工具应用""概念性设计实践"三个相互关联的部分，进行多元化、前沿化教学。从理论基础、研究方法、评价方法与优化措施等方面介绍城市物理环境知识，增加课堂小练习环节，帮助学生

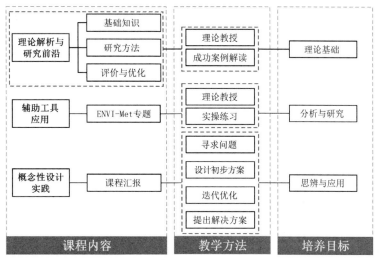

图1 《城市环境物理》课程架构

快速上手模拟分析工具，以形成对抽象理论的直观、感性认识。③在考核方式方面，改变对理论知识进行闭卷考核的方式，采用基于概念性设计实践及课程汇报的过程考核方式，同时，训练学生的文献综述能力、学术研究能力、口头表达能力和创新思维能力。

四、《城市环境物理》课程教学实践

该课程以此模式连续开展了两年教学实践（2021—2023年），在学生的积极参与和共同努力下，取得了较丰富的教学成果。概念性设计实践以"深圳大学校园微气候营造"作为研究对象，这与学生们日常学习生活息息相关，强化了学生对教学内容的直观、感性认知。教学环节包括：前期调研准备、提取问题、案例调研、方案构思、迭代优化、设计表达等六个部分，上下相承。该组织方式以学生为主体、以问题为导向，将场地微气候的定量评估与设计相融合，通过迭代优化设计方案，培养学生建立起融合"技术"的设计思维与工作流程。

在设计实践中，学生可切实感知到不同城市形态的室外微气候差异。首先，教师结合理论教学中讲授的局地气候区概念，将校园划分为16个局地气候区域，以道路作为明确的边界，内部包含建筑及周边环境。同一气候区块内的建筑具有相似的功能、高度、体量等形态特征。学生团队协作（3~5人一组），选取一个特定区块作为研究对象，进行场地实地调研，包括主观感受、数据测量、使用者访谈以及场地微气候现状模拟等形式。通过实测和模拟、主观感受和客观量化相结合，综合分析并横向对比各场地微气候，由此感知不同类型城市空间的微气候差异。其次，基于分析结果与研究兴趣，学生提取场地存在的物理环境问题并确定研究方向。围绕该问题，教师引导学生学习典型设计案例，提出初步设计方

案；进而，通过模拟手段对初步设计进行参数化分析，探讨不同设计形式和组合对改善场地微气候的贡献，从而对设计参数进行迭代优化，获得最优方案。

图2展示了在深圳大学校园环境内，学生根据切身的校园生活体验和科学的定性定量分析，发现建筑室内及底层架空空间、室外活动场地等存在的物理环境问题，进而通过自然通风优化设计、建筑立面改造、场地铺装及遮阳设计手法，进行各具特色的微气候营造专题研究。

本文以"元平体育馆前广场热环境提升改造"作业为例，进行详细说明。该组选择的研究对象是深圳大学粤海校区的东北部分，位于图2中11号区域内。该区域以室外开敞空间为主，包括高尔夫球场、体育场馆、游泳池、学院院馆等建筑，是师生往返校区北门与地铁站的重要通道。该组学生通过场地调研和案例分析，提出初步设计方案（图3）；通过参数化模拟等研究手法，结合理论授课内容，深化了该场地热环境提升改造策略。

在本次设计实践中，通过课堂讲授、文献及设计案例分析，学生了解到前沿的场地热环境优化策略及其应用场景。例如，建筑外立面增设立体绿化，利用格栅、植被、聚碳酸酯板等材料进行场地遮阳，或是整合太阳能发电板、辐射制冷材料、雨水收集等系统的综合遮阳系统。在设计手法上，对于宽敞空间，整体遮阳往往比较困难，可采用阵列式布局，例如，阿拉伯麦地那清真寺在为朝圣者提供的露天广场上设置了可电动控制开合的250支巨型遮阳伞，纽约麦迪逊广场上设置了由经过抛光的唱片光盘组成的遮阳棚等。据此，结合场地实际情况与风热环境定量模拟结果，学生针对建筑立面、地面铺装、露天前广场遮阳等提出了改造策略，重点对露天前广场遮阳方案进行迭代优化分析。

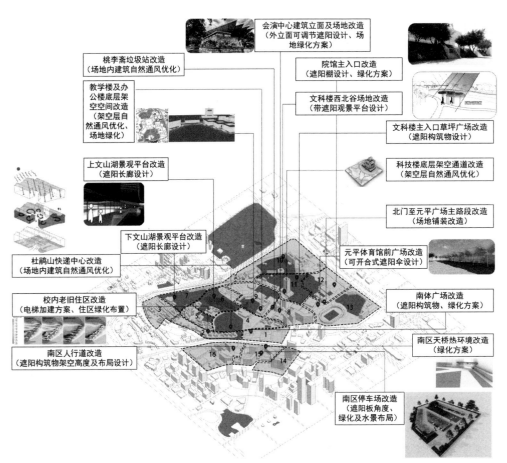

图2 深圳大学校园微气候营造优化

(1) 场地调研

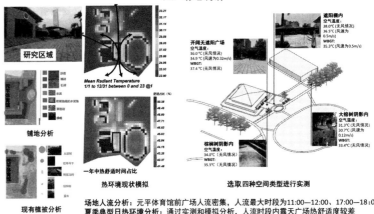

(2) 露天广场遮阳设计案例分析

阿拉伯麦地那清真寺广场

纽约麦迪逊广场

ORCHIDEORAMA天际线云

太阳能遮阳棚

(3) 露天广场遮阳初步设计方案

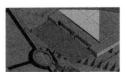
太阳能格栅遮阳棚
优化参数：朝向

植物爬藤架
优化参数：绿植覆盖率

可开合式遮阳伞
优化参数：伞几何参数及排布

图3 前期调研

每种方案均存在多种设计参数，如何定量评价不同方案对微气候改善的效能，如何根据定量分析结果改进设计方案，是学生们通过本次课程所获得的关键知识与技能。

首先，初步提出太阳能格栅遮阳棚、植物爬藤架、开合式遮阳伞三种露天广场遮阳方案。其次，根据所学内容，学生运用ENVI-Met等模拟软件，对太阳能格栅遮阳棚的朝向（东、南、西、北）、爬藤架的绿植覆盖率（50%、70%）、可开合遮阳伞（伞高2m、宽度9.5m、檐高7m、伞间隙0.5m，无交叠面积和伞间高差）进行初始分析。其中，可开合遮阳伞的初始设计参数是基于前期扎实的场地调研及案例分析，选择大且封闭的覆盖式遮阳棚，应避免高度过低造成的温室效应，还应同时考虑场地内停车需求。可开合式的设计，亦可在需要时将伞关闭，例如需要阳光的冬季，或是广场用于学生军训场所时。以夏季典型日为例，对比分析三种遮阳方案下场地的温度场、风速场以及UTCI值，发现可开合式遮阳伞以及东向设置的太阳能格栅遮阳棚对热环境的改善效果相当，且优于植物爬藤架。考虑到太阳能格栅遮阳棚可能导致的眩光问题，灵活可变性以及维护成本等，最终确定可开合式遮阳伞为优选方案。

在此基础上，考虑到伞盖间隙及高度错落对遮阳、空气流动产生的潜在影响，该组学生进一步对开合式遮阳伞的设计参数，包括伞高度、宽度、檐高、交叠面积和伞间高差，进行更精细的分析，试图通过量化每个设计参数对改善场地风热环境及热舒适度的贡献，找出对热环境提升效果最好且美观的方案。研究过程如图4所示，当伞宽由9.5m增至11.5m，伞间呈现出高低错落设计时，发现场地空间内空气流动有所提升，有助于提高热舒适度（第一次迭代）；进而，维持伞宽不变，小范围增减伞间高差（第二次迭代和第三次迭代），发现改善效果不明显；在第四次迭代中，维持第一次迭代中的伞间高差设计，同时，减小伞宽，发现风热环境及热舒适度得到进一步改善，在五次模拟结果中最优，由此确定为最终设计方案。

五、结语

本文探索的"CBL+PBL"教学模式是从实际问题出发，结合具体案例，以明确教学目标、完善教学内容、优化教学设计。这种教学模式有助于教师持续追踪城市建成环境领域的前沿热点问题，确保教学内容的动态更新，以及对学科科研方向的探索和把握，并获得良好的教学反馈。教学团队运用国内外设计案例来阐释理论公式与设计表达的关联，契合设计类学生的思维方式，将性能模拟耦合于设计优化中，引导学生建立一套定性定量相结合的城市建成环境设计理念，拓宽了学生的视野，增强了学生对建筑、人类和自然环境与气候的协调发展意识，从而提高了建筑类学生的培养质量。

参考文献

[1] 卢峰. 新工科背景下研究性专业课程体系建构初探：以重庆大学建筑学专业课程建设为例[J]. 中国建筑教育, 2021（2）：49-54.
[2] 刘加平. 城市环境物理[M]. 北京：中国建筑工业出版社, 2011.
[3] 游佳欣. 哈尔滨工业大学城市设计学科方向发展历程研究[D]. 哈尔滨：哈尔滨工业大学, 2022.
[4] 何文芳, 杨柳, 刘加平. 绿色建筑技术基础教学体系思考[J]. 中国建筑教育, 2016（2）：38-41.
[5] 刘畅, 何孟杭, 谢辉, 等. 产教融合背景下"沉浸式"声景设计课程教学改革研究[J]. 高等建筑教育, 2023（32）：77-85.

参数		初始方案	一次迭代	二次迭代	三次迭代	四次迭代
伞宽(m)		9.5	11.5	11.5	11.5	6.25
伞高(m)		2	2	2	1.5	2
檐高(m)	1号	7	7	7	7	7
	2号	7	7.5	8	7.5	7.5
	3号	7	6.5	6	6.5	6.5
	4号	7	6	5	6	6
交叠(m)		0	0.5	0.5	0.5	0.5
伞间高度差(m)		0	0.5	0.5	0.5	0.5

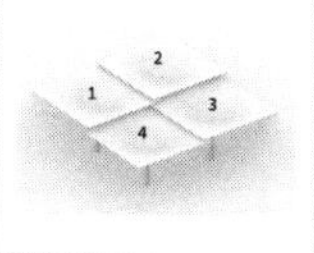

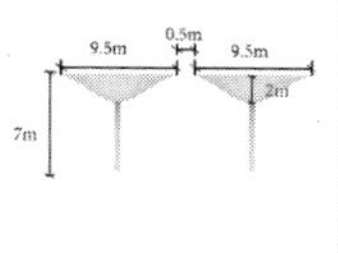

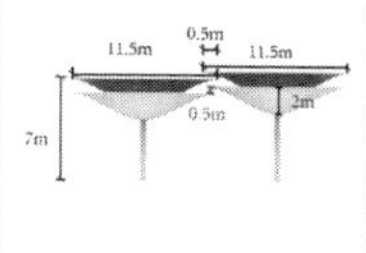

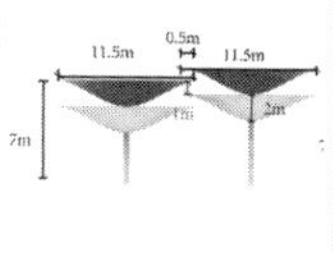

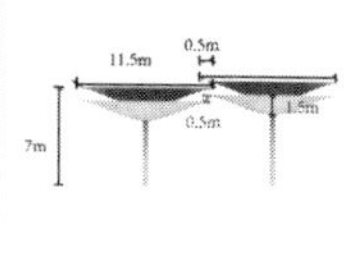

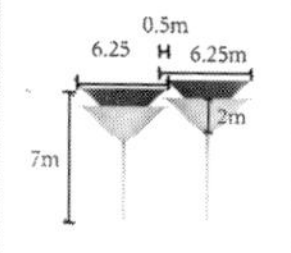

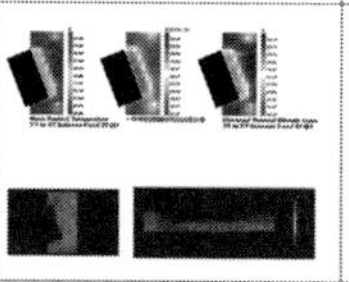

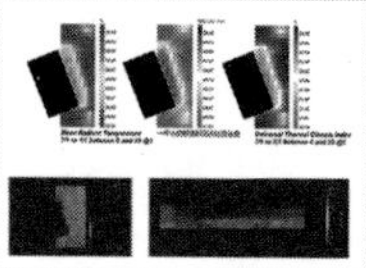

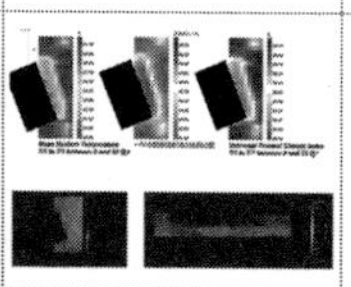

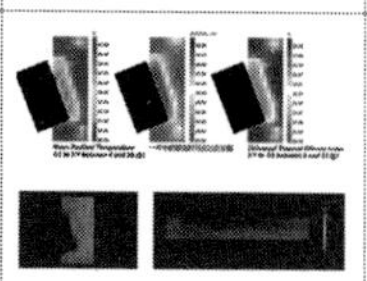

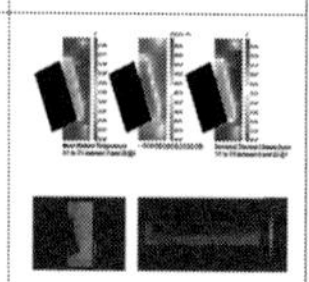

图4 可开合式遮阳伞设计方案迭代优化过程

[6] 葛坚，李效军.关于建筑热环境参数测定与热舒适分析的探究性实验教学[J].高等建筑教育，2016（25）：154-156.
[7] 黄凌江，李中奇.开放式研究性建筑物理实验的教学探索与实践[J].高等建筑教育，2015（24）：121-127.
[8] 王红卫.城市环境物理教学的认识与探索[C]// 中国建筑学会建筑物理分会.城市化进程中的建筑与城市物理环境：第十届全国建筑物理学术会议论文集.广州：华南理工大学出版社，2008：3.
[9] 陈光，马源，江海燕.风景园林学专业城市环境物理课程教学改革初探[J].山西建筑，2020（46）：165-166.
[10] 刘旭红，龚艳芬，邓业颖.多元混合理念下建筑设计在线教学探索与实践：以校园建筑设计课程为例[J].高等建筑教育，2023（32）：86-94.
[11] 郝洛西."产学研"协力共进下的建筑光环境教学探索与创新实践[J].中国建筑教育，2017（Z1）：134-142.
[12] 陈宏.被动式节能专题研究与绿色建筑设计教学[J].中国建筑教育，2011（1）：46-50.

图片来源

图1~图4：作者自绘。

作者：何玥儿，深圳大学建筑与城市规划学院助理教授，博士，硕士生导师；袁磊（通讯作者），深圳大学建筑与城市规划学院教授，博士生导师，深圳大学教务部主任、深圳大学大湾区创新学院院长、深圳市建筑环境优化设计重点实验室主任

建筑设计教学中气候设计训练的三个阶段路径

陈晓扬　邓　浩

Three Stages of Climatic Design Training in Architectural Design Teaching

■ 摘要：建筑的节能环保对于应对气候变化有积极意义，高校建筑设计教学中须培养正确的建筑气候设计观念。本文以建筑学院建筑设计课题为例，阐述在不同年级阶段中气候设计训练的三个路径：低年级设计课是建立认知体系的最佳时机，气候要素通过场地分析、草案讨论和体量生成三个环节以定性认知方式融入设计过程；中年级设计课中，因为开始有相关理论和技术课程的初步支撑，可在气候认知和策略验证方面加入定量辅助分析手段；高年级设计课中可展开气候设计专题研究，以定性结合定量的方法进行深入设计研究和创新探索。

■ 关键词：建筑设计教学；气候设计；定性分析；定量分析

Abstract: Energy conservation and environmental protection of architecture are significant to responding climate change. It needs to develop positive view of climatic design during architectural design learning in university. Taking several design courses of architectural school as examples, three stages of climatic design training in different grades are elaborated. Junior design course is the best opportunity to establish cognitive system. Climatic elements are integrated into design process through qualitative cognition in three sections which are site analysis, draft discussion and volume generation. Intermediate level design course is the time to apply quantitative analysis into climatic cognition and strategies testing because of the initial support of related theoretical and technological curriculums. Senior design course is the chance to carry out monographic study of climatic design in which in-depth design research and innovative exploration are conducted through both qualitative and quantitative methods.

Keywords: Architectural Design Teaching; Climatic Design; Qualitative Analysis; Quantitative Analysis

国家自然科学基金项目（51978137）。

在全人类联合应对气候变化的背景下，提倡人居环境的环保和节能性被证明是符合历史潮流的设计趋势，适应气候的建筑设计是其中重要组成部分。建筑气候设计属于被动式建筑设计范畴，自从Olgyay兄弟提出气候设计的概念[1]，在该领域就涌现了丰富的研究探索。在设计过程中将气候因素与其他设计因素协调考虑，采取被动式手段实现舒适，是建筑气候设计的基本原理[2~6]。传统建筑设计教学主要围绕功能、空间和建造这些线索展开，而气候线索的介入可让学习者更关注人与环境的关系，从而建立科学的设计观[7]。本建筑学院的绿色建筑教学自2010年左右开始依托设计课进行系统化。建筑气候设计教学是其中一部分，过程中根据不同年级专业知识的特点，摸索了气候设计训练的三个阶段路径。

1 低年级建筑设计中的气候设计定性认知

低年级的建筑设计教学中应培养气候设计的观念。一年级还没有系统专业知识，课题也是小型单项训练，主要任务是绿色设计价值观的培育[8]。一般二年级是建筑设计基础课向设计专业课过渡的结合部，建筑问题成为课程设计的主题[9]，气候设计问题的介入适逢其时。课题一般有较完整的设计任务和具体场地，有利于将气候认知融入于设计过程。学生在生活中关于气候影响有一定的体验，但是要将这种体验映射到有意识的设计步骤中，并非自然而然能实现。比如初学者在生活中能感知朝南宿舍优于朝北宿舍，却会在设计构思中因一些干扰因素而将大部分宿舍布置于北侧。这是因为初步接触综合设计任务，设计要素多样化，初学者注意力易被可见的限定要素吸引，而对于所设计环境的气候表现则常常忽略，甚至作出违反气候常识的决策。常见情况有为了某种抽象的空间操作而不顾朝向，或学习某个经典案例的手法却忽视气候条件差异，或为了追求空间表现效果而不顾热环境。

低年级设计教学中气候设计的任务就是让初学者建立生活体验和设计过程之间的自觉关联。需避免一种常见的错误，就是只在设计定型后进行静态的气候分析，或许分析图结果正确，但存在偶然性。如果要让气候要素真正地介入到设计教学中，宜在方案推演的三个环节中介入气候认知（表1）。第一个环节是在场地分析中，除了常见的关键词（如地形、建筑、交通、人流、植被）外，引入"气候"这一关键词。设计者须查询本气候区的特征、设计要求等；场地的踏勘中要归纳对于建筑气候有利和不利的因素；案例学习中也须根据气候进行选择和评判。第二个环节是在草案讨论中，针对草案展开气候关键词（如朝向、采光、通风等）并进行小组讨论，分析各草案在哪些方面有应对地方气候的潜力，哪些方面违背气候规律。在此环节中通过分析图强化气候要素和体量空间之间的关联。第三个环节是在设计的体量生成中，结合关键词表达出体量操作过程中的气候响应策略。在此环节中通过体量生成图强化气候要素和设计过程的关联。

气候介入设计推演的三个环节　　　　表1

介入环节	气候介入方法	成果形式	达到目的	介入时机
1. 场地分析	引入关键词：气候	场地分析报告，包含气候区设计要求、场地微气候要素分析、案例分析（指定，自选）	了解气候认知概念和初级方法	初期
2. 草案讨论	展开关键词：朝向、日照、通风、采光……	草案展示报告，包含场地分析结论、气候响应分析图	认识气候要素和体量空间的关联	初期
3. 体量生成	方案推演过程中结合关键词表达气候响应策略	体量生成过程分析图	强化气候要素和方案生成的动态关联	初期到中期

通过这三个环节能建立一个价值判断，即响应气候是一项基本的而非附加的设计要求，合理的设计不能违背气候规律。同时，通过这三个环节也初步训练了一套科学的方法。方案设计最终成果中的气候响应表达是这三个环节的结果显现，它融入了方案设计的整体过程中，而不单表现为气候分析图。

在某二年级院宅设计作业中，设计者主要通过巴瓦自宅（指定案例，热带气候）和苏州传统住宅（自选案例，夏热冬冷气候）的案例比较，注意到小尺度多天井（蟹眼天井）是低层高密度住区中解决通风采光和塑造室内氛围的关键策略，具有相对广泛的气候适应性。还认识到小尺度多天井的策略更偏向夏季策略，要在夏热冬冷气候区加强其适应性，宜增加较大尺度的冬季庭院，这在场地内民居中也有例证。基于这样的认知，在体量生成阶段，以置入主庭院和南低北高的体量来适应冬季日照和冬夏季风，散布的小天井加强了自然通风和采光，同时也适宜夏季活动（图1）。通过此课题初步训练了结合气候的体量生成设计方法。

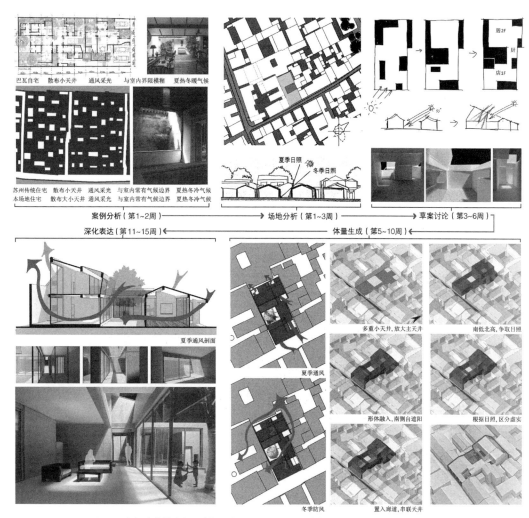

图1 二年级南京某院宅设计作业过程（总14周）（设计者：张思祺；指导教师：陈晓扬）

2 中年级建筑设计中的定量分析辅助气候设计

三年级以上的建筑设计中，注重气候响应的定性与定量分析。三年级开始有与绿色设计紧密相关的绿色建筑理论和建筑技术课程，可以更深入地探讨绿色设计方法和初步掌握分析工具，为设计注入更科学的论证。绿色建筑理论课程提供设计方法支撑，技术课程提供实现手段支撑（表2）。绿色设计课程中将技术类内容与设计教学紧密结合是一项共识[10~12]。除了课堂授课，支撑课程还额外配置了与设计课直接衔接的咨询答疑课时。以三年级为例，平均每个课题课内配置约4课时，课外还可线上或直接咨询答疑，基本能保证技术指导的覆盖（表3）。分析工具方面，中年级一般推荐使用基础性的分析软件，如气象分析工具Ladybug和综合模拟软件Ecotect等，原理的学习以授课为主，具体应用则采用自带教程的学习和指导结合的方式。

在气候认知环节，可借助气象数据，更精准地了解此地气候条件。在设计生成阶段，以定性分析为主生成建筑体量，此过程与低年级的三个环节类似。有所进阶的是，因为有了相关课程支撑，可以定量分析为辅初步验证设计策略的有效性。比如在三年级某活动中心设计课题中，用Ladybug软件得出当地热环境和

相关支撑课程　　　　　　　　　　　表2

	三年级	四年级	
绿色建筑理论课程	绿色建筑Ⅰ：理论与设计（32课时）	绿色建筑Ⅱ：科学与设计（32课时）	设计方法支撑
		建筑节能新进展（16课时）	
建筑技术课程	建筑构造（32课时）	建筑新技术（16课时）	实现手段支撑
	建筑物理Ⅰ（32课时）	建筑物理Ⅱ（32课时）	
	建筑设备Ⅰ Ⅱ（48课时）	建筑技术前沿（36课时研讨）	
	物理环境分析（16课时）	建筑环境控制学前沿（72课时研讨）	

注：淡绿课程涉及量化分析原理；淡蓝课程涉及量化分析工具（Ladybug、Ecotect、CFD、Energy-plus等，自学和指导结合）。

三年级相关支撑课程直接介入设计课方式　　　　表3

课程	介入环节	相关支撑	直接课时安排/每题	组织方式
绿色建筑Ⅰ	体量生成过程	气候设计方法	结合设计指导2课时	本课堂练习课，围绕设计课题咨询答疑
建筑物理	场地分析、体量生成过程	热环境原理	结合设计指导3课时	中期前，可由设计指导教研组提出，任课教师到堂咨询答疑
物理环境分析	场地分析、体量生成过程	分析原理和工具	结合设计指导3课时，工具自学结合指导	中期前，可由设计指导教研组提出，任课教师到堂咨询答疑
建筑构造	深入设计	构造设计方法	结合设计指导3课时	中期后，可由设计指导教研组提出，任课教师到堂咨询答疑

风环境分析图，较之于纯粹定性认知更进一步。在设计阶段，通过定性分析可以论证其朝向、形体、进深等常规策略的适宜性。设计中走廊外置形成缓冲空间，为了论证其缓冲功效，利用Ecotect软件初步验证，发现与没有缓冲空间相比能耗更有利。并且，通过软件使用，更准确地了解构造设计的物理指标，为围护边界的优化提供一定的依据。通过这样的量化分析，能在某些局部形成对设计策略更为客观的判断（图2）。

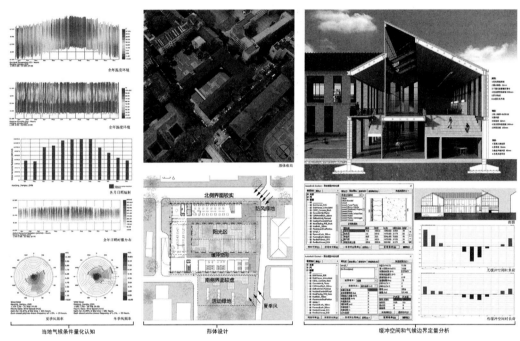

图2　三年级南京某活动中心设计作业中气候介入的环节（8周）（设计者：李思恒；指导教师：邓浩）

测量、模拟和仿真工具是定量分析的重要手段，基本分为热、风、光、声和综合类[13,14]，种类多、更新快，这对技术课程的教授是一项挑战。各院校获得授权的工具不同，但宜覆盖各种类，专业程度高的软件还可引入授权方的线上和线下培训。值得注意的是，课程设计中的模拟分析是为设计逻辑服务[15-17]，而模拟分析始终具有片段性和局部性，所以定性分析和推演始终是教学的重点，定量分析为辅助手段。

3　高年级建筑设计中定性结合定量方法推进气候设计专题研究

因为已经有了一定的理论积累和技术训练，自毕业设计到研究生阶段是开展专题研究的最佳时机。研究型的设计课题还有助于发现问题和解决问题[9]，并促进创新。毕业设计相关课题注重专题研究，依然沿用定性结合定量的分析方法，比中年级更进阶的是，首先更注重设计研究，其次在方案生成关键阶段用量化分析来佐证定性推演。

以某泉州手巾寮新民居设计课题为例，教案中侧重气候适应策略的归纳创新和量化验证（表4）。通过文献阅读和实测调研，了解并验证自然通风是其适应地方气候和狭窄场地的侧重方向，冷巷是其关键设计策略。所以，在设计方案的生成阶段，针对不同的内部布局运用CFD软件Airpak来进行通风验证。对于传统手巾寮冷巷的不同形态作了通风模拟分析，发现其中直线型冷巷结合天井的模式通风效率最佳。但研究不止步于此，在案例研究基础上引入管式布局，提出创新模式。尽管传统的手巾寮布局模式较为有效，但是那是基于传统生活方式和建造技术的有限解决方案，新的建造技术给了手巾寮更多的可能性。结果证明，如果创新性地引入"管式"布局和底层通透策略，内部自然通风和采光效果比传统模式显著改善。在该课题中，

手巾寮新民居课题中气候设计融入教案框架　　　表4

环节	内容	时间	成果	目的
实测调研	文献阅读、现场调研、案例热环境实测（手持式风速仪、温湿仪）	1~3周	调研报告：气候特征、手巾寮气候设计特点、热环境实测分析	了解以热环境实测来分析建筑微气候的方法，由此归纳关键策略
模式推演	案例分析（手巾寮、柯里亚的管式住宅）、CFD模拟、类型比较推演	4~6周	分析报告：案例比较分析、CFD模拟推演分析	了解CFD模拟方法，横向比较自然通风策略，学会辅以工具推演创新优化模式
体量生成	模型制作、推敲空间布局、类型演绎	6~10周	1∶100模型、平面、剖面、典型布局CFD模拟分析	掌握模式类型演绎的方法，加深模式与气候关联的理解
成果深化	深入设计、构造设计、图纸绘制	11~14周	模型、全套图纸	了解本地区气候边界设计原则和构造特点

注：CFD模拟软件Airpak提前自学教程1周，设计课上配备建筑物理专业教师和研究生助教，第4~5周指导模拟分析。

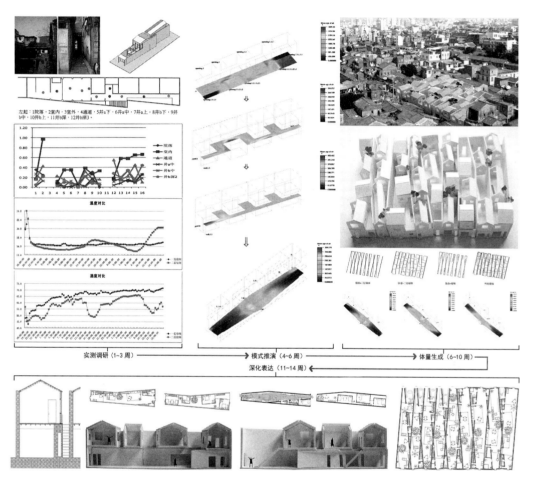

图3　五年级泉州手巾寮新民居设计作业过程（14周）（设计者：厉鸿凯；指导教师：陈晓扬；模拟分析指导：傅秀章、郑彬（助教））

定性分析是方案推演的主要推手，而定量分析为其提供了论证（图3）。如果纯粹依据定性认识来设计，有时会导致错判，尤其涉及不熟悉的技术性领域时。同时也应避免另一种倾向，就是将定量分析简单工具化而缺乏设计思维的逻辑推进和创新开拓。高年级设计研究关键在于反思和创新。

4　结语

以上三个不同年级阶段的气候设计教学，从浅层次的气候认知逐渐向专题研究过渡，是根据不同阶段专业知识而设置的逐层叠加训练路径（图4）。从中可以看出，低年级是气候设计体系雏形建立的关键阶段，因为以定性分析为主，设计策略的比较判断和方向把握较为重要，要求指导者有一定的跨专业知识经验。中年级开始加入基础性的量化分析方法，需要相关课程支撑和专业课教师参与。高年级倾向于较深入的专题研究，鼓励设计的反思和创新，以不同专业的指导教师进行团队配合为宜。

建筑的节能环保对于应对气候变化有积极意义，建筑气候设计是其中重要一环。气候要素的介入提升了建筑设计的科学性，也为建筑设计教学提供了贯穿过程的线索。本系列相关课题的探索，尝试培养科学设计观，训练气候设计方法，为形成气候设计教学体系提供了一种参考。

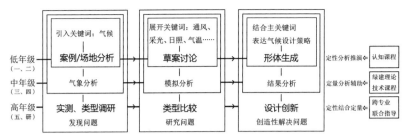

图4 气候设计训练的三个阶段路径

参考文献

[1] OLGYAY V, OLGYAY A. Design with climate : bioclimatic approach to architectural regionalism[M]. Princeton University Press, 1963.
[2] YEANG K. Bioclimatic skyscrapers, artemis[M].London : [s.n.], 1994.
[3] 阿尔温德·克里尚, 尼克·贝克, 西莫斯·扬那斯, 等. 建筑节能设计手册 : 气候与建筑 [M]. 刘加平, 张继良, 谭良斌, 译. 北京 : 中国建筑工业出版社, 2005.
[4] 宋晔皓. 结合自然整体设计 : 注重生态的建筑设计研究 [M]. 北京 : 中国建筑工业出版社, 2000.
[5] 吕爱民. 应变建筑 : 大陆性气候的生态策略 [M]. 上海 : 同济大学出版社, 2003.
[6] 杨柳. 建筑气候学 [M]. 北京 : 中国建筑工业出版社, 2010 : 30.
[7] 宋德萱, 吴耀华. 片段性节能设计与建筑创新教学模式 [J]. 建筑学报, 2007 (1) : 12-14.
[8] 顾震弘, 张彧. 一年级绿色建筑设计教学的思考 [J]. 中国建筑教育, 2011 (4) : 31-35.
[9] 丁沃沃. 建筑设计教学的新模式 : 二年级教学改革初探 [J]. 时代建筑, 1992 (4) : 15-17, 40.
[10] 王静, 朱光蠡. 绿色建筑毕业设计中的研究型设计思维与开放式教学模式 [J]. 城市建筑, 2019 (11) : 36-39.
[11] 陈宏. 被动式节能专题研究与绿色建筑设计教学 [J]. 中国建筑教育, 2011 (4) : 46-50.
[12] 张群, 王芳, 成辉, 等. 绿色建筑设计教学的探索与实践 [J]. 建筑学报, 2014 (8) : 102-106.
[13] 何文芳, 杨柳, 刘加平. 绿色建筑技术基础教学体系思考 [J]. 中国建筑教育, 2011 (4) : 38-41.
[14] 宗德新, 曾旭东, 王景阳. 基于建筑性能模拟技术的绿色建筑设计 [J]. 室内设计, 2012 (4) : 13-17.
[15] 郑斐, 仝晖, 张淞. 基于数字技术的绿色建筑性能驱动设计方法教学研究——以 Ecotect 模拟分析建筑热环境的建筑设计教学为例 [C]// 吉国华, 童滋雨. 数字·文化 : 2017 全国建筑院系建筑数字技术教学研讨会暨 DADA2017 数字建筑国际学术研讨会论文集. 北京 : 中国建筑工业出版社, 2017 : 182-187.
[16] 刘丛红, 毕晓健. 基于物理环境模拟的绿色建筑设计 : 天津大学建筑学院本科四年级建筑设计教学简述 [J]. 中国建筑教育, 2011 (4) : 31-37.
[17] 许峰, 张国强. 解明镜. 以建筑节能为目标的集成化设计方法与流程 [J]. 建筑学报, 2009 (11) : 55-57.

图表来源

图1~ 图3 : 设计者提供, 加以整理。
图4 : 作者自绘。
表1~ 表4 : 作者整理。

作者:陈晓扬,东南大学建筑学院副教授、硕士生导师、国家一级注册建筑师;
邓浩,东南大学建筑学院副教授、研究员级高级建筑师、硕士生导师

融入"研究型设计"理念的绿色建筑声学课程教学方法探讨

邵 腾 杨卫丽 王 晋 郑武幸

Teaching Method of Green Building Acoustics Course Integrating the Concept of "Research-Oriented Design"

■ **摘要**：随着环境噪声问题突出和声环境质量标准提升,近年来各种场所的声环境受到广泛关注,建筑声学课程对于建筑学专业学生的重要性进一步突显。针对当前建筑声学课程教学过程中学生自主探索度低、缺少问题的研究与分析与设计课程衔接断层等问题,在传统教学模式基础上,从问题导向出发,在教学全过程中融入研究型问题模块,鼓励学生自主探索分析与研究。本文以西北工业大学建筑学专业三年级学生为授课对象,从问题策划、节点设置、资源利用和教学实施四个方面探讨融入研究型设计理念的绿色建筑声学教学方法,以增强学生对建筑声学问题的研究与分析应用能力。

■ **关键词**：建筑声学；研究型设计；问题导向；教学方法

Abstract: With the prominent problem of environmental noise and the improvement of acoustic environmental quality standards, the sound environment of various places has received extensive attention in recent years, and the importance of building acoustics course for architecture students has been further highlighted. In view of the problems such as students' little independent exploration, lack of problem research and analysis, and disconnection with design courses in current teaching, based on the traditional teaching mode and starting from the problem orientation, the research question module is integrated into the whole teaching process to encourage students to explore, analyze and research independently. This paper, taking the third-year students majoring in architecture in Northwestern Polytechnical University as the teaching object, discusses the teaching method of green building acoustics integrating the research-oriented design concept from four aspects, including problem planning, node setting, resource utilization and teaching implementation, so as to enhance the students' ability of research, analysis and application of building acoustics problem.

Keywords: Building Acoustics；Research-oriented Design；Problem Orientated；Teaching Method

西北工业大学教育教学改革研究重点项目"融入绿色低碳教育的建筑学专业课程改革研究与实践(编号：ST2023JGZ02)"资助。

0 引言

物理环境是一个复杂的系统，从建筑学的视角，它不仅与使用者生理和心理健康、舒适性体验相关，还是绿色建筑评价的重要指标，可通过空间、布局、构造、材料等要素的合理设计将声、光、热等物理环境因子对人的刺激作用调节到实际需求，即"舒适区"[1]。建筑物理属于建筑学专业课程体系中的技术基础类课程，而建筑声学是其重要组成内容之一。

建筑声学是研究城市及建筑中声音问题的科学，声环境改善是提升城市和建筑空间健康效能的重要手段之一。《中国噪声污染防治报告2022》显示，2021年全国地级及以上城市的"12345"市民服务热线及相关部门合计受理噪声投诉举报约401万件，社会生活噪声占57.9%，建筑施工噪声占33.4%，工业噪声占4.5%，交通运输噪声占4.2%。全国生态环境信访投诉举报管理平台共接到公众举报45万余件，其中噪声扰民问题占45.0%，居各环境污染要素的第2位[2]。针对当前的新形势新问题，于2021年修订的《中华人民共和国噪声污染防治法》颁布，重新界定了噪声污染、完善了标准和规划制度、强化了噪声源头预防等。同时，在标准规范方面，除了建筑设计应遵循的基本规定之外，《绿色建筑评价标准》GB/T 50378、《宁静住宅评价标准》T/CSUC 61等评价标准中对声环境提出更高要求。随着对环境噪声问题的关注和声环境标准的提升，建筑声学课程对于建筑学专业学生的重要性进一步突显，加之现代建筑设计对绿色环保等技术属性要求加强，课程教学应从传统的教授模式向融入学生自主探究的模式转变，突出对建筑声学知识的运用，培养学生在建筑设计过程中融入声学问题研究与优化设计的能力，促使学生自觉将建筑声学原理应用于建筑设计创作。

本文以西北工业大学建筑学专业三年级的建筑声学课程为例，提出分节点引入问题导向的探究式学习模块的提升路径，从问题策划、节点设置、资源利用和教学实施等方面探讨融入研究型设计的绿色建筑声学教学方法，将课程教学拓展为一种体验式研究和学习过程。

1 建筑声学课程教学现状及优化路径

1.1 课程教学现状及问题

现有建筑声学课程教学主要包括理论讲授和测试实验两大部分，理论内容包括原理性知识，如声学基本知识、室内声学原理、材料和结构的声学特性等；和应用性内容，如室内音质设计、环境噪声控制等。在此过程中学生的参与度往往较低，大多是对知识被动接受，难以理解其中的概念、原理、计算公式等与建筑设计的关系[3]。实验内容包括声压级测量、混响时间测量、材料吸声系数测量、楼板隔绝撞击声测量、隔墙隔绝空气声测量、室外噪声测试等，各学校会根据实验条件有所删减，很多实验只能观看演示，但实验目的主要是使学生加深理解声学的基本概念和计算方法，同样缺乏与建筑学专业注重的形式、空间和主观感受之间的联系[4]。因此，如何在教学过程中加强声学知识与建筑设计的关联，提高学生对知识的运用能力一直是被关注的问题，目前主要通过探索多样化的实验方式来加强学生对知识的理解，如建立可变混响空间，结合建筑设计开发综合性、体验式实验[5,6]；基于主客观分析的室外声环境实验设计[7]，新绿标下的建筑声学实验整合[8]等。

建筑声学作为承上启下的技术类课程，通常被安排在建筑构造、建筑设计原理等基础课之后，生态建筑设计、居住区规划设计等设计类课程之前，目的是希望能将这门课所学的知识与前期课程相融合，并有效地应用到后续课程设计之中。根据笔者对设计类课程作业查阅及师生访谈，学生对声学技术运用情况不容乐观，往往针对具体问题不知从何下手。体验式实验能够让学生理解和掌握知识，但在应用方面有待加强，受限于实验设备与成本，通常为几个固定模式，很难让学生进行灵活的多工况比较，局限了对问题的探索。仿真模拟可突破限制，辅助开展研究型问题探索，但作为高阶技术在本科教学中如何介入尚需探索。综上，现有教学中主要存在学生自主探索度低、缺少问题研究分析、与设计课程衔接弱等问题。

1.2 绿色建筑的声学要求

《绿色建筑评价标准》GB/T 50378-2019的评价指标体系包括安全耐久、健康舒适、生活便利、资源节约和环境宜居5类指标，其中涉及声环境的包括健康舒适、环境宜居两部分，根据课程教学内容，将其对应为室内声环境和室外声环境两类。针对室内声环境，以主要功能房间的室内噪声级和隔声性能是否满足现行国家标准《民用建筑隔声设计规范》GB 50118中的低限要求作为控制项依据，以满足更高要求的情况作为评分项依据。影响室内噪声级的噪声源主要包括两类：一类是室内噪声源，如空调设备等，可选用低噪声设备，采取合理隔振或降噪措施；另一类是室外噪声源，如交通、生活噪声等，首先，应在规划、建筑平面设计时先行考虑通过建筑合理布局有效降噪，其次，应提高围护结构隔声性能，以降低主要功能房间受到噪声干扰。由建筑设备、道路交通、社会生活等产生的噪声不仅影响室内声环境，还会对周边场地造成不利影响。针对室外声环境，以场地环境噪声优于现行国家标准《声环境质量标准》GB 3096的要求作为评分依据，实现这一目标可通过合理的场地选址、规划布局及建筑形态设计,也可通过设置绿化、声屏障等方式进行降噪处理。

1.3 课程教学的优化路径

根据教学中存在的问题可以看出,其关键是缺少针对具体问题开展自主探索的环节,本文基于"研究型设计"理念,提出"分节点引入问题导向的探究式学习模块"优化路径,如图1所示,即在教学过程中引入多个节点设置开放题目,各节点让学生个人或小组围绕主题策划具体问题,进而提出可能的问题解决方案,并依托辅助技术平台或资源进行多方案比较分析,提出最佳方案或策略。通过自主研究环节的训练,使学生掌握如何将"声学知识—设计问题"相关联,为在后续设计课程中的应用打下基础。

2 融入"研究型设计"理念的课程教学分析

根据课程教学的优化路径,教学过程中需要考虑设置什么问题、确定哪些节点、利用什么资源及如何实施教学。根据近两年的建筑声学课程教学,从问题策划、节点设置、资源利用、教学实施四个方面进行解析。

2.1 问题策划

问题策划即确定可探讨的问题,这是引导学生适应研究型学习方式的关键。结合《绿色建筑评价标准》GB/T 50378 的要求、前置和后续课程内容需求及学科前沿拓展,以"构造—空间—群体"的递进式关系为主线,逐层引出与声学相关的问题。在构造层面,学生通过建筑构造课程的学习,对墙体、屋顶、楼地面及门窗构造已经掌握,但对其声学特性并未深入了解,该层面主要关注不同材料组合的墙体、楼面及门窗构造隔声性能,并参照相关标准确定构造形式。在空间层面,设计类课程更多地注重空间功能、形态、装饰等,较少将这些指标的综合效应与室内音质关联,因此该层面主要关注室内空间音质指标的计算评价及空间设计策略应用和再评价。在群体层面,如居住区规划设计通常以日照标准为约束条件,随着《城市居住区规划设计标准》GB 50180 中对居住环境的重视,优化风环境、降低环境噪声已作为条文提出,因此该层面主要关注群体布局与环境噪声分布的关联性及多方案比较。同时,结合

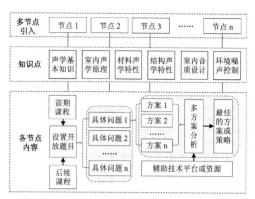

图1 建筑声学课程教学的优化路径

学科前沿,初步探索室外空间声景观体验与设计。课程问题策划框架如图2所示。

2.2 节点设置

节点设置即确定融入研究型问题的教学环节。课程共设置了6个章节,包括:(1)建筑声学基本知识;(2)室内声学原理;(3)材料和结构声学特性;(4)室内音质设计;(5)噪声控制;(6)声学测量及体验。第1章和第2章为理论计算模块,主要讲授声学基本知识、原理和计算方法,夯实学生的基础,不宜设置研究型内容。第3章为材料性能分析模块,主要讲授材料和结构的吸声和隔声机理、影响因素及提升方法,在此部分可结合相关标准,强化学生对不同构造隔声性能的分析及对标确定合理构造形式,引入构造层面的问题,形成"构造声学性能分析模块"。第4章和第5章为评价应用模块,主要讲授厅堂音质及室外噪声评价指标、控制方法及策略,理论授课过程中会穿插计算、虚拟仿真及性能模拟等内容,其中第4章为室内音质设计,可融入空间层面问题,分别针对音质改造和设计形成"实景测绘计算评价"和"虚拟仿真实验探究"模块;第5章为噪声控制,可植入群体层面问题1,形成"环境噪声模拟分析"模块。第6章为实验应用模块,主要开展各类声学实验及测试等,在此部分可拓展测试内容,引入主观感受调查,关联群体层面的问题2,形成"声景观的漫步体验"模块。建筑声学课程安排和研究型内容植入框架如表1所示。

2.3 资源利用

资源利用即在有限教学条件下通过整合各类资源辅助开展教学。五个模块主要分为三种类型:模拟分析类、虚拟仿真类和测绘测试类。针对模

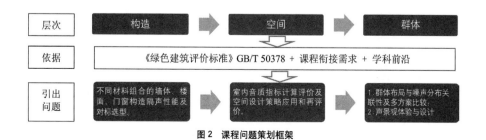

图2 课程问题策划框架

建筑声学课程安排和研究型内容植入框架　　　　　表1

课程模块	课时安排		教学内容	引出问题植入	对应模块
理论计算	第1周	2课时	建筑声学基本知识	—	—
		2课时	室内声学原理	—	—
材料性能	第2周	4课时	材料和结构声学特性	不同材料组合墙体、楼面、门窗构造隔声性能及对标选型	构造声学性能分析
评价应用	第3周	8课时	室内音质设计	室内音质指标计算评价及空间设计策略应用和再评价	实景测绘计算评价
	第4周				虚拟仿真实验探究
	第5周	4课时	噪声控制	群体布局与噪声分布关联性及多方案比较	环境噪声模拟分析
实验应用	第6周	4课时	声学测量及体验	声景观体验与设计	声景观的漫步体验

拟分析类，借助绿色建筑生态环境模拟评估实验室的 INSUL 隔声性能模拟软件和 Cadna A 环境噪声预测软件开展构件声学性能及环境噪声模拟分析。对于虚拟仿真类，依托国家虚拟仿真实验教学课程共享平台"厅堂音质的混响时间设计虚拟仿真实验"进行虚拟仿真探究。对于测绘测试类，应用建筑环境科学实验室的测绘工具、声级计等开展实景测绘及声环境测试调查。此外，中国大学 MOOC 国家精品课程在线学习平台"建筑物理基础"和"建筑物理实验"课程可作为辅助学习平台。

2.4 教学实施

根据近两年建筑声学课程的教学情况，对五个研究型模块的实施内容及成果进行说明。

模块 1：构造声学性能分析。首先，让学生从墙体、楼面、隔墙、门窗等部位中至少选择 1 个作为研究对象，运用 INSUL 软件对不同材料组合的构造进行隔声性能模拟分析；其次，根据《民用建筑隔声设计规范》GB 50118 规定，选择一种建筑类型确定上述选择部位的合理构造。例如，某作业分析了不同材料及构造的隔墙隔声性能（图 3），并依据旅馆建筑的隔声标准，确定了客房之间、客房与走廊之间等不同部位的隔墙构造。

模块 2：实景测绘计算评价。该模块是针对既有厅堂改造的混响设计，让学生选择学校教学楼中的会议室或教室作为改造对象，通过实地测绘将平面和剖面绘制在 A2 图纸上；根据房间家具布置和装饰材料，计算 125~4000Hz 的 6 个倍频中心频率的混响时间，评价是否有利于语言听闻，并提出改进措施。例如，某作业以学校阶梯教室为分析对象，计算得出教室混响时间略高于最佳值的结论，进而从墙面材料布置和形状设计、顶棚断面形状及吊顶安装方式、门窗构造等方面提出设计策略（图 4）。

模块 3：虚拟仿真实验探究。该模块针对厅堂音质的混响设计，由于室内声环境模拟软件操作及参数设置较为复杂，学生不易上手，故依托国家虚拟仿真实验教学课程共享平台实施。实验平台中以三维厅堂模型为实验基础，通过对观众厅不同界面材料及构造声学性能变量参数的设置完成混响设计方案，让每组学生至少设计 5 个方案，通过多方案比选确定最佳方案。例如，某作业通过对侧墙和后墙赋予不同材料及构造设计出 5 种装饰方案，通过实验得出 5 个方案混响时间的比较结果（图 5），这一过程能够使学生自主、迅速地掌握厅堂音质设计的要点、流程、方法及技术调整手段。

模块 4：环境噪声模拟分析。引导学生运用 Cadna A 软件对群体空间室外声环境模拟分析，探讨环境噪声影响因素与声压级分布的关系。让学生选择某建筑群体作为研究对象，首先，对场地现状进行声环境

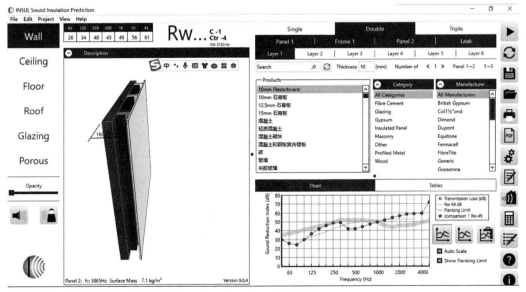

图 3　某构造的隔声性能分析

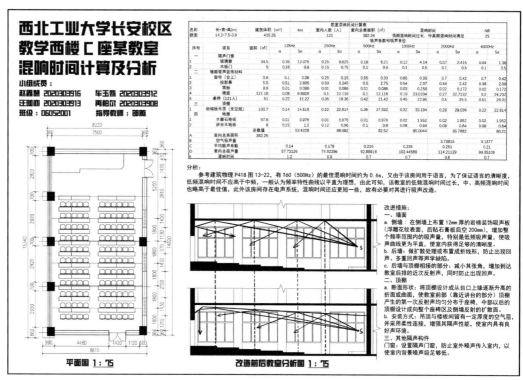

图4 某实景测绘计算评价的成果图纸

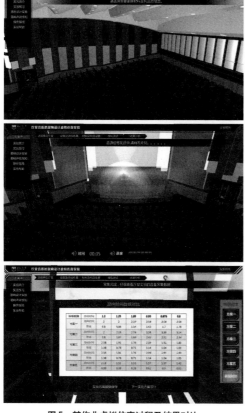

图5 某作业虚拟仿真过程及结果对比

分析，以等效声级作为评价指标，依据《声环境质量标准》GB 3096中对各类声环境功能区的环境噪声等效声级限值规定做出评价；其次，至少选择一种噪声影响因素（如平面布局、建筑形式、围合度、绿化配置、道路等级等），探讨其参数改变对室外声压级分布的影响。例如，某作业探讨了居住区南北两侧道路等级对其室外空间声环境的影响（图6），并根据分析结果提出了降低道路噪声对居住区影响的设计策略及政策建议。此外，这一方法也被应用到后续课程居住区规划设计的方案创作中，学生在居住区规划设计中确定了基本建筑布局之后，运用Cadna A软件模拟分析了有无绿化对室外声环境的影响，从而保证了居住区声环境满足标准要求（图7）。

模块5：声景观的漫步体验。该模块是在传统测试实验的基础上演变而来，根据学科前沿知识声景观的内容，将声压级测试与主观评价相结合，具体做法是让学生选择校园内3~5处位于不同功能区的活动/景观节点采集声压级数据，同步进行主观问卷调查，通过数据分析总结现存问题并提出优化策略。例如，某小组选择了校园中紧邻主干道、紧邻图书馆和宿舍区的3个代表性节点，开展了声压级数据采集、声漫步调查及主观评价问卷调查，通过数据统计分析诊断了声环境存在的问题，并提出声景观优化路径及设计方案（图8），该方案荣获第一届全国大学生声景设计竞赛三等奖。

3 结束语

融入"研究型设计"理念的教学方法已实施了两轮教学计划，并根据学生反馈意见逐步修改与完善。总体来看，通过分节点融入五个研究型模块，并借助实景计算、虚拟仿真、性能模拟等多元化手段，能够使学生充分了解建筑构造、空间、群体等各层面的声学问题及设计方法，并将建筑

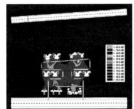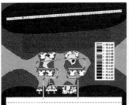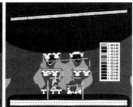

图6 某作业中不同道路等级对居住区声环境的影响分析

运用CadnaA软件进行声环境分析,分析结果如下:
方案一街坊内部分超过规定需求;通过加入绿化,可使整个居住街坊满足白天不高于55dB,夜晚不高于45dB的要求,保证良好声环境。

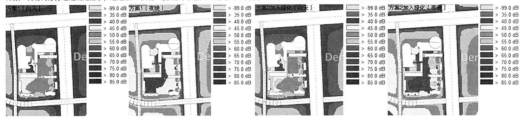

图7 居住区规划设计课程图纸中的声环境分析部分

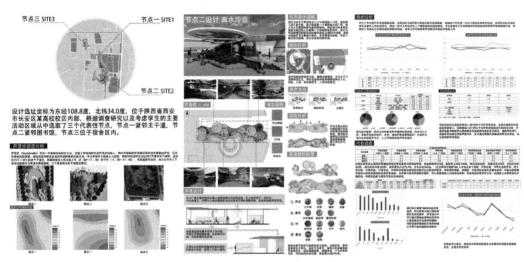

图8 某小组校园声景观设计方案的部分内容

设计指标与声学性能相关联,有助于加强学生对理论内容的理解。但教学过程中仍存在一些问题,如计算机模拟技术引入可突破传统实验在场地、设备和时间等方面的限制,但作为高阶软件对本科生而言上手速度较慢,且课时有限,如果考虑课上对学生进行软件应用指导,教学时间明显不够;学生在后续课程设计中虽然关注了声学问题并进行模拟分析,但多考虑的为单一变量影响,缺乏多因素综合效应的分析,分析深度略有不足。未来教学实施中将在软件操作、综合应用等方面进一步加强,调动学生高阶思维,促进学生自觉将建筑声学原理应用于设计创作,并探索与之契合的多元化考核机制。

参考文献

[1] 苏东峰.城市物理环境与人体健康[J].科技信息,2014(3):291.
[2] 中华人民共和国生态环境部.中国噪声污染防治报告,2022.
[3] 黄凌江,李中奇.开放式研究性建筑物理实验的教学探索与实践[J].高等建筑教育,2015,24(6):121-127.
[4] 张群,王芳,成辉等.绿色建筑设计教学的探索与实践[J].建筑学报,2014(8):102-106.
[5] 王春苑,欧阳金龙.建筑声学综合性实验教学的探索与实践[J].实验室科学,2018,21(2):118-121.
[6] 王春苑,欧阳金龙.体验式教学在建筑物理课程中的应用[J].实验室科学,2020,23(2):147-150,154.
[7] 岳思阳,李新欣.基于主客观分析方法的室外声环境实验设计[J].实验技术与管理,2023,40(3):82-86,112.
[8] 蔡阳生,江院生,刘凤轩等.新绿建标准下的建筑声学实验教学探索与改革[J].实验技术与管理,2021,38(11):208-211,242.

作者:邵腾,西北工业大学力学与土木建筑学院副教授、建筑系副主任;杨卫丽,西北工业大学力学与土木建筑学院教授、建筑系主任;王晋,西北工业大学力学与土木建筑学院副教授、建筑系副主任;郑武幸,西北工业大学力学与土木建筑学院副教授

适宜于建筑学学情的多维度融合式建筑结构课程教学研究

熊健吾　杨茜茹　张　埕

Study on an Integrated Building Structures Program Adapted to the Architecture Learning Situation

■ **摘要**：建筑结构作为建筑学的必修课程，既是建筑设计类课程的重要基础，又是建筑学学科与土木工程学科之间相互衔接的重要纽带。然而，源自于土木工程学科的建筑结构课程，其固有的强逻辑性、数理性特征，与强调综合性、创造性的建筑设计课程之间具有较大差异，且土木工程学科知识架构、教学方式等与建筑学之间的差别又进一步加大了两者之间的隔阂，造成了建筑系学生在结构课程上出现知识理解难、学习兴趣低等现状。因此，本研究通过对建筑学科与土木工程学科的学科体系对比，基于人才培养目标和教学特点进行学情分析，探索适应于建筑系学生的结构课程教学模式，提出多维度、多角色、多课程相融合的教学思路，以期为建筑学的结构课程教学方法提供支撑。

■ **关键词**：建筑结构；结构实践；教学模式；教改研究

Abstract: As a compulsory course of architecture, building structure is not only an important base for architectural design courses, but also an important link between the disciplines of architecture and civil engineering. However, the building structure course originated from the civil engineering discipline has strong logical and mathematical characteristics, which is quite different from the architecture discipline that emphasizes comprehensiveness and creativity. At the same time, the differences between the knowledge structure and teaching methods of civil engineering and architecture further increase the gap between them, resulting in low knowledge absorption and low interest of architectural students in structural courses. Therefore, this study explores the teaching mode of structural courses adapted to architectural students by comparing the disciplinary systems of architectural disciplines and civil engineering disciplines, analyzing the differences in talent cultivation objectives and teaching characteristics, and proposing the teaching idea of multi-dimensional, multi-role, and multi-curricular integration with a view to providing support for the teaching methods of structural courses in architecture.

Keywords: Building Structures; Structural Practice; Teaching Models; Teaching Reform Research

1 引言

在建筑学本科教育体系中，建筑结构课程作为基于力学课程的综合性课程，既是工程技术理论向建筑设计应用的延伸，又是后续建筑设计课程的重要前提与基础[1]。当今建筑学所开设的结构课程，是基于土木工程学科的"钢筋混凝土结构""砌体结构""建筑结构抗震"等相关课程知识要点，通过充分整合其技术原理形成的建筑学专业课程，其具有知识点密集、理论概念抽象、涵盖内容广泛、实践性强等特点，要求学生不仅具有深厚的理论基础和专业知识，还需要具备较强的工程实践能力[2,3]。然而，结构课程却不同于建筑学教学核心的设计类课程，其一方面在课时量排布、学生精力投入等方面都相对于设计课程更少；另一方面，相对复杂的数理推导与计算、较为抽象的理论与结构概念等又使得课程难度较大，学生在结构课程学习过程中普遍存在畏难情绪、学习主动性缺乏等现象[4,5]。同时，基于土木工程学科背景的结构课程，在实际教学中容易出现"重模型分析、轻实际联系；重解题技巧、轻规律总结；重定量计算、轻定性分析；重知识传授、轻表现手段"的一系列问题，从而进一步加剧了当今建筑结构课程教学的难度[6]。

针对以上问题，大量学者从课堂新技术运用、理论与实践结合、教学模式改革等方面开展了广泛研究。如侯学良等学者针对学生工程结构客观感知薄弱、实践经验缺乏、难以领会结构形态变化与破坏机理等问题，提出了基于BIM技术的教学展示策略[7]；李江等学者发现通过精细化设计的教学过程、环节组织及展现等方式促进学生自主学习，可有效提高教学任务的完成度[8]；陈天虹等学者提出了"重复的讲差别、烦琐的讲重点、常用的讲规律、抽象的讲实际、相似的讲典型"的教学理念，发现结合现场参观活动可以增强学生的学习兴趣[9]；占清华等学者采用PDCA循环法对案例教学进行调整改进，提升了学生知识点的理解与应用能力[10]；陶莉等学者针对学生基础薄弱和课时少等问题，采用"教、学、做、训、考"于一体的"4+1+1"整体思路，结合学习工作相互交替的"X+1"的教学模式，明显提升了教学质量[11]；大量相关学者从课程转化[12]、仿真实验教学[13]、课程思政[14]等方面也开展了诸多研究，均在建筑结构相关教学中取得了一定的成果。然而，通过对建筑结构课程教学相关文献的梳理可以发现，既有结构课程教学研究主要集中在土木工程大类专业，其教学方式和思维模式等主要针对土木工程教学体系和学生学情特点，并未针对以综合性设计训练为核心、数理基础相对薄弱的建筑学学生进行教改研究。结构课程需要如何改革才能更好地适应当今建筑学学科背景的学生群体，依然是值得关注的教学问题。因此，本研究针对建筑学学科特征与学情特点，从多角度、多学科融合的角度开展适宜于建筑学的结构课程教学模式研究。

2 学科差异下的学情分析——精准性数理推导与广泛性综合运用的矛盾

建筑结构课程的核心内容主要源自于土木工程学科，课程特性具有较强的工科数理性特征，其与强调多学科综合的建筑学学科相比，在人才培养目标、课程建设、知识体系构架等方面均具有显著的方向性差异。通过某"老八校"的土木工程学科与建筑学学科本科培养方案的对比可以看出：在土木工程学科中，专业课程的设置主要围绕"工程力学""结构力学""流体力学""土力学"等力学理论课程设置，并结合"混凝土结构基本原理""钢结构基本原理""结构动力学与抗震风设计"等工程应用课程，共同构成从理论分析到工程实际应用的课程体系，其人才的培养更注重"数学、自然科学、土木工程专业基础和专业知识等"的综合能力。而在建筑学学科中，专业课程的设置则主要围绕"建筑概论""建筑设计基础""建筑设计""城市设计理论"等设计相关课程，结合"建筑构造""建筑力学与结构选型""建筑环境物理"等技术应用类课程，构成"从设计技能到技术支撑"的课程体系，其人才培养更注重"自然科学基础、人文社会科学基础、建筑设计基本原理和方法等"的综合能力。通过以上对比可以看出，土木工程学科体系侧重于自然科学属性与数理分析，而建筑学学科体系相对更侧重于多学科基础与综合分析，两者之间的学科偏好差异性将导致教学设计层面出现明显区别（表1）。

土木工程与建筑学课程体系及学科特点差异　　表1

学科		核心课程	学科特点
土木工程	理论类课程	工程力学、结构力学、流体力学……	较强自然科学属性，强调数理性
	应用类课程	混凝土结构基本原理、钢结构基本原理、结构动力学与抗震风设计……	
建筑学	技术类课程	建筑构造、建筑力学与结构选型、建筑环境物理……	自然科学与人文社科融合，强调综合性
	设计类课程	建筑概论、建筑设计基础、建筑设计、城市设计理论……	

因此，脱胎于土木工程学科的建筑结构课程，其固有的"强工科"属性，对于习惯于多学科知识综合应用、注重设计表达的建筑学学生而言，在思维方式、知识体系、课程特点等方面则表现出适应性的不足。同时，由于结构课程偏重数理推导的特性，解题模式具有标准化特点，使得传统教学模式更偏向于"大班式"讲授模式，其与以设计课为主导的建筑学"师徒制"指导模式具有明显的不同。尽管近年来大量学者通过融入仿真平台教学[15]、STEM任务教学[16]、微课与翻转课堂[17]等新理念与新技术等开展了教学模式的改革，但教学研究对象并未涉及两学科之间思维方式以及教学方式之间的差异，因而在建筑学的教学中仍需要进一步解决这种差异所导致的学习效率不高、信心不足、学习兴趣低下等问题。

3 多维度的适应性教学模式探索

本研究基于两学科之间思维模式与人才培养方式的区别，围绕建筑学综合性思维特点开展建筑结构课程的教学模式改革，基于建筑学人才培养目标对建筑结构课程知识点排布进行重构，采取建筑学学生所熟悉的问题导向型教学方式，结合建筑学实践环节进行知识点的追溯，形成多维度的"理论+实践"建筑结构课程教学模式。

3.1 理论——知识广度与计算深度相结合的教学内容分布

在建筑结构课程理论知识方面，围绕建筑学的人才培养目标进行教学内容优化，以"重广度、强深度"的T形教学内容分布模式，提升学生的结构知识储备并培养其在建筑设计中结构原理运用的能力，使其具备与结构工程师沟通的基本能力。在教学章节设置方面，由于目前建筑院系的结构课程教材主要采用"十三五"规划教材《建筑结构》，其所针对的学生群体包含了土木工程学科在内的大建筑类学生，内容不仅包含了建筑设计所涉及的结构基础性概念，同时还有大量针对土木工程的结构计算内容。而对于以设计为主的建筑系学生而言，人才培养目标并不强调学生对结构构件的计算能力，且学生工作后在实际项目中的计算工作主要由结构工程师完成，若按照土木类的数理计算要求进行教学，对于数学基础相对较差的设计类学生而言难度较大，易形成厌学情绪。另一方面，建筑结构相关的知识作为建筑设计的基础，学生又必须对各类结构体系、材料特性、从设计到结构实施的全过程具有清晰的认知，以确保今后实际项目中具备合理选择空间形式以及与多工种相互配合的基本能力。

因此，面对当今理论课课时量缩减的整体背景，建筑结构教学改革根据两个学科人才培养目标的差异，对建筑结构课程教学内容的分布进行了整合，形成"T字形"教学内容分布模式。即一方面，在土木工程多门专业课程浓缩为核心知识要点的过程中，保留"钢筋混凝土结构""砌体结构""地基与基础""钢结构""木结构""建筑抗震设计"等知识框架体系以确保整体架构，使学生对各类结构的基本概念具有充分的认知。并且在各章节授课内容分配中，以结构的受力特性与原理的理解为重心，重点讲解各类结构形式的主要破坏方式、破坏过程、影响因素以及工程中常用的应对措施等内容，通过横向对比的方式进行知识点的综合串接，让学生对各类结构的特性、优缺点及其原因做到心中有数，建立系统性的基本认知，以便于在建筑设计中具有选择合理结构形式的判断能力。另一方面，为进一步增强学生在设计相关领域与其他工种的配合能力，将原土木工程学科需要重点关注的各类构件及结构体系的复杂计算进行"以点带面"的改革：在保留结构计算全过程的基础上简化需要考察的构件种类，即以代表性构件的计算替代土木工程学科中多种类型构件的计算。通过详细讲解"梁、板等受弯构件"的计算公式假定条件、所涉及各种公式的原理、公式推导过程、验算原因及验算方式等内容，完成对单一类型构件的计算全过程教学，让学生明确结构专业在面对实际工程时的计算逻辑和运作方式，初步建立起与结构工程师就专业问题进行沟通的能力基础。同时，大量简化"双筋梁""偏心受压"等其他环节的计算要求，教学过程中以原理对比进行替代，保持学生对结构复杂计算的信心与兴趣（图1）。

3.2 实践——基于实践构造过程的理论回归

建筑学作为应用为主的学科，在理论教学的过程中往往具有强烈的实践需求。当前建筑学五年制教学过程中的实践环节主要围绕古建测绘、设计实践等内容开展，增强了学生对建筑形态、尺寸、建筑构造及营造法则等方面的能力。然而当前建筑结构课程的实践环节却通常相对独立，往往脱离于设计课程体系之外，并且由于结构课程并非建筑学学科的主体课程，其相应的实践课时也远未达到土木工程学科的结构实践要求。在

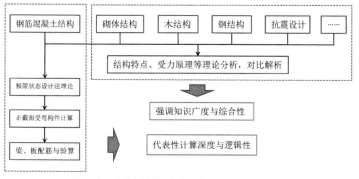

图1 知识广度与计算深度结合的T形教学内容分布

土木工程学科中，结构相关课程的实践环节主要通过具有较长周期的工地实习来完成，学生可以通过长时间接触工程一线施工现场完成从理论到现实的知识落地。而建筑学的结构实践总课时量相对较少，传统的结构教学实践方式因为实践时长的大量削减，往往沦为简单的"参观式"教学，导致了学生对知识落地的认知相对片面、对结构施工过程全面性概念欠缺，导致理论知识向实际项目的转化效果不佳。

针对上述问题，本研究结合建筑学学生的学情特点、本科教学课程进度以及结构课程需求，将建筑结构课程的实践环节与构造活动融合，形成从"方案设计—结构形式选择—实体结构搭建—综合汇报与理论回顾"的建筑学实践模式。并且在抗震环节中，基于学生在校亲身的地震经历，以第二课堂形式将结构课程中的抗震教学与建筑学领域的避难疏散相互结合，形成由课程知识向科研训练及知识科普的双向扩展，促进学生"知识学习—知识生产"的认知转变。

在实践教学环节，教学强调从建筑设计到结构设计再到构造检验的多层次教学模式，从而实现从理论到实践再到理论的回归。例如，在2021学年的结构实践课程中，学生以"应对疫情的户外小型空间"为题目，首先从建筑学角度出发提出空间的功能目标和需求，在此基础上通过查阅各类资料，选择与功能需求和空间需求相适配的结构形式，并对构造各环节进行综合分析与搭建流程的安排。最后，在造价与用材容积的双限定条件下，学生通过资料的再查阅与教师答疑，对自己设计方案进行实地搭建，并在汇报展示环节提炼出实践过程中所运用到的结构相关理论，最终实现"理论—实践—回归理论"的结构再认知过程。从目前已实施的结构实践课程的情况反馈可以看出，学生学习方式已从传统的"教师讲授知识点—学生记忆知识点"转变为"遇到问题—学习知识点—解决问题"的主动学习方式。同时，教学实践改革还发现，通过构造实践来反馈结构相关理论的方式，对理论学习较为困难的部分学生在改善学习态度方面具有更好的效果。在解决实际问题的过程中，往往该类同学更易于表现出其他方面能力的优势，在构造小组中个人价值的体现促进了其对结构类课程的学习兴趣与信心，并且实际构造中的"犯错"反而更能加深学生对理论知识的理解。如某小组根据其所设计的功能需求从悬索结构中提取构造灵感，方案设计虽然实现了空间围合的模型构建，但在实际构造中又因初期对结构知识掌握程度有限，导致了结构形变过大的问题；又如某小组围绕通风进行空间设计，却忽视了结构的抗侧力，导致风荷载较大时结构出现强度不足的问题。而诸如此类的小组均在搭建过程中又再次深入学习了课本知识，并查阅了相关资料了解其原理，实现了对结构知识的再认知的教学目标（图2、图3）。而在科研拓展方面，以学生亲身经历地震后的实际感受为基础，对防灾避难场所、人员疏散等建筑学相关领域的内容开展研究，以启发式教学让学生自发在学校探索与实验，以自己所学习到的专业知识开展初步的科研尝试，将初步成果用于科普教育及学生自制的校区避灾指南从而回顾地震相关知识，让学生在"学以致用"中强化对课程及学科的专业认可度，建立自信与专业责任感（图4、图5）。

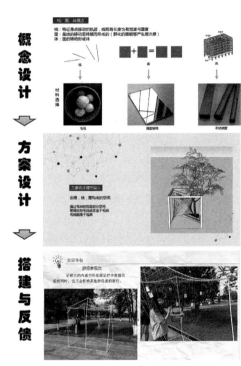

图 2　直播空间小组从设计到搭建反馈的过程

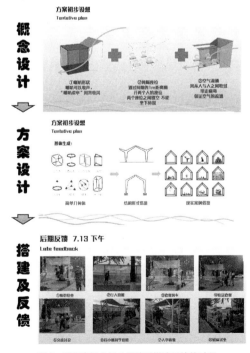

图 3　通风空间小组从设计到搭建反馈的过程

图4 地震专题拓展课堂学生绘制学校避灾示意图

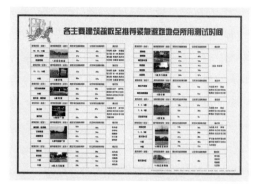

图5 地震专题拓展课堂学生疏散测试记录

4 结语

本研究针对土木工程与建筑学的学科特点差异，分析了建筑学本科教学中建筑结构课程适应性不足的问题，基于建筑学结构课程的学情提出了多维度融合式教学改革模式：以知识广度与计算深度结合的教学内容安排，提升建筑结构课程理论部分的接受程度；以建筑构造活动与建筑结构实践相结合的方式，从学生自我设计、自我搭建角度开展综合性实践，形成"理论—实践—回归理论"的教学闭环，强化学生对结构知识的再认知。通过以上教学模式的改革，在一定程度上提升了建筑结构课程在建筑学学生群体中的适应性，激发了学生对较为枯燥的结构课程的兴趣及学习信心。但与此同时，本研究在技术应用、多学科教师搭配等方面还依然存在不足，对于教学改革的实施还处于初级阶段，尚有大量需要优化的地方，因此还需要更多的学者开展相关研究，为我国建筑学教育提供更多的支撑。

注：本文由西南民族大学教改项目"阶段式融入构造实践的建筑结构课程改革研究"2021YB64支撑。

参考文献

[1] 方亮，杨敬林. 工程管理专业工程结构课程教学改革研究 [J]. 高等建筑教育，2013，22（4）：85-88.
[2] 闫宏生. 基于工作过程的《建筑结构》课程建设 [J]. 中国职业技术教育，2013（23）：64-68.
[3] 林拥军，李彤梅，潘毅，等. 线上与线下融合的土木工程专业课混合式教学研究 [J]. 高等建筑教育，2020，29（1）：91-101.
[4] 方张平，黄伟，高红霞. 基于技术技能型人才培养的"建筑结构"教学方法改革探讨 [J]. 科教导刊（下旬），2018（18）：130-131.
[5] 李琪，郭丽，刘方华. 浅析如何提高建筑力学与结构的课堂实践性 [J]. 黑龙江科技信息，2014（34）：238.
[6] 胡兴福. 建筑结构课程教学内容改革的探索与实践 [J]. 中国职业技术教育，2006（22）：30-31.
[7] 侯学良，杨思佳. BIM技术在工程结构课程教学中的应用 [J]. 高等建筑教育，2017，26（6）：129-132.
[8] 李江，韩荣. 建筑学专业微课体系建设探讨：以《建筑结构与选型》课程为例 [J]. 华中建筑，2020，38（3）：138-141.
[9] 陈天虹，李家康，马晓董. 对"高层混凝土结构与抗震"课程教学问题的探讨 [J]. 浙江科技学院学报，2005（1）：58-60.
[10] 占清华，赵代鹏，周艳清. 案例教学法在《高层建筑结构设计》中的应用研究 [J]. 教育现代化，2018，5（23）：273-276.
[11] 陶莉，戴庆斌. 高职《建筑力学与结构》课程教学改革初探 [J]. 成人教育，2012，32（9）：105-106.
[12] 陈希，程林. 基于工程设计的高中STEM课程设计与实践：以"建筑结构设计"课程为例 [J]. 现代教育技术，2019，29（2）：121-126.
[13] 蒋清清，曹国辉，陈东海，等. 应用型地方高校土木工程虚拟仿真实验教学中心建设探索 [J]. 实验室研究与探索，2018，37（2）：144-149.
[14] 范萍萍，马守才，赵永花，等. 建筑结构抗震设计"课程思政"教学改革探索 [J]. 高教学刊，2020（5）：133-135.
[15] 张锋. 基于仿真模拟平台的土木工程主干专业课程实践教学改革 [J]. 智库时代，2017（6）：29-30.
[16] 陈希，程林. 基于工程设计的高中STEM课程设计与实践：以"建筑结构设计"课程为例 [J]. 现代教育技术，2019，29（2）：121-126.
[17] 肖芳，王景梅. 基于微课的翻转课堂教学模式的研究与实践 [J]. 广东交通职业技术学院学报，2018，17（2）：82-84.

图片来源

文中图片均为作者及本教学改革课程的学生提供。

作者：熊健吾，西南民族大学建筑学院，讲师，博士；杨茜茹，西南民族大学建筑学院，讲师，博士；张埕（通讯作者）西南民族大学建筑学院，教授，博士

与人工智能协作和数字化技术应用的艺术教学实验研究
——以"创造形态：建筑学专业基础—艺术造型素描课程"为例

Experimental Study on Art Teaching in Collaboration with Artificial Intelligence and Application of Digital Technology—Taking the "Creative Forms: Basic Course of Architecture-Art Modeling Sketch Course" as an Example

于幸泽

■ 摘要：本文基于建筑学专业基础课"艺术造型"的教学实践，以"创造形态"为主题方向，在创意方法教学上增加了与人工智能协作和数字化技术应用的环节，进行了造型创意实验教学的分析和总结。充分利用学院现有的智能化实验教学平台和数字化教学设备，以与人工智能协作的"创新形态"和基于数字化技术的"创造空间"两种方式进行教学探索。以素描课程为例，分析了人工智能技术和数字化应用技术在创意环节中所承担的角色、任务，以及实践中的策略和方法。本文结合学生作品成果阐述了智能技术和数字手段有效地介入到艺术造型素描课程中，可以挖掘学生的创造性思维潜力，发挥艺术课程在设计专业基础教学中的价值和作用。

■ 关键词：创造形态；人工智能；数字技术

Abstract: Objective Based on the teaching practice of the "Art Modeling" basic course for architecture majors, with "Creating Forms" as the thematic direction, this article adds links of collaboration with artificial intelligence and application of digital technology to the teaching of creative methods, and analyzes and summarizes the experimental teaching of modeling creativity. Methods Make full use of the existing intelligent experimental teaching platform and digital teaching equipment in the college to explore teaching in two ways: "Innovative Forms" collaborating with artificial intelligence and "Creative Space" based on digital technology. Results Taking the sketch course as an example, this paper analyzes the roles and tasks of artificial intelligence technology and digital application technology in the creative process, as well as the strategies and methods in practice. Conclusion Combined with student works, this article expounds that the effective intervention of intelligent technology and digital means in the art modeling sketch course can tap students' creative thinking potential and give full play to the value and role of art courses in basic design teaching.

Keywords: Creative Forms ; Artificial Intelligence ; Digital Technology

一、引言

笔者2020年撰写了《再造形态：一门建筑学专业基础"艺术造型课程"实践与探索》[1]一文，经过三年的授课方法研究，再次深化了对"艺术造型课程"实验教学改革，继续加强"创造性审美体验"和培养"创造形态能力"的艺术造型教学理念，继续把学生的"创意思维能力"开发放在实验教学及课程改革的首位，运用智能化和数字化技术作为造型表现的协作工具，建构了艺术造型基础课程中的新型素描教学环节，适应了建筑学智能化和数字化建造的专业发展趋势，为学生后续的设计专业学习打下了良好的"媒介"认知基础，积累了创造形态的实践方法和经验。

艺术造型实验教学改革，是基于课程实践中对创新科技成果的运用。计算机辅助形态创造是艺术史中的伟大变革，是"计算机科学""材料科学""环境科学"和"设计艺术学""建筑学"及"心理学"等多学科领域跨界融合的创新技术和创作手段，从根本上改变了传统艺术的实践方法。人工智能情感计算（情感AI）的算法技术和数字化建模技术的运用，实现了高效和创新的艺术表达，以及从虚拟创意到实体创造之间相互转换的完美对接，为学生提供了先进的方法论和协作工具。随着人工智能技术和计算机科学的发展，人工智能和数字技术在艺术设计领域中得到广泛应用，这对我们目前已有的教学模式产生了重要影响。智能化和数字化的科技手段可以有效赋能艺术教学实验改革，让建筑美术教学呈现出崭新的时代面貌。

二、与人工智能协作的"形态创新"素描造型实验

1. 与人工智能协作的创意表现

确切地说人工智能（简称：AI）不完全是人类机器或人工机械，是具有"一定量"独立思考能力的主体和独立意识的"类人"他者，介于这种定性人工智能被称为：人工机器或智能机器人；就其目前功能发展来看属于"弱人工智能"阶段[2]。所以正确地认识人工智能是与人工智能协作进行艺术创作的重要前提。当下，与人工智能协作进行艺术探索成为热点话题，如算法生成艺术、AI绘画等，甚至在理念上和逻辑上试图让人工智能艺术的创作主体获得独立身份，以创造出别样的艺术形态；由于人工智能的"非媒介性"特性所呈现的创造性主体改变[3]，程序和参数改变将形成新的"不确定性"，甚至产生新的创造性逻辑和创新性意识，这已挑战了人类已有的艺术认知、经验、哲学和伦理。所以，人工智能通过深度学习，其情感计算功能使"机械艺术"升级成"智能艺术"[4]。人工智能的创意表现技术应用在艺术教学中，以"协作和应用"两种相结合的方式进行，在与AI协作和技术应用的方式上进行创造性思维拓展，让学生从多视角进行思考、实验和选择、决定，形成与人工智能"互动共生"的创意实践，体验"创造形态"素描表现的智能化手段所带来的多维度艺术表现情境。

在"空间再造环节"的基础上（图1），让学生试验与AI协作和技术应用的方法、手段。协作的过程是以AI为创作的主体，应用的过程是将AI视为形态创造的技术支持。这两种方式在最终作品的效果上存有明显的差异，因为协作生成的作品是没有预设性的，消除了人的干预；作为应用技术而创作的作品是AI和人共同完成的，有明显的人为痕迹和主观判断。我们采用了两者结合即先协作后应用的方式。首先，将环节一的素描作品输入给AI，用文本描述出主题、内容（主体和陪衬）、风格和特征，并同时输入历史已有的绘画风格名称进行"意向性"的导引[5]，不去预设固定的模式参数，进行多次迭代生成，然后再人为地优化迭代的结果，体验算法生成的新形态同时对多种表现风格样式进行遴选。其次，作品的表现主旨以素描为导向，进行素描表现和单色形式的延续，聚焦黑白灰、线条的生成和输出；最后，努力试验去除主观意念的风格化，在协作中主要遵循"异样空间形态"呈现为原则，防止AI在运算和生成作品时，将某种风格作为数据的来源，或调取已有的数据集中的某种风格，从而算成与"环节一"手绘素描毫无相干的表现语言。另外，文本的描述排序尤为关键，体现出协作者的意图、素养、判断和经验。这样的协作和应用的实验流程可以进行反复修改和无限次数的操作，这个过程能有效激发学生们对形态生成的好奇心和兴趣，突破思维定式，从实践中探索"新形态样本"所呈现的独特内容。

图1 教学环节一："再造形态"素描空间造型表现实践（手绘创意 课堂场景）

以手绘素描作为导引图像输入给AI，再描写原作品中未能表现出的内容或者协作者设想内容的词汇（关键词），让AI在提供的导引图和关键词下进行孪生拓展，这种界定和引导所进行的二次创意表达也可以称为"深化表现"，即深化了空间形态创造的表现力度，又成了原素描创意表现的有效补充。尤其是原有的作品中未能表现出来的创意内容，或者协作者在想象力受限的情况下由AI来补充完成，这种与AI合作完成的创意表现，可以使协作者在多次的合作实践中挑选出具有真正创新形态的新作品内容。与AI协作和技术应用还有一种方式，将作品利用"风格迁徙"的办法，把已有的现实空间图像处理成和自己作品相一致的风格。例如把收集的图像输入给AI进行风格转化，把照片（摄影）迁成和原素描创意表现一致的风格特征，形成具有继承和统一的特性，直接成为原素描创意深化的素材来源和补充内容。教学实践主要引导学生去协作和应用智能算法及程序的创造性功能，体察智能主体的算力性能和形态演化、生成和输出的过程，因此我们使用开源网站提供的数据集，减掉了学生自己编写代码的过程。因此学生是以协作和应用融合的身份进行智能化技术实践，但也可以确切地说AI参与了素描作品形态深化的创造工作。（学生与计算机互动场景如图2所示）

2. 主观经验和智能算法的媒介特性

任何时期的艺术创作和创意表达都离不开媒介的使用。自古以来艺术表现是以炭笔、铅笔、墨水、油彩、雕塑刀、纸张、画布等工具和媒材为主，但在大数据、云计算、5G信息时代的今天，屏幕、鼠标、感应器、传感元件和计算机建模软件、数据中心、数据集等在与AI协作艺术创作中，承担了重要的角色并成为不可或缺的媒介。随着物联网、传感器、遥感设备等新技术的兴起和应用，一切物体都可以成为媒介从而进行信息之间的相互传输，这将使人对外部的物质世界的感知更加全面、准确和透彻。为此，新形态的艺术创造所使用的媒介将直接影响到艺术样态的改变和表达的革新，信息和情感融入智能算法，实现图像和景观的精准输出，VR（虚拟现实）、AR（增强现实）、MR（混合现实）等媒介设备的使用，不但打破现实和虚拟之间的界限，还使观看艺术作品更具有临场化的沉浸体验，将传统艺术营造模式的平面化和永固性，立体和活化成全方位模拟场景供观众进行互动体验[6]。这样的艺术情景的改变和升级都源于艺术创作新媒介的使用，基于大数据和深度学习（Deep Learning）发展而来的人工智能，其自主性和运算功能在艺术表现中承启了重要的作用，也是媒介之间进行智能连接与互动的中枢。

图2 教学环节二：学生与计算机互动场景

泛媒化和万物互联成为智能媒体的特征之一，与智能媒体合作的艺术创作理念必然基于智能化媒介的特性，才能凸显其价值所在。西方的造型艺术自现代以来一直是创作者主观意念的判断结果；中国自古就是在以"人"为中心和"天人合一"的思想下，形成了"无形""超象""空灵"等主观的审美思想。无论西方还是中国，人都是审美判断的主体。因此，在智能技术没有出现和应用到艺术领域之前，艺术家的主观判断力是艺术作品创新的最重要的驱动力。但是，智能技术作为媒介应用引起了艺术创作者主观"赋能"效应，可以深切地影响创作者的知识、经验和判断，它所提供的"多感官"角度的"立体体验"，构筑了面向知识传播与学习活动的"立体知识观"[7]。而"立体知识观"下进行的造型创意和实践体验，大大地提高了智能技术协作下的学习效果，也提升了对艺术基础和素描表现的认识层级，更能激发学习者的创意思维和想象力的潜能。古往今来，艺术的目的或艺术家的意图是判断某件物质、某个概念是否是艺术的关键所在，所以"意图论"是基于人的直觉，也是主观判断而决定的；由此可见，智能技术提供给创作者的不仅是媒介和技术，还能影响创作者的意识领域，以及艺术的主观经验和判断。

2017年美国罗格斯大学（Rutgers, The State University of New Jersey）艺术与人工智能实验室联合脸书（Facebook）公司在原有的GAN（生成性对抗网络）的基础上重新设计,研发了名为CAN（创造性对抗网络）的艺术创作人工智能。创作型AI所绘制的画作通过了图灵测试[8]，从此诞生了AI艺术，也标志着作为理性的智能主体已经开始进入到了以感性为主导的创造型领域，一系列的创意成果，如绘画、雕刻、诗歌、著作等作品问世,体现出人工智能自主性的创造功能。但也有反对者认为智能主体反应的是人类的内容和情感，而非自身的认知和感受，认为机器创作的艺术品没有灵魂[9]。不可否认，人类社会对艺术评价的标准是基于人，认为艺术是人与社会互动的产物；我们不能片面强调人工智能不具备社会交往性，而忽视了智能算法和程序具有的创造性本质，尤其在协作中AI创造性地完成任务已经屡见不鲜，足以证明智能主体也是艺术作品创作主体的一部分，智能主体与人类艺术家是共生的合作关系。2016年名为《电脑写小说的那一天》的科幻小说，骗过了人类评审，入围日本微小说文学奖。由此可见，智能主体不但在视觉表达上有创造性，在逻辑推算上也具有了创造性的技术功能。我们的课程在与AI协作和技术应用中，始终恪守着尊重"智能主体"的协作应用原则，只有这样才能让创新形态跳出预设和已知的范畴，发挥智能主体的算力性能，真正地进行创新形态表达，也才能改善和提升智能技术的赋能效果。（人工智能参与创造形态的工作路径如图3所示）

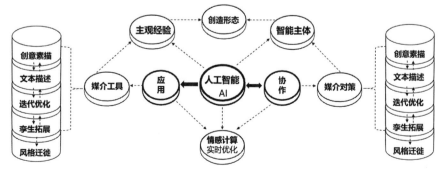

图3 人工智能参与创造形态的工作路径图示

三、基于数字化技术的"空间创造"素描表现试验

1. 数字技术支持下素描的时空与景观拓展

当下，无论是智能机器、计算机建模软件，还是数字图像、智能化图像模型介入都为新型艺术创作提供了技术支持。以数字技术和虚拟空间构成的数字艺术，给这个时代提供了全新的艺术语言。数字化技术和建模软件是数字艺术创作的前提条件，数字艺术是建立在计算技术上并以技术为核心的新型艺术，所以数字艺术具有开放性、交互性、集成化的特征，有别于历史上的任何一种艺术表现形式，已经成为新媒介艺术表现的重要组成部分[10]。计算机操作下虚拟的空间筑造、场景模拟至角色建构，都来源于对建模软件的操作和应用。数字艺术通过仿真技术不但可以达到传统的艺术效果，还可以使观众拥有跨越时空感的视觉体验。数字化创意手段和技术应用在素描造型、创新形态表现、深度学习体验、实验技能训练等方面都有显著的优势。以原有的创意素描为表现介质，计算机将其处理成数字图像，使用数字媒体和计算机建模软件，继续深化进行空间塑造和景观创建。从平面二维表现进入立体的全数字三维虚拟空间，将图像、空间、时间、声音、动作等多种表达融汇在作品中，进而使徒手绘制的传统素描再次创造性呈现在虚拟的环境中，并利用交互设备实现与现实情境中相同的感官体验。这样的学习使学生更容易消化所学的造型知识，数字技术介入造型艺术的素描教学的最大优势在于有效地弥补了传统媒材在互动交流、感官体验方面的缺陷和不足。

雕塑家罗丹曾说"素描是包罗万象的"，素描既可以表现空间也可以表现时间。但对于传统媒材的手绘平面素描而言，很难让观众直观地感受到时空的存在与变化。时空塑造是一种复合方式的表现和建构的艺术形式，目的是为了赋予空间场所在时间的变化中拥有精神的特质。建筑学家诺伯·舒兹（Norberg-Schulz）提出"场所精神"，"场所是一份对空间的最终情绪上的占有"[11]，"场所精神"可解释为区域的氛围和特征，也是"独立精神存在的空间"；对于学生而言，空间是认识素描的基础，光线的强弱变化、空间的纵深变换都将抽象化的时间形成了可视形态，推进时间的方法可以设想有一条无限向前延伸又无宽度的直线，形成一个可参照的时间轴，表现出动态路径中相遇的空间特征，没有时间的显现便不能建构成完整的"场所精神"；之所以强调"场所精神"，在于防止学生沉浸在虚拟空间中，脱离时间轴复制和推演出一些无意义的空间形态，因此，借助类似"时间轴"的框架工具进行描述、塑造和表达。数字建模软件具有的时间性功能正是对二维形态、三维空间和多维度特性及时间变化表现最便捷的造型工具。通过对空间和时间的塑造，真实并且充满层次感的素描意象便生动地涌现出来；此环节强调：在构造时空感的同时，加强片段的主体层次感，让复杂的空间切换后还应主次分明。

多维度的空间和时间再现表现出视觉语言的未知性、探索性，筑造了数字化素描中别样的"景观"，景观也是现当代艺术表现中常用的术语，景观是整体的"视觉系统"，是各部分之间的有机组合且蕴含着丰富的元素，形成了不同的深度、肌理、层次、聚合的群落形态，使创新的景观形态维护着与原素描表现结构的平衡、和谐的关系，并可以带领观众深入和接触景观。形态多样、层次多样的景观创建，能够更好地丰富所营造的新空间环境，弥补原素描作品中的空间想象力的不足，还能在一定程度上为观众带来视觉、触觉、听觉等多重感官的激发。景观不同于景象，更强调视界中的集合内容，形成了统一和具有个性风貌的整体视觉效果，这一点与传统素描"整体性"的表现要求和恪守法则是一致的。虚拟界面操作的景观中还包含了人和动物的活动场景。在数字建模技术的支持下，素描对景观的创建是集合图像（构图、比例、结构和形象）、影像（动作、过程、声音和对话）、光线（光位、光质、光亮度和光方向）以及观众与之的交互行为等创建成一个可限定的新型景观。深入塑造刻画时应做到有所取舍、突出整体。此环节，也是对数字化素描创意的审美选择和判断，要善于对建模技术的表现功能进行深入挖掘，使数字化的创意软件变为更人性化的造型表现媒介，形成富于个性且高效的创意实践体验工具。数字化技术应用素描创意教学下的学生作业如图 4 所示。

2. 造型语言和建模软件应用的融合与对策

数字化造型技术介入到艺术基础教学实践中，能达到事半功倍的效果。数字艺术的特有功能将给学生的创新思维方式和审美趣味带来深远的影响，而素描造型训练是艺术和设计表现的基础训练的主要课程，素描是提升观察力、拓宽想象力和提高表现力的造型手法，不能局限在技能或素养的单方面提升上，而是将两者相互结合，把学生的想象力发挥到更加丰富的层次；因为素描自身的黑白语言所表现的视觉强度和效应是其他艺术形式无法比拟的，因此，素描也是一种独立的艺术形式。现当代艺术界不乏艺术家将素描作为表现工具和语言，如南非艺术家威廉·肯特里奇（William Kentridge）的素描电影、中国艺术家孙逊基于素描的黑白木刻动画等。这些具有创造力的艺术家的素描之所以成为艺术作品，正是因为

图4 作品名称：《新生》 作品形式：VR虚拟现实／时长：90秒／格式：VR／所用设备：Oculus quest2／建模软件：Blender 3Dmax／作者：王萱 胡晓晗 韩隽永 朱思奕 陈虹宇 苏晓雯 杨斯羽

他们抓取了素描的本质特征，空间的想象和创造紧密融合黑白灰、线条、体积和结构，将素描表现作为一种独立的语言进行实验探索，结合了现代科技手段，将原内容活化并展现出独特的艺术风貌。这种素描实践无论在过程中还是作品结果都达到了激发观众想象力的目的，因此，也被称为"创作性素描"。创作性素描是不脱离素描特征的绘画艺术，是随着科技、观念、审美不断革新，以及艺术多元化的发展趋势而诞生出的，并有独特价值的新造型语言形式[12]。

造型工具的改变和升级可以表现出独特的素描形态，但并不意味着传统工具和方法成为过去式或变的没有价值。相反，手绘素描的造型基础能力决定着建模的质量和速度，而建模软件是深化形体塑造和创造形态更便捷的工具。数字化的形体塑造、空间组合和变异、场景创建和转换、运动匹配，以及各部分之间的比例关系、结构关系、强弱关系和主次关系等，也都依赖于传统素描的训练经验和储备的造型意识。常用的数字化的建模软件如：3Dmax、Maya、ZBrush、Blender、Cinema 4D及视觉特效制作Houdini六款软件，如能熟练地掌握和操作一门，那么其他软件则很容易上手学习，并且作品还可以由不同的软件共同完成，以实现最好的作品效果。手工艺和建模软件两者融会贯通使用，取长补短；传统训练要养成素描造型技能和深入的观察能力，这将影响到数字建模的品质。因此，绘画技能训练提升造型和观察的能力，而数字建模过程可以发挥想象力的潜能，两种造型实践学习方式相互支持、相互融通，让绘画思维方式进入到建模过程中，让建模过程衍生出的想象内容回应绘画创意。培养学生养成新型的造型艺术观，用现代计算机工具拓宽视野，用实践提升认知，从而提高自身的现代审美判断能力[13]。

作为经典的应用学科，让"素描课程"在设计基础教学中发挥更大的作用，以及为了使学生适应新型素描造型方法的教学，将课程划为"徒手绘画创意表达"和"智能与数字技术应用"两个课程环节。实验教学主要集中在第二个环节内容的设置，以建模软件为空间深化和形态创意的应用工具（画笔），以扩展手绘素描的空间内容和延伸空间创造的视觉元素为目标，遵循由简到繁、由易到难、循序渐进的数字化造型原则。教学中，聘请了校外专业数字艺术家参与课程指导，学生以6人小组为单元，增加了团队合作并确保教学能够在特定的时间段内顺利完成。课程中要求学生充分发挥建模软件功能，创建出基于原实体素描的数字化造型，在多维角度的视图中去创建虚拟形态，利用动态视图调整造型角度并在动态过程中体察形体的特征，及时修正不适的局部内容。交互设备的介入使用，建构出人与作品的交互环境，为造型实践提供了真实的交互性的实践场景，可以体验建模技术提供的空间样式、实时的三维形体和光线、阴影变化的计算功能，以及素描感的纹理贴图和特殊形态指令选择等应用功能[14]。交互式空间体验可以有效地弥补传统素描在互动交流方面的不足，是第一个"徒手表达"环节的创意升级。同时，展现出的互动趣味充分调动了学生的主动性，激发了他们的形态创造热情（图5）。

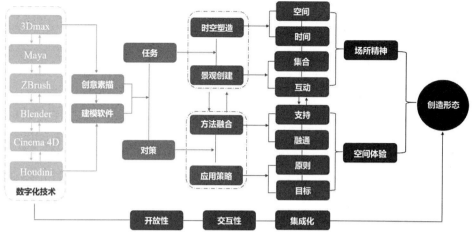

图5 数字化技术应用到素描创造形态过程的策略图示

四、结语

从综合实践运用的结果来总结，人工智能和数字化应用技术发挥了显著的作用。首先，极大地丰富了教学内容，智能和数字化的技术实现了物理空间与虚拟空间的有机融合，以人工智能技术为引擎，拓展成为创意手段表达的独特方式。其次，强化了创意表现过程，在智能和数字技术的支持下，学生造型意识、创意手段、工具认知等都得到了提升，并在此经验基础上优化了学习内容，丰富了学习过程，从而形成了智能协作和应用、数字技术介入和探索、重建以及分享的新型学习方式。最后，通过人机合作模式和数字建模软件的应用，为学生提供了突破造型技能表达瓶颈的方法，艺术课堂从"如何呈现"转变成为"如何创作"；加强了个性化表现的学习路径和学习目的，提升了表现形态的造型思路和创造形态的造型意识。

当下的信息技术革命必将给艺术教育带来前所未有的挑战。人的感性和计算理性相融合，为创新实践、艺术教学带来新的思维和理念，同时，也使创意思维能力在新型的艺术教学模式中，多角度、多方位地得到激发和提升，为未来培养新一代的艺术家和设计师提供超前性学习内容、训练机会。师生时刻都要保持灵活的思辨能力和勤奋的学习能力，以应对不断升级的智能和数字化设备。我们的实践教学始终高度重视新方式和新途径，以"科艺融合"的跨学科学习和发展的理念打破学科间的壁垒，培养大艺术和大设计下的跨学科、跨专业相互渗透的学习意识[15]。依托学院智能化和数字化的造型艺术实验教学平台（图6），关注最新的科技成果和应用技术，做到与时俱进，提升创新教学水平，以达到对创造性人才培养的教学目标。

（课程指导老师：于幸泽　王　威）

图6　同济大学建筑与城市规划学院 人工智能与艺术创研中心

附录1：课程环节与内容、实验工具、实践要求、学时分配及成绩依据表

序列	课程环节	课程内容	实验工具	实践要求	学时	评分依据	成绩类型
一	基于空间再造素描表现实践	空间想象素描表现方法	铅笔/纸张 画板/橡皮 相机/直尺	创意实践	3	1.独特性 2.准确性 3.丰富性	优：具备依据1.2.3项 良：具备依据任意两项 中：具备依据任意一项 差：不具备依据任何项
				造型特征	3		
				表现独特	3		
		空间塑造素描造型意识		设计个性	3		
				角度独特	3		
				自觉感知	3		
二	基于智能化或数字化应用技术的素描表现实践	形态创造人工智能技术协作与应用	人工智能艺术图像模型/计算机/智能化交互设备	主题明确	3	1.创造性 2.交互性 3.场所性	优：具备依据1.2.3项 良：具备依据任意两项 中：具备依据任意一项 差：不具备依据任何项
				智能协作	3		
				文本独特	3		
				语言协调	3		
				主观应用	3		
		形态创造数字化建模技术辅助与应用	计算机/建模软件/智能化交互设备/传感器	主题明确	3		
				塑造深刻	3		
				创建有序	3		
				风格统一	3		
				辅助应用	3		
总成绩	优	良		中			差
阶段分数依据	优+优	优+良/优+中/良+良		优+差/良+中/中+中			良+差/中+差/差+差

注：每学时45分钟/节。表01：课程环节与内容、实验工具、实践要求、学时分配及成绩依据表

参考文献

[1] 于幸泽.再造形态：一门建筑学专业基础"艺术造型课程"实践与探索[J].中国建筑教育，2020（2）：12-22.
[2] 谭力勤.奇点艺术：未来艺术在科技奇点冲击下的蜕变[M].北京：机械工业出版社，2018.
[3] 汤克兵.作为"类人艺术"的人工智能艺术[J].西南民族大学学报（人文社科版），2020（5）：182-187.
[4] 于幸泽.人工智能艺术中的情感计算模式及价值探析[J].美术，2023（1）：待刊.
[5] 高新民，付东鹏.意向性与人工智能[M].北京：中国社会科学出版社，2014.
[6] [加] 马歇尔·麦克卢汉（Marshall McLuhan）.理解媒介[M].何道宽，译.北京：译林出版社，2022.
[7] 权国龙.主体赋能：智能学习的多感官体验[J].华东师范大学学报（教育科学版），2022（10）：105-117.
[8] 图灵测试（The Turing test）[OL].图灵测试（科学研究实验）百度百科（baidu.com）.由英国人工智能之父艾伦·麦席森·图灵（Alan Mathison Turing）提出，指测试者与被测试者（人和计算机）在隔开的情况下，向被测试者随意提问，如果机器让参与者做出超过30%的误判，那么这台机器就通过了测试，并被认为具有人类智能。
[9] 刘润坤.人工智能取代艺术家？——从本体论视角看人工智能艺术创作[J].民族艺术研究，2017，30（2）：73-78.
[10] 李于昆.数字艺术：艺术与技术的融合与创造[J].南京艺术学院学报（艺术与设计版），2006（3）：148-149.
[11] [挪] 诺伯·舒兹（Norberg-Schulz）.场所精神：迈向建筑现象学[M].施植明，译.上海：华中科技大学出版社，2010.
[12] 付强.创作性素描艺术语言探索[D].北京：中央美术学院硕士论文，2018.
[13] 北京联合大学编.科学艺术 传承创新：科学与艺术融合之路[M].北京：电子工业出版社，2017.
[14] 雷雅琴.大数据时代基于3D数字艺术的设计素描课程前置教学探索[J].社会科学前沿，2021，10（2）：308-313.
[15] 国家中长期教育改革和发展规划纲要工作小组办公室.国家中长期教育改革和发展规划纲要（2010-2020）.[EB/OL]. http://www.moe.gov.cn/srcsite/A01/s7048/201007/t20100729_171904.html，2010-7-29.

图表来源

图1、图2、图3、图5：本文作者自绘；图4：王萱提供；图6：仲欢庆提供；附录表作者自绘。

作者：于幸泽，同济大学 建筑与城市规划学院，副教授，博士，硕士研究生导师，同济大学CAUP人工智能与艺术创研中心执行主任，设计基础学科组艺术造型实践教学课程负责人

结合参数化设计与美学素养的建筑设计课程的教学实验

万欣宇　朱宏宇　肖　靖　卢家兴

Teaching Experiments in Architectural Design Courses with Parametric Design and Aesthetic Study

■ **摘要**：随着社会生产与组织方式的智能化，对于数字建筑相关技术的掌握，也将成为执业建筑师最基本的要求。文章从作者与教学团队在对近年建筑学大三学生教学中发现的问题入手，通过对数字设计与参数化设计的理论基础和国内外教学案例的发掘和深入分析，以建筑设计主课程中进行的参数化设计小课题的教学实验成果为例，在如何发掘工科院校学生的艺术表现与对自然观察的能力、并结合设计技术的教学，以及培养学生之间的合作精神方面，都进行了有益的实验与探讨，以此期望培养出更加全面的且适应于未来变化的新型设计人才。

■ **关键词**：数字化建筑设计；参数化建筑设计；建筑设计与构造课程；实验性教学研究

Abstract: With the intelligentization of social production and organization, the technology of digital architecture become the most basic requirement for practicing architects. This paper starts with the problems found by the author and the teaching team in the teaching students in recent years. Through the exploration and in-depth analysis of the theoretical basis of digital design and parametric design, including the teaching cases at home and abroad. The paper takes the student works of parametric design in the main course of architectural design as example, discuss on how to explore the students' ability of artistic expression and natural observation, as well as the design technology and cultivate the spirit of cooperation among students. In order to train more comprehensive and adapt to the future changes of new design talents.

Keywords: Digital Architectural Design；Parametric Architectural Design；Architectural Design and Construction Course；Experimental Teaching and Research

引言

随着智能工业的兴起、工业 4.0 时代的到来，建筑工业也已经受到了方方面面的影响，并将最终形成一条数字建筑的产业链。其中将包含数字建筑设计、建筑构件的数控加工、施工与组装的自动化、建筑施工管理的数字与智能化等。而如同传统的产业链一样，建筑设计是这条产业链的上游，并贯穿始终。随着社会生产与组织方式的智能化，对于数字建筑相关技术的掌握，也将成为执业建筑师的最基本要求，甚至成为一种新兴的"数字工匠"[1]。从国际上建筑学院的教学情况发展方向来看，以计算机辅助建筑设计教学是未来建筑教学发展的方向之一。

1 关于建筑设计课程与数字设计技术的问题

在近几年建筑与城市规划学院建筑学本科生三年级教学的过程中，教学团队发现若干问题。一方面，学生在建筑设计课程学习中与自身的兴趣很难结合。一二年级课程中，学院已给学生安排电影、园林、美术、构成等多种艺术基础及修养的课程。但当学生在三年级面对更加复杂的建筑问题时，很难把手头上相对复杂的建筑设计与之前所学知识甚至是自己以前的创作取得联系。可是即便如此，学生的软件能力仍然非常有限，其设计表达受到较大影响。另一方面，在更加依赖电脑辅助设计之后，学生却越来越忽视以传统方式如手绘、模型等进行快速表达。同时，建筑设计的创新不能只局限于软件应用和设备的技术提升，在设计本身的操作与评判体系方面也应寻求技术创新。现状建筑教育中的显著弊端，在最受重视的形式设计方面，传统的教学形式无法满足培养具备更全面、系统的美学素养人才的需求，学生对空间的想象力和建筑形式的表达都非常有限。[2] 近年来学生更喜独处而缺少一些合作意识，而在新工科教育体系中，知识也不再是从教师到学生的单向流动，而是正成为多向传递与共享的讨论与合作环境。新工科的教育发展需要对数字虚拟事物与物理空间的实体事物的映射关系深入探讨，实现"虚拟"与"现实"的双向驱动。[3]

2 参考教学案例

以笔者研究生期间就读的维也纳应用艺术大学的 Diploma 教学系统为例，其核心设计课程分别由三位世界知名的建筑师领衔，组成三个工作室。这种组织架构与我院的纵向组设置类似，但具体到各个工作室之中，在教学方法和教师构成上有以下不同：

（1）每个课程设计由三个左右的学生合作完成，一个设计组往往同时包含老生与新生。但在最终的毕业设计中，每个学生需要独立设计并带领一个小团队共同完成自己的毕业设计。

（2）教师资源的组合也较为不同：历史上，工作室曾由像扎哈·哈迪德（Zaha Hadid）、妹岛和世、沃尔夫·普瑞克斯（Wolf Prix）①、格雷戈·林恩（Greg Lynn）②等这些活跃在设计一线的著名建筑师领衔，而大部分的教学任务则由常年在学院的几位副教授负责。各个工作室根据自己主持教授的设计和研究倾向，再配备具有不同专业特点的助理教授和讲师，具有比较强的独立性。

笔者认为其优势在于：

（1）在专业上，老生可以在各种基本技能上对新生进行指导。不同特点的学生可以在设计中发挥自己的专长，有利于培育其之后在实际工作中的合作与领导意识。同时，学生跨年龄分组能够加强学生之间的交流，特别是大学生仍然处在对于世界和自身认知的不断发展中，年轻学生在这种交流中能够更快地成长，进一步促进课程设计的推进。

（2）主持教授根据自身设计倾向安排教师构成，能够使各个工作室之间的差别更加鲜明，教学过程更加顺畅，使学生更好地掌握不同的专业技能并了解以后在工作过程中如何使用这些技能，如何分配自己的时间。比如原哈迪德工作室注重新型数字化技术与参数化编程在设计中的运用，因此会配备编程能力较强的教师，也强调渲染和动画等数字手段在最终设计成果里的表达。[4] 而原普瑞克斯工作室则注重传统设计手法和新技术的结合，在课程设计中非常强调实体模型的制作、手工与数字化等多种设计方法的混合使用，以及建筑结构的合理性，因而结构专业教师也是此工作室教学过程中的常客。[5]

再参考国内院校的教学情况。比如清华大学讲授非线性设计思想、参数化设计思想、建筑生成设计等内容的独立课程已开展多年。[6] 同济大学将数字技术、数字化设计方法引入在暑期、寒假或短学期开展的建筑设计工作营，如"数字未来"工作营，从 2011 年开始已举办了数届，且邀请了多位国际知名的在数字建筑方向颇有建树且具前瞻性的研究者或建筑师参与，最终的成果也体现出了令人印象深刻的教学深度和质量。[7] 而我院目前并没有将数字设计类的教学与建筑设计课程结合，参数化设计课程为选修课。

3 教学改革的理论基础

正如历史学家所表明的，社会中信息的增加与流通，让计算机的发明成为可能，而不是相反。技术的发展对建筑学的影响仍然涉及美学、结构、前期分析、建筑与人和环境交互可能性的变化，等等。[8] 从像格雷戈·林恩（Greg Lynn）到帕特里克·舒马赫（Patrick Schumacher）[3]这些建筑参数化设计的先驱和实践者们看来，在复杂性理论和参数化思维的影响下，建筑形态应该是受环境影响的有机体的一部分，而不是静态的或完全自治的实体。因此，课程中仍然强调学生的初始设计概念应来源于对于生活的观察和对需求的回应，而不是以技术为主导而变成单纯的炫技。

而随着大规模数据的记录和分析成为可能，正如Mario Carpo[4]指出的，通过模拟和迭代，其产生了一个巨大的、部分随机的、由许多非常相似的结构组成的语料库。例如，在建筑结构的设计中使用迭代数字模拟，我们可能会也可能不会察觉到我们正在调整的结构中固有或嵌入的某种模式、规律或逻辑——但这并不是问题：在电脑中通过制造大量的变体并进行结构破坏模拟，我们将会从中找到(出乎意料的)结构可行的方案。[9]

为了学生能获得更加专业的观点与知识，本课程邀请任职于扎哈·哈迪德事务所的资深建筑师进入授课与讨论环节。让同学们了解在国际顶尖的设计公司中，参数化工具是如何被运用来激发设计师的想象力、是如何帮助设计师快速验证设计想法、又是如何让数字空间中的虚拟形体转化成实在的建筑实体的。

3.1 对学生设计思路的开拓

在近几年的教学中教学团队发现，目前由于网络的信息爆炸，学生可以在各个专业设计网站、微博或微信公众号上获得最新的设计资讯，去资料室中查阅资料的学生越来越少。虽然学生的眼界在网络上得到了开拓，但又开始呈现出图像化、碎片化的问题，导致设计流于形式，而缺少整体的组织逻辑。因此，应当避免学生割裂地看待建筑形式、表皮、装饰元素、室内家具等，学生的建筑观的培养也较为重要，应通过训练，处理好感性审美与理性需求之间的关系。例如，安东尼奥·皮孔（Antonio Picon）[5]指出，随着技术的成熟，形式被提到优先位置，巴洛克式的复杂曲面形体成为参数化设计中比较流行的表现形式，然而这并不意味着新的极简主义不会在某个时候出现。但根本的不同在于，受到周围变化的环境的影响，建筑不能再假装是一种一成不变的存在。[10]而早在19世纪末，欧洲新艺术运动风潮中的艺术家就提出了总体设计的概念，甚至在巴黎的地铁站设计中应用到模块化的设计方式，这些观点现在同样被参数化设计思维所继承。

教学团队同时也发现，近几年的学生对于物质世界的感受在减弱，可能是由于在中小学阶段里手机、网络占据了太多的课余时间。进入大学建筑专业之后，虽然有美术课程一个学年的写生训练，但课时较短，与建筑设计课并没有有机的联系。很多学生将各门课程当作互相独立的任务，经对参与课程的学生进行问卷调查，半数以上学生认为美术课对建筑设计的学习帮助不大。因而，此次课程要求学生将美术课学到的知识运用到设计中来，并邀请学院美术老师加入教学，帮助引导学生并通过给出著名画作、雕塑案例来拓展学生的视野。设计过程中，学生将从不同的美学或自然层面中切入自己的设计。

3.2 软件教学方法

结合前面几点对于课程预设的要求，此次教改课题中参数化软件教学的目的不仅仅是为了学生能够制作出效果炫酷的表皮或是复杂的巴洛克形态，而是通过基于多种不同的建筑语言对他们的设计有更深入的帮助，比如结构受力、光环境模拟、风环境模拟、运动模拟等方式。基于预设设计条件，通过在参数化程序中设置变量来获得不同的设计形态，让学生对于复杂性理论和环境对建筑的影响有更加直观的体验。

而在软件教学中，在课程开始之前仅仅教授最基本的操作，各个学生对于软件的接受程度和学习速度又存在差异。因而在授课过程中，对于电脑编程技术较好或较有兴趣的同学能够脱颖而出。而分组的过程，也将这些同学尽量分配到各个不同的组。考虑到建筑相关技术的分工，程序编写可能在未来的建筑设计行业中也成为一种较为专业的分工。此次课程也希望通过这种方式，来探讨建筑设计师与软件编写者的一种可能的合作关系。

基于Mario Carpo对于模拟和迭代两种方式的描述，对于Grasshopper中插件的教学工作同样集中在这两个方面：对于模拟的方法，课程主要教授并利用物理模拟插件Kangaroo进行动态模拟，用来模拟自然界中的引力和风力等情况；关于迭代的方法，则利用Karamba插件对静态的结构受力、平衡条件等进行判断，再结合最优解工具Galapagos，寻找基于某一种逻辑下的几种（并非唯一）最优解，然后通过对其他要素的评估来进行设计选择。同时，基于不同学生的兴趣点，如循环插件Hoopsnake、光环境模拟插件Ladybug等，也根据学生的需求进行辅导。

3.3 合作与渐进的设计方式

由于在较短的时间内学生需要完成对软件的学习和运用，该设计课题以3个学生为一组，课程中要求以一位组员之前的建筑课程设计作业作为基础条件。由于大三学生建筑设计作业多半仍较为稚嫩，所以难免存在各种使用上的或是空间环境上的问题，而这种情况恰恰为此课题的开展提供了条件。设计过程为六周，每周两次课，按以下要点展开：

（1）分析所选组员的建筑设计方案的特点和存在的问题，并进行组内讨论。

（2）提出在此建筑设计中增加一个（室外或室内的）装置或者室内家具来改善原有设计作业的缺陷或完善室内功能。

（3）为设计寻找一个艺术作品作为形式原型定义出设计的性格或空间氛围。

（4）为设计寻找一个自然元素或力学特征作为构造原型和研究基础。

（5）通过手工模型制作，发掘材料的真实物理特征，寻找构造组合的可能方式。

（6）将设计原型转换到电脑三维空间并以参数化方式建模。负责程序编写的同学在软件助教的指导下编写程序。

（7）结合环境因素或限制条件，通过计算机的算力优势，以迭代或模拟程序寻找最优形式。

（8）对计算机提供的若干最优解回到手工模型中进行验证并进行讨论。

（9）确定最终设计并制作图纸。

（10）从学生作业中选择一个作品进行大尺度模型制作（利用假期）。

4 课程的开展与学生作业示例

学生首先从美术课所学到的知识中提取方案的艺术原型，根据学生的设计理念，可分为回应重力和回应自然两种主题。重力组主要基于力的平衡的原理等进行分析设计，如示例一体现了力矩平衡，示例二探究了张力网格内部的拉压平衡，示例三探究了力矩的平衡和预应力的应用。基于静力学的分析能使参数化生成逻辑更为合理，增加设计的可行性和表现力。回应自然组主要是根据光、风、雨等因素对建筑单体的影响完成家具的设计，通过设计的家具增加了建筑内部与自然因素的交互。如示例四改变了雨水影响建筑单体的方式，示例五改变了光线进入建筑内部的方式。总的来说，在参数化设计过程中重力组主要体现的是家具结构逻辑，自然组主要体现的是家具的功能逻辑。在设计过程中学生自行提出方案存在的一些问题，这样原有的建筑方案设计者可能在成为项目团队中的乙方的角色时作为项目设计的主导方，希望以此能够促进同学之间的讨论与合作。

4.1 课程作业示例一，平衡景框

"平衡景框"设计是书店单体设计的延续，从蒙德里安的画作中获得灵感，从中提取了视觉平衡的概念。"平衡装置"的组成有：景框、与框连接的杆组成的杆系统、铰接点、底座。基于力矩平衡的原理，设计大小不一的景框和长短各异的连接杆，使装置达到力学平衡。其主要解决的问题是每个分支与主杆连接的形式、框中的框景与建筑和室外景观的结合。学生通过使用Grasshopper进行数字模型的搭建，引入Karamba对模型进行力学模拟分析，再通过Galapagos遗传算法找到平衡的几种可能性。

推敲过程中，第一步，学生把十个景框赋予不同功能，每个景框都对应一种活动或景色。根据不同活动的需求调整各个框的大小、位置，进而确定其与支撑体系相连的结点。第二步，确定杆件形状。为了贯彻正交体系的设计，先在Grasshopper中设定算法生成杆的所有形态，再

图1 平衡景框组最终设计效果图

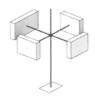

杆体系为空间体系，简化如图　　杆的中心有一个铰接点，整个体系可以绕着该铰接点转动，则存在达到平衡，而不转动的状态（可计算性）

图2 平衡概念与支点分析

示例作业中各组学生面临的问题与解决情况　　　　表1

作业名称	设计中面临的主要问题	参数化工具应用要点	与自然或人的互动方式
平衡景框	每个分支与主杆连接的形式，框中的框景与建筑和室外景观的结合	稳定体系的力学计算	展示台与取景框，与人互动
漂浮杆	上重下轻的形态如何平衡以及水平向受力	利用压力与拉力组件尺寸的差异	景观遮阳，与风和光互动
悬浮书架	书架各部位的尺寸与使用方式的关联，书架达到平衡时能否改变其负荷（书籍）再达到平衡状态	利用材料自身的抗弯性质	书架，解决室内高差较多不好利用的问题
荷叶伞	伞的材料性能的应用以及雨水汇集的路线和方式	利用材料自身的弹性性质	景观遮阳，与雨和风互动
流光散步	光线通过装置时能否改善室内的光环境，即增加更多的漫反射光，避免过多的直射光	通过电脑寻找最优形状	解决室内空间局部采光不足的问题

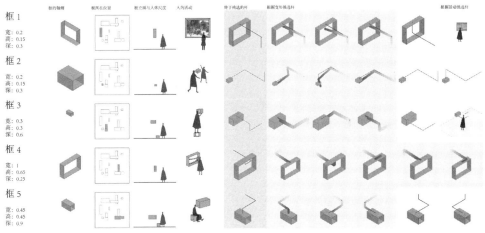

图 3　景框与支撑构件的连接与形式的力学分析

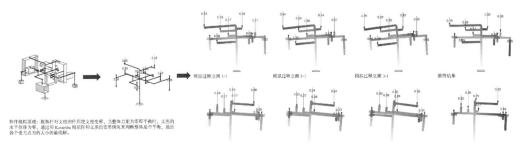

图 4　平衡景框组学生在 Karamba 插件中通过结构变形模拟寻找平衡形式

通过形变大小与活动主题筛选挑选出最合适的杆，最后用挑选出的十条杆组成杆体系。第三步，调整十个框的质量（框的厚度）使整个装置达到平衡状态。整个过程通过 Grasshopper 的 Karamba 插件模拟，通过 Galapagos 遗传算法找到最接近平衡状态下各个框的质量。第四步，计算所得的框与挑选好的杆体系形成一个整体，通过铰接与底座相连，最终形成平衡装置（表1，图1~图4）。

4.2　课程作业示例二，漂浮杆

漂浮杆这一方案的灵感来源于蒙特里安的画作《灰色的树》，以简洁的体块和明确的结构组织画面，呈现出一棵上舒展下收紧的树的形象。该作业基于连续张力网格内部应用受压构件的结构原理，令受压的细杆之间并不接触，形成一种杆件漂浮的状态。其主要问题是上重下轻的形态如何平衡以及水平向受力欠缺考虑。学生通过手动搭建模型学习张拉结构的原理，再进行数字模型的搭建。

推敲过程中首先对垂直堆叠结构单体进行模拟，验证结构和连接方式的可行性，再进行更复杂的搭接方式。第一步，在 Grasshopper 中区分装置中钢管和拉索的材料性能。对钢管设置刚性强度和预设的重力，对绳子赋予了预设的收缩势能（拉力）。第二步，进行结构模拟，分析变形情况以测试结构的可行性。用 Kangaroo 模拟后发现装置会受到重力和绳子拉力的影响而变形，故需在模型底部设定锚固点才能使装置保持稳定性。第三步，调试模型构件。确定好几个锚固点后再次用 Kangaroo 进行模拟受力，通过不同的颜色显示绳子的拉力数值范围，调整杆件和拉索的长短、粗细和各个单体之间的连接方式使拉索应力不超过该预设值。第四步，在装置的顶端悬挂重物维持平衡，以减少装置的锚固点。最后，推敲出只有三个锚固点的形态，形成上部舒展下部收紧的视觉感受（图5~图7）。

4.3　课程作业示例三，悬浮书架

该作业从书店单体设计的概念剖面出发，提取了吴冠中的画作《江南屋》中的意向，错落有致的书架形态似江南水乡绵延的屋顶。基于力矩平衡的原理，在书架的各个位置添加荷载使之达到平衡状态，如此书架仅通过放置荷载的方式就能达到平衡，使之与建筑没有多余的锚固点。其主要解决的问题是书架各部位的尺寸与使用方式的关联、书架达到平衡时能否改变其负荷（书籍）再达到平衡状态。

为了试验方案的可行性，学生通过制作手工模型和电脑数字模型两种方式模拟受力情况。制作手工模型时，选用 2mm 卡纸作为书架的材料，在设定好的点上放上砝码并观察模型的平衡情况，筛选出视觉上能够维持平衡不侧翻的模型，并记录放置砝码的个数。

图5 漂浮杆组最终设计渲染图

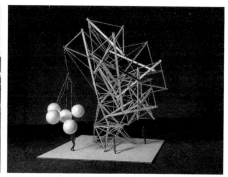
图6 漂浮杆组手工验证模型

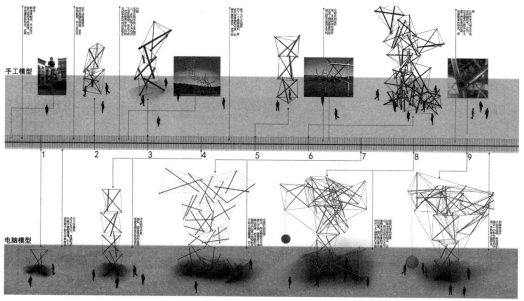
图7 漂浮杆设计方案演进过程

　　确定书架的形态后以手工模型实验为基础搭建数字模型。第一步，在Grasshopper中将模型简化为三角形空间网架，通过调整控制点的位置调整网架的拓扑状态。第二步，进行结构模拟，分析变形情况以测试结构的可行性。在Kangaroo中将不希望发生位移的点设置为锚固点，不施加荷载，利用杆件的弹性达到平衡状态。根据Kangaroo运行后网架的最终状态设置合适受力点，对受力点施加压力（垂直向下的向量），对比初始状态与稳定状态的形变，并记录压力数值，总结得出书架的形变方式和合适的承重范围（图8~图11）。

图8 悬浮书架组最终设计效果图之一

图 9　悬浮书架组学生平衡研究手工模型

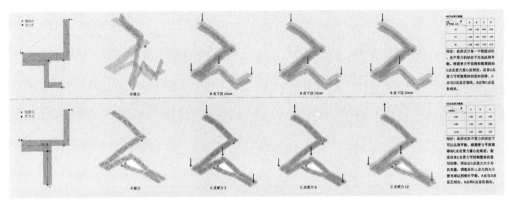

图 10　悬浮书架组学生在 Kangaroo 插件中模拟的不同形式书架的平衡状态分析

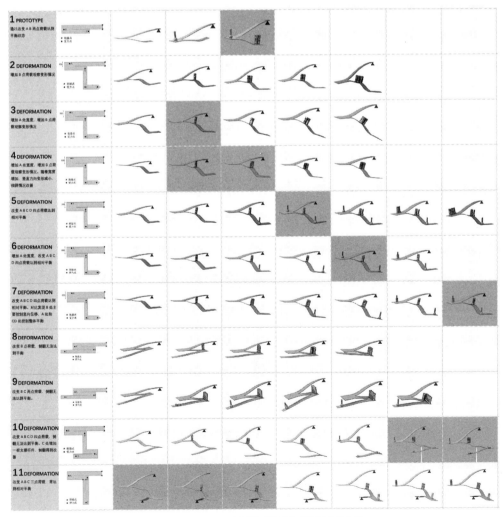

图 11　对于不同平面形式书架的平衡与悬浮状态的分析

4.4 课程作业示例四：荷叶伞

该作业参考了康定斯基的画作《Circles in a Circle》，以圆形和线条为元素综合考虑中庭功能进行设计。装置在雨天时，雨水会顺着整个系统分三线汇聚，最后落于地面金属材质的雕塑上，敲击形成不同音调的声音。伞面间控制受力倾倒的方向以及个体间的高差，使得接雨水的倾倒连成系统。其主要解决的问题是荷叶伞的材料性能的应用以及雨水汇集的路线和方式。

学生制作手工模型时使用了 0.5mm 厚的卡纸作为伞面，半径 1mm 的 ABS 圆管作为伞柄，通过浇水、吹风的方式模拟了下雨刮风的场景，观察并记录伞面的倾斜方向和伞柄的弯曲程度，并以此为基础搭建电脑数据模型。第一步，生成空间网架。在 Grasshopper 中六等分提取伞柄的曲线，并在等分点处生成与曲线切线垂直的六边形，再将每个等分点处的六边形的端点一一对应连接，得到伞柄的框架。将框架进行端点连接，得到三角形组成的网架，其中的顶点均为五价（每个点与五个点相连）。在伞柄曲线末端生成与曲线切线方向垂直的椭圆，挤出一定的厚度得到伞面。第二步，进行结构模拟，分析变形情况以测试结构的可行性。学生设置了固定数量的雨水颗粒并赋予其质量和重力势能，在 Kangaroo 中模拟雨水自由落体运动，通过观察雨水的汇集情况和伞柄的弯曲程度，对伞的位置、形状以及伞柄的长短粗细进行调整（图 12、图 13）。

4.5 课程作业示例五：流光散步

该作业从功能出发，在建筑单体的采光筒处制造一个采光装置，以达到控制光线入射范围的效果，从而优化建筑内部空间的采光效果，形状上参考了莫比乌斯环。该作业主要解决的问题是光线通过装置时能否改善室内的光环境——增加更多的漫反射光线，避免过多的直射光线。

第一步，生成圆环。整个装置呈环状，通过控制圆环的内外半径、圆环控制线的弯曲程度、缩放程度和旋转角度改变装置的形态。第二步，筛选光线。在光线进入到室内时期望能够得到尽量多的漫反射光，避免过多的直射光，根据这个原则筛选出一系列光线进入建筑的方式，从

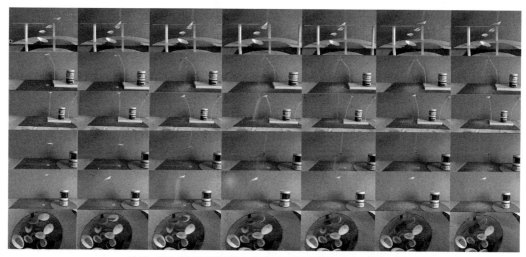

图 12 荷叶伞组学生利用沙子对设计原型的运动特性实验的视频记录

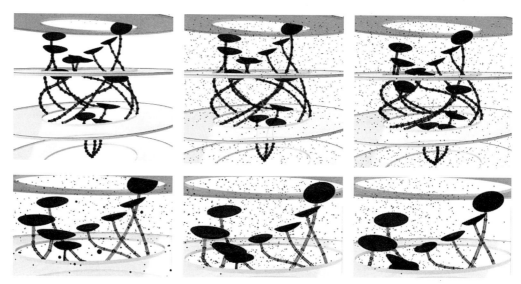

图 13 荷叶伞组学生在 Kangaroo 程序中对装置在风力和雨水下产生的运动进行的模拟

图 14 流光散步组学生的设计验证手工模型

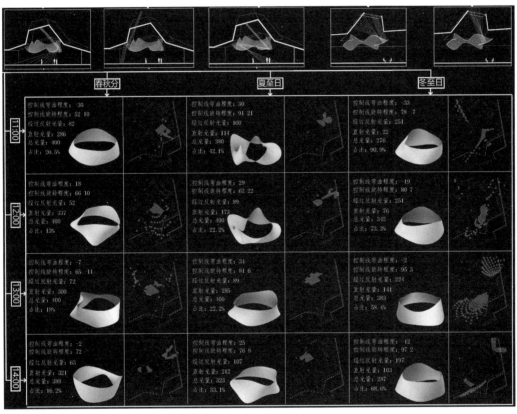

图 15 流光散步组学生通过 Grasshopper 程序模拟的不同时段日照下光线散射情况与形体变化样本

而筛选出多个装置的形状。第三步，筛选时刻。学生在 Grasshopper 中对各个形态的装置在不同日期（春分、夏至、秋分、冬至），不同时刻（11：00、12：00、13：00、14：00、15：00）的光线照射情况进行分析，记录下每种形状的装置的控制线弯曲程度、控制线旋转度数、经过反射的光量、直射光量和总光量。第四步，确定形状。最后，运用 Galapagos 遗传算法筛选最值，得到夏季遮阳效果最好、冬季进光量最大的形状（图14～图17）。

总结

经参与教师指导，较好地达到了课程预期教学目的，各组同学作品均能够跳出既有思维和设计套路，参考艺术作品并利用计算机来帮助思考，能够认识到建筑功能、艺术表现力、空间氛围、结构原理、建筑与人或自然环境的互动等方面的有机联系。各个小组的同学在较短的设计过程中提出了创新多样的概念构思，并成功利用所学的参数化编程软件和参数化设计知识按照合理的逻辑让软件自动生成了最终的设计

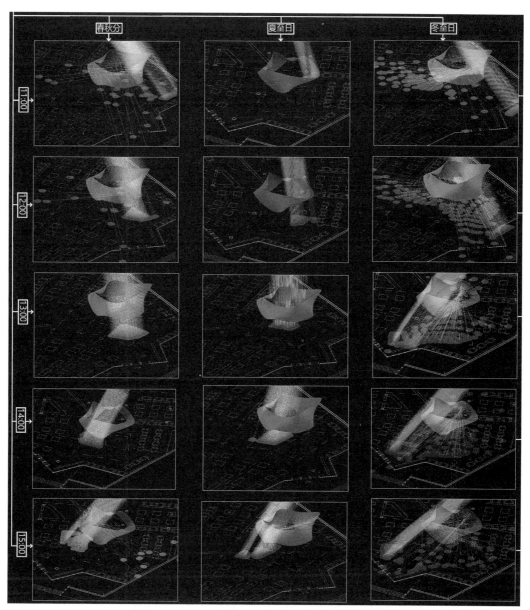

图 16 在软件中对 Galapagos 程序选出的最优形体进行不同日期与时段的散射效果验证

图 17 流光散步组学生通程序模拟的采光装置设计前后屋顶天窗采光照度与均匀度的分析对比验证图例

形态,既超越了传统的方盒子的样式,也没有流于曲线形体的盲目热潮中。但课程题目集中于建筑装置,对于建筑尺度的工作流的掌握,还需要学生在以后的设计课程中进行探索。

参与学生:关怡、陈文顼、钟修聪、冯乐乐、邓泳霖、林俊松、吴唯煜、刘帅勇、吴德君、范凌凌、蔡航徽、戴荣焕、庞文驰、高雨萱、黄泽龙、陈萱竹

教学团队:卢家兴(客座)、朱宏宇、肖靖、朱雄毅(客座)、杨镇源、温克寒

学生助教:曾南蓝、何友腾、闫兆亚

注释

① Wolf Prix 是奥地利先锋建筑设计事务所蓝天组创始人与主持，曾任维也纳应用艺术大学建筑学院院长。
② Greg Lynn 是 Greg Lynn FORM 创始人，在数字化建筑设计与教学领域具有开创性，现任加州大学洛杉矶分校建筑与城市设计学院的教授与维也纳应用艺术大学建筑学院教授，曾任耶鲁大学达文波特教席教授。著有《动画形式》等数字化建筑设计的理论著作。
③ Patrick Schumacher 是扎哈·哈迪德事务所合伙人，自 2016 年扎哈过世后开始主持事务所的运营工作。曾出版《建筑学的自生成，第一卷：建筑学的新框架》和《建筑的自生成，第二卷：建筑的新议程》等参数化设计理论著作。
④ Mario Carpo 是伦敦大学学院巴特莱特学院建筑历史和理论雷纳班纳姆教席教授。他是《印刷时代的建筑：建筑理论史中的口头、写作、排版和印刷图像》以及《字母表和算法》（均由麻省理工学院出版社出版）等书籍的作者。
⑤ Antonio Picon 是哈佛大学设计学院建筑与技术史教授。他教授历史、建筑和技术理论课程。其研究与写作涉及从 18 世纪到现在的建筑和城市技术的历史，出版《法国启蒙时代的建筑师和工程师》、《建筑中的数字文化：设计专业导论》等多部具有世界影响力的专著。

参考文献

[1] 袁烽，周渐佳，闫超. 数字工匠：人机协作下的建筑未来 [J]. 建筑学报，2019（4）：1-8.
[2] 袁牧. 建筑学的产业困境与教育变革 [J]. 时代建筑，2020（2）：14-18.
[3] 袁烽，赵耀. 新工科的教育转向与建筑学的数字化未来 [J]. 中国建筑教育，2018（2）：98-104.
[4] HADID Z，SCHUMACHER P. Fluid totality：Studio Zaha Hadid 2000-2015[M]. Basel：Birkhäuser，2016.
[5] BOLLINGER K，JANOWSKI-FRITSCH R，JONKHANS A，et al. Studio Prix University of Applied Arts Vienna 1990-2011[M]. Basel：Birkhäuser，2016.
[6] 徐卫国. 数字建筑设计作品集 [M]. 北京：清华大学出版社，2016.
[7] 袁烽，王祥."上海数字未来"暑期夏令营六年教学探索的思考总结 [C]// 黄勇，孙洪涛. 信息·模型·创作：2016 年全国建筑院系建筑数字技术教学研讨会论文集. 北京：中国建筑工业出版社，2016.
[8] PICON A. Digital culture in architecture：an introduction for the design professions[M]. Basel：Birkhäuser，2010.
[9] CARPO M. The second digital turn：design beyond intelligence[M]. Cambridge：MIT Press，2017.
[10] PICON A. Digital culture in architecture：an introduction for the design professions[M]. Basel：Birkhäuser，2010.

图片来源

图 1~ 图 17：均为参与课程的学生拍摄与制作。

作者：万欣宇，深圳大学建筑与城市规划学院，建筑学专业教师，助理教授；朱宏宇，深圳大学建筑与城市规划学院，建筑学专业教师，副教授；肖靖，深圳大学建筑与城市规划学院，建筑系常务副系主任，数字遗产与保护技术实验室主任；卢家兴，时任扎哈哈迪德建筑设计咨询（北京）有限公司设计建筑师

VR创新教学模式在课程设计教学中的应用——以图书馆建筑设计教学为例

徐 伟 沈 雄 汤宇霆 朱珍华

Application of VR Innovative Teaching Mode in Curriculum Design Teaching—Taking the Teaching of Library Architectural Design as an Example

■ **摘要**：虚拟技术具有沉浸性、交互性、构想性等特点，在教育领域广泛运用，其应用难点有：传统教学理念导致VR相关教学效率低下；技术门槛高，需要具有更高综合素质和技术本领的教师；教学设计有难度，没有完整的设计、交互和评价体系等。鉴于此，本文引入以学生为主体的教学理念和师生互惠的教学方式；提出结合新教育理念和VR技术的图书馆建筑设计的教学基础、原则和目的；以图书馆建筑设计教学为例，探索了新教学模式的教学流程和评价体系，形成了具有反馈机制的VR创新型教学模式，为同类教学形式提供可借鉴的模型。

■ **关键词**：以学生为主体；VR技术；图书馆设计；创新教学模式

Abstract: Virtual reality technology, which is commonly used in education, is featured by immersion, interaction and imagination. But to apply this technology, difficulties are met in the following aspects: first, its efficiency is affected by traditional ideas towards teaching; second, to fully apply this technology is demanding for teachers; third, a complete system for designing, interaction and assessment is required for teaching syllabus. To solve these problems, a new student-centered pedagogy which focuses on interaction between students and teachers is put forward in this paper. We have also put forward the teaching purpose, principles and foundation for how to integrate VR technology into library designing, and take that design as a example, we figured out a new set of assessing system and teaching procedure, established a new model for teaching by using VR technology with feedback system. That is how we set an act for teaching methods of a same kind to follow.

Keywords: Student-centered; VR Technology; Library Designing; Innovative Teaching method

基金项目：基于智能数字化的VR技术沉浸式教学改革研究——以建筑课程设计教学为例（项目编号：X202336）。

一、引言

VR技术具有沉浸性、交互性、想象性[1]等特点，克服传统教育环境的限制，增强学习体验感，实现情景学习和知识迁移[2]，激发学生的学习兴趣，是促进"以老师为中心"转向"以学生为中心"的重要工具[3]，在教学中应用广泛，并提高了学生的学习成效[4]。

VR技术在建筑课程设计教学中展现出沉浸体验、人本视角、动态决策[5]等优点。沉浸体验体现VR技术的沉浸性，激活设计者的感官，提升设计者的设计兴趣和能力[6]，提供远程的建筑虚拟现场调研平台，提供更真实的设计成果展示方式；人本视角是VR制图区别于传统建筑制图模式的特点之一，将建筑二维图纸和抽象空间可视化、经验化，改变了设计师设计的思维方式[6]，便于设计师进行空间设计；动态决策体现VR技术的交互性和构想性，使建筑方案模型按照需求实时调整，提升师生关于建筑方案探讨的效果和效率[7]。

VR技术在建筑课程设计教学中存在教学理念落后[8]、教学设计难度大、教学评价体系不完整[9]等问题。"以老师为中心"的教学观念，导致教师单向授课，学生被动学习，VR技术的学习效率低下[8]；VR技术在课程设计教学的融入，导致老一辈教师难以运用新技术展开教学，新教学流程急需探索[9]；新教学理念和新技术手段的引入，导致教学评价体系急需改变与完善[9]。

针对VR技术在建筑课程设计教学中存在的难点，本文提出VR创新教学模式。VR创新教学模式引入了"以学生为主体"[10, 11]的教育理念，梳理了基于教学观念的转变、教师综合素质的提升和学生主观能动性的提升的教学基础，提出了"学生自学为主，老师指导为辅""组外竞争，组内讨论""师生互动，创造知识""理论联系实践"等教学原则，明确了提高课堂效率、培养创新型人才和提高VR技术在课程设计教学中的适应性的教学目的，以图书馆建筑设计为例，设计了基于课前预习和调研、课上导学和讨论、课后总结和问答的教学流程，探索了学生自主评价和教师教学评定的教学成果及过程的评价体系，形成了有反馈机制的VR创新型教学模式，为VR技术在建筑课程设计教学中的应用提供指导。

二、VR创新教学的内容

1. VR创新教学模式的基础

VR创新教学模式产生的基础包含教学观念的转变、教师综合素质的提升、学生主观能动性的提升，其内容如表1所示。基于以上基础，VR创新教学模式才可能在教学实践中发挥作用并产生良好的教学效果。

教育观念决定教育行为[12]。从"以老师为中心"向"以学生为主体"的教学理念的转变促使教师和学生能接受新教学模式、产生新的教学和学习行为，带来更好的教学效果[13, 14]。因此，教师应向学生介绍"以学生为主体"的教学方式，和学生共同坚定"以学生为主体"的教学理念，促使学生主动学习VR技术理论和VR技术应用方法。

教师良好的综合素质是新教学流程持续进行的保障。教师的综合素养包含教学设计能力、心理素质、课程调控能力、广泛的知识能力[15]。教师教学设计能力体现在"情景创建""信息资源提供""合作学习的组织"[16]等学习环境设计能力和"支架式""抛锚式""启发式""自我反馈式"[16]等自主学习策略设计能力。教师强大的心理素质使教师心态良好，保证教学过程健康持续地进行，有效应对新教学模式带来的庞大工作量和高难度的学生差异化教学带来的压力。教师较高的课程调控能力帮助教师在课堂上应对学生讨论过程中出现的意外问题。教师广泛的知识能力体现在清晰的语言表达能力、深厚的教学理论素养、广泛的学科知识面和VR技术理论与实际操作能力等，其是教师的基本素养和能力。

学生充分发挥主观能动性是新教学模式产生良好作用的前提。为了提升学生的主观能动性，教师要处理好发挥学生主观能动性与尊重客观规律和客观条件的关系、处理好学生和老师双向主

新教学模式的基础的内容与作用 表1

VR创新教学模式的基础	内容	作用
教学观念的转变	"以学生为主体"的教学理念	影响学生、老师在VR创新教学模式中的行为
教师综合素质的提升	教学设计能力	创造良好的VR教学环境；提供自主学习策略
	心理素质	应对新技术和新教学理念带来的教学压力和难度，保证教学持续进行
	课堂调节能力	应对教学过程中学生提出的新问题
	广泛学科知识能力	保证教师进行常规的课堂教学
提升学生主观能动性	尊重教学规律	促进学生认识自身的思维和心理规律
	把握教学客观条件	为学生自主学习提供有利条件
	正确认识教师、学生双向主观因素	引导学生自主学习

观因素的关系[17]。首先，教师要正确认识和把握教学规律，关注学生的生理和心理发展规律，促进学生认识自己的思维规律和心理规律。其次，教师要在教学过程中明确教学目标，为学生的自主学习提供一定的帮助，给予学生真实的评价和建议。最后，教师要引导学生自主学习，及时纠正学生的错误，促使学生将以往的知识转化为现在的知识与能力。

2．VR创新教学模式的原则

VR创新教学模式的原则包括：学生自学为主，教师指导为辅；组外竞争，组内讨论；师生互动，相互学习；理论联系实践。VR创新教学模式的原则是指导教学流程、教学评价的基本准则，是VR创新教学模式展开的一般方法。

"学生自学为主，教师指导为辅"的原则是"以学生为主体"理念的体现，是贯穿整个教学流程的基本原则。学生接受老师引导，发挥主观能动性，自主学习VR技术的理论和应用方法，课前自主预习，课上自主学习，课后自主总结；教师适当指导学生的学习过程，课前提供VR技术理论预习资料，课上组织小组讨论、评价并指导学生的方案设计，课后解答学生提问、总结教学经验。

"组外竞争，组内讨论"的原则是学生自学的环境基础，是提高学生自主学习积极性和提升学生合作精神的方式。教师设计小组讨论的教学环境，促进学生小组间竞争，调动学习积极性；学生在组内设计学习进度、进行任务分工，合作解决课程任务，交流讨论VR技术的应用及设计成果，促进合作精神的形成。

"师生互动，创造知识"的原则体现了师生间的平等关系，激发学生的创造力和批判精神。教师课堂提问，解答学生疑惑，与学生共同探讨课堂知识、创造新知识。

"理论联系实践"的原则是教学的客观知识与学生的实际经验相结合，促进学生对知识的内化。教学过程中，教师将教学方案与实际相结合；学生将VR技术理论与VR技术实际操作详解结合，将图书馆设计规范、理论与设计实践相结合。

3．VR创新教学模式的目的

VR创新教学模式的目的包括提高课堂效率、培养创新型人才、提高VR技术在建筑课程设计教学中的适应性等。在提高课堂效率方面：新教学模式对课堂效率的提升体现在新教育理念和VR技术带来的课堂汇报、交流和讨论提升。"以学生为主体"的新教育理念使得学生自主吸收理论和经验知识，加快知识的内化；VR技术为实地调研提供新平台，为课堂交流和讨论提供新模式，为建筑方案的空间推敲提供新方式，提升了课堂教学效率。在培养创新型人才方面：新教育理念和VR技术带来的新教学模式符合我国"新工科"[18,19]的人才培养理念，打破了学科间的边界，促进传统工科专业和新技术的融合，带动了传统建筑学科的更新升级[20]，可培养出创新型、复合型人才。在提高VR技术在建筑课程设计教学中的适应性方面：新教育理念提升学生学习的积极性，减小教师的部分教学压力，使教师能投入更多精力进行VR技术理论的研究和教学。

三、VR创新教学前期状况

完成了大一、大二年级的建筑设计基础训练后，学生们具备了一定的设计思维和软件操作能力，为大三的课程设计夯实基础。在设计思维训练方面，学生进行了平面构成、立体构成和色彩分析等设计基础训练，积累了大量的手绘经验，对建筑体量、空间、色彩、光影和材料等有了深入感知能力。在软件操作训练方面，学生对CAD、SU、Lumion等建筑设计基础软件进行了系统学习，学会用绘图软件进行设计思维的初步表达，为大三的图书馆建筑课程设计奠定基础。

针对大三阶段第一个课程设计（图书馆建筑设计），三年级课程组制定了图书馆设计任务书、课程教学教案、课程教学安排和基础资料，结合线上教学和VR技术，提出了VR创新课程设计教学模式。首先，在基础课程教学资料上，新的课程教学模式将沿用传统的图书馆建筑理论教学资料，辅助学生对图书馆建筑类型、功能和空间设计的理解。其次，由于疫情影响，三年级课程组对大二、大三采取过线上教学与线下教学相结合的教学模式，得到了较好的教学效果，因此在大三图书馆建筑课程设计中将延续线下与线上相结合的教学模式。最后，由于建筑行业正处于转型期，大三课程组决定改变传统的设计教学模式，提出将VR技术和相关软件引入传统课程教学过程中，让学生提前适应建筑设计的技术性变革，增强学生的创新型思维。

四、VR创新教学模式教学阶段

1．课前预习阶段

在课前预习阶段，教师提供VR技术理论资料、Mars等与VR技术相关的软件资料（图1a）、图书馆的功能组成和设计要点资料，展开基础的VR设备与相关软件的操作教学（图1b），制定学生的预习目标，促进学生自主预习；学生根据教师制定的预习目标展开VR技术和图书馆方案设计理论资料的预习，自主梳理知识点，发现Mars等软件的操作难点和图书馆方案设计的重点。

2．虚拟调研阶段

在实地调研过程中，教师确定学生小组，提供经典调研案例及其位置，从图书馆的位置、场地设计、功能流线、造型设计和规范要求等多个

1a MARS 软件的 VR 操作课程教程

1b VR 设备的现场运用与教学

图 1　教程预习和调研

2a 图书馆造型虚拟现实调研

2b 图书馆阅览室空间虚拟现实调研

图 2　图书馆的虚拟现实调研

3a 草图方案汇报现场

3b 草图方案汇报案例

图 3　草图推敲及汇报

方面制定案例调研的具体内容，在调研重点处进行标注，促进学生认知到调研的目的；学生分小组根据老师提供的调研案例进行虚拟现实调研或实地调研（图 2a、图 2b），依据调研老师制定的调研目标制作 ppt，准备汇报。

3. 草图推敲及汇报

在草图汇报阶段，教师制定小组讨论，创造运用 VR 技术的小组教学环境；各小组通过虚拟现实建模共同探讨图书馆设计的难点和方法，列举出小组无法共同解决的疑问，以小组为单位询问老师，并派出小组代表进行草图汇报（图 3a、图 3b）。在方案修改的过程中，学生根据课上教师及同学的评价运用 VR 技术推敲建筑空间、体量和色彩等，修改并完善已有方案；课下教师运用 QQ、微信等通讯软件答疑，远程指导学生。

4. 成果展示阶段

在成果展示阶段，学生将图书馆建筑设计成果排版出图（图 4），制作 VR 漫游动画，在专业教室进行公开展示，供学生互相学习。设计成果也可结合学科竞赛，促进学生的积极性，推进新的教学模式。

5. 课后反馈阶段

在课后总结过程中，学生对图书馆建筑方案设计经验和 VR 技术运用经验进行总结，梳理现阶段方案和 VR 技术运用仍然存在的问题，向老师提出疑问；教师对教学过程和教学经验进行总结，并梳理学生图书馆方案设计和 VR 运用中存在的普遍问题，给出详细解答，供学生参考学习。

五、创新教学模式的效果评价

1. 教学效果评价体系

教学效果评价体系由两个评价主体展开，分别是学生自主评价和教师教学评定。学生自主评价是学生对 VR 技术对图书馆设计影响情况的主观感受的评定，其通过调查问卷及数据统计进行评价。教师教学评定是教师对学生运用 VR 技术的课堂表现和方案成果的评分，其包括课堂效果评价和方案成果评价。课堂效果评价是新教学模式对

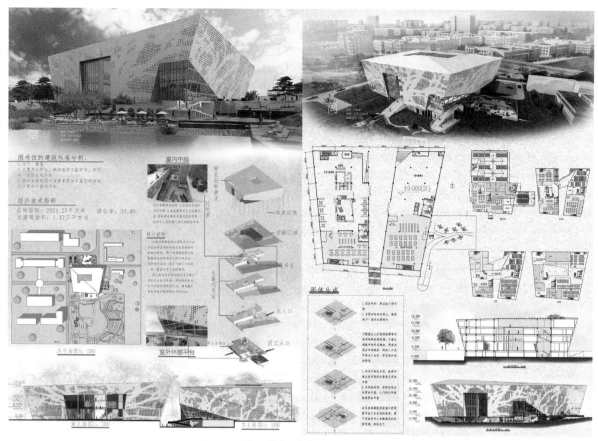

图4 学生设计成果展示案例

课堂效率、活跃度影响的体现,其包括调研汇报、草图汇报和小组互动等方面的评价;方案成果评价从图书馆设计的多个知识点进行评价,其包括区位认知、认识基地、总体布局、功能与流线、规范认识、建筑造型、空间氛围、对话场地、建筑细部、成果表达等。

2. 学生自主评价

在学生自主评价的过程中,教师依据VR技术在教学中的运用设计调查问卷,学生依据自身对VR技术的运用的真实感受填写调查问卷,并提出VR技术在与调研、汇报和方案设计相结合等方面的不足和修改意见。本次教学以图书馆方案设计教学为例,发放调查问卷300份,回收有效调查问卷284份,并根据问卷和数据统计绘制图表,如表2所示。

依据表2可知:VR技术与图书馆建筑课程设计教学的结合得到学生的普遍接受与赞同。大部分学生非常同意VR虚拟技术为调研、草图汇报、成果汇报、师生沟通和方案决策提供了帮助,少数学生同意VR虚拟技术为调研、草图汇报、成果汇报、师生沟通和方案决策提供了帮助,极少学生没体会、不同意或非常不同意VR虚拟技术为调研、草图汇报、成果汇报、师生沟通和方案决策提供了帮助。

3. 教师教学评定

教师教学评定以教学评价表为基础,以学生为主体,对每个学生进行课堂表现效果、方案设计成果的评分,其主要内容如表4所示。

在传统教学模式中的学生设计成果随机抽取300份,以表3中10个知识点为评分依据进行评分统计;在新教学模式中的学生设计成果随机抽取300份,以表3中10个知识点为评分依据进行评分统计(A、B、C、D、E分别计数为5、4、3、2、1)。将两次数据进行对比,绘制树状图,如图5所示。

学生自主评价数据统计 表2

项目			选项				
阶段		小项	非常同意	同意	没体会	不同意	非常不同意
课前	调研	VR虚拟调研提升调研效率	228	44	8	4	0
课上	草图汇报	VR技术提升了草图汇报的效率	238	34	5	6	1
	成果汇报	VR技术提升汇报成果效果	217	67	7	2	1
	讨论	VR技术提升师生间的沟通效率	220	61	2	1	0
课后	方案修改	VR技术提升方案决策效率	228	55	0	1	0

VR 创新教学模式教师教学评定表 表3

	评价项目	等级				
		A	B	C	D	E
课堂效果	调研汇报					
	草图汇报					
	小组互动					
方案成果	知识点1　设计主题符合场地氛围与特色					
	知识点2、3　场地设计（基地环境及功能分区）					
	知识点4　图书馆内部功能及流线的设计					
	知识点5　场地及内部功能设计是否符合规范					
	知识点6　图书馆建筑造型手法及形式设计					
	知识点7　图书馆阅览及展览空间氛围设计					
	知识点8　图书馆设计回应场地，是否对环境友好					
	知识点9　建筑纹样、构造节点和绿色措施设计					
	知识点10　图面表达（构图、制图完整及规范表达）					

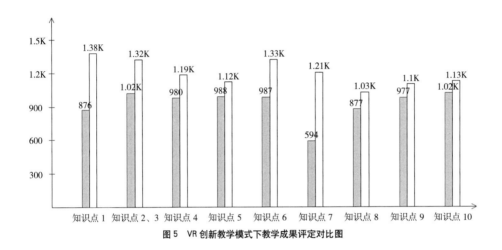

图5　VR创新教学模式下教学成果评定对比图

依据表1可知："以学生为主体"的教学理念和VR技术的引入使得学生的设计能力普遍提升，区位认知、认识基地、总体布局、功能与流线、规范认识、建筑造型、空间氛围、回应场地、建筑细部、成果表达等方面的评分均有提升，其中图书馆室内氛围的评分提升最大。

4. 学生优秀设计成果

该同学通过VR设备的运用，对图书馆建筑空间氛围、造型设计和细部构造有了更加深刻的理解，提升了设计图纸的效果与方案设计能力，图6为该同学的作品展示。

六、总结与启示

1. VR创新教学模式的框架

VR创新教学模式引入"以学生为主体"的教学理念和VR技术，依据教学基础、原则和目的提出了新教学模式的内容，拓展设计了新教学模式的流程，提出了新教学模式的评价体系。基于学生自主评价和教师教学评定，形成了反馈机制，对新教学模式的内容进行完善与补充，其框架如图7所示。

VR创新教学模式的框架是基于新教学理念和VR技术教学的模型，其可用于指导新教学理念下的VR技术在建筑课程设计中的应用。教育者在运用新教学模式时，要在实践中持有批判态度，对新教学模式的理论模型进行改良和优化，提出符合不同教学条件和环境的应对措施。

2. 研究启示

启示一：新教学理念和新技术的引入对教师的教学观念、综合素质和教学方法提出了更高的要求，同时也需要学生更高的主观能动性和自主学习能力。教学观念的转变是VR技术和"以学生为主体"的理念施行的前提，教师综合素质的提升和学生的自主学习能力的提升是保证新教学理念和VR技术的运用取得良好效果的保障。

启示二：新教学理念和VR技术与传统建筑课程设计教学融合，打破学科边界，提升了学生课程设计的水平，培养了创新型、复合型人才。"以学生为主体"的教学理念将课堂和教学的目的指向教学成果的展现和学生能力的提升，提倡学生将知识自主内化，增强学生的创新意识。VR技术引入课程设计，改变了传统设计教学的低效率、

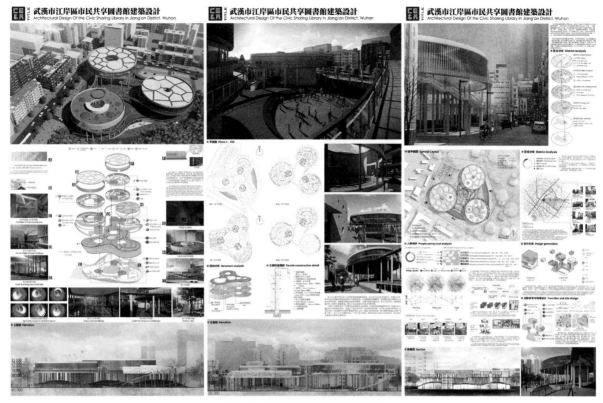

图 6　图书馆建筑设计优秀学生作品展示

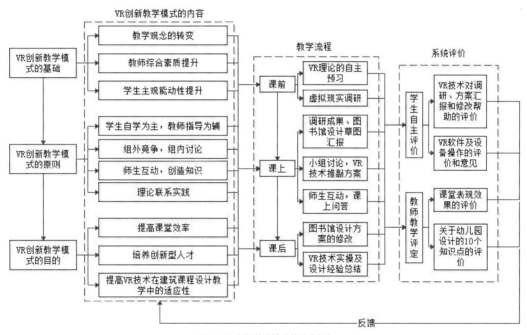

图 7　VR 创新教学模式的整体框架

难创新的状态，带动了传统建筑设计学科改造升级，培养了掌握新技术的创新性人才。

启示三：VR 创新教学模式切实引导了学生对新建筑设计方式的思维转化，提高了学生的自主学习能力、合作能力、创新能力、实际操作能力、新技术的适应能力和交流汇报能力等。VR 创新教学模式基于学生和教师行为的规范把控，促使学生"做中学，做中思"、相互合作、主动探索、总结经验和相互学习，引导学生对新技术背景下的建筑设计方式的重新认识和实践。

启示四：VR 创新教学模式是基于新教学理念和新技术的传统学科教学的改造模型，是具有反馈机制的理论体系，具有指导实践性和可更新性。本文提出的新教学模式适用于"以学生为主体"的理念和运用 VR 技术的建筑课程设计教学模式，对一般课程设计教学也有指导作用。该模型明确教学的基础、原则和目的，具有合理的教学流程和评价体系，具有实用性和可操作性。

参考文献

[1] 陈浩磊，邹湘军，陈燕，等.虚拟现实技术的最新发展与展望[J].中国科技论文，2011，(1)：1-5.
[2] 刘德建，刘晓琳，张琰，等.虚拟现实技术教育应用的潜力、进展与挑战[J].开放教育研究，2016，(4)：25-31.
[3] Ahmad，K，Bashabsheh，et al. The application of virtual reality technology in architectural pedagogy for building constructions - ScienceDirect[J]. Alexandria Engineering Journal，2019，58（2）：713-723.
[4] 周榕，李世瑾.虚拟现实技术能提高学习成效吗？——基于46个有效样本的实验与准实验元分析[J].现代教育技术，2019，(11)：46-52.
[5] 潘崟，颜勤，宋晓宇.建筑空间认知迭代——VR空间认知、设计、表达[J].新建筑，2020，(3)：65-69.
[6] Alatta R T A，Freewan A A . INVESTIGATING THE EFFECT OF EMPLOYING IMMERSIVE VIRTUAL ENVIRONMENT ON ENHANCING SPATIAL PERCEPTION WITHIN DESIGN PROCESS[J]. International Journal of Architectural Research，2017，11（2）：219-238.
[7] Hsu T W，Tsai M H，Babu S V，et al. Design and Initial Evaluation of a VR based Immersive and Interactive Architectural Design Discussion System[C]// 2020 IEEE Conference on Virtual Reality and 3D User Interfaces（VR）. IEEE，2020.
[8] 丁楠，汪亚珉.虚拟现实在教育中的应用：优势与挑战[J].现代教育术，2017，27（2）：19-25.
[9] 李勋祥，游立雪.VR时代开展实践教学的机遇、挑战及对策[J].现代教育技术，2017，(7)：116-120.
[10] Jong，Morris S.Y.，Shang，Junjie，Lee，Fong-lok，Lee，Jimmy H.M. An Evaluative Study on VISOLE—Virtual Interactive Student-Oriented Learning Environment[J]. IEEE Transactions on Learning Technologies，2010，3（4）：307-318.
[11] 单莎莎，张安富.教学理念的历史审视与价值定向[J].中国大学教学，2016，(2)：74-78.
[12] 董黎明，焦宝聪.基于翻转课堂理念的教学应用模型研究[J].电化教学研究，2014，(7)：108-113.
[13] Wang，ST，Zhang，DM.Student-centred teaching，deep learning and self reported ability improvement in higher education：Evidence from Mainland China（J）.INNOVATIONS IN EDUCATION AND TEACHING INTERNATIONAL，2019，56（5）：581-593.
[14] Michael，J. Where's the evidence that active learning works?[J]. Advances in Physiology Education，2006，30（4）：159-167.
[15] 谢文静，彭坚."以学生为主体"教学模式影响因素的分析[J].高教探索.2006，(4)：65-66.
[16] 何克抗.关于建构主义的教育思想与哲学基础——对建构主义的反思[J].中国大学教学，2004，(7)：15-18.
[17] 杨兰.学生的主观能动性：一种无形的教学载体[J].当代教育论坛.2013，(5)：39-43.
[18] 钟登华.新工科建设的内涵与行动[J].高等工程教育研究，2017，(3)：1-6.
[19] 刘吉臻，翟亚军，荀振芳.新工科和新工科建设的内涵解析——兼论行业特色型大学的新工科建设[J].高等工程教育研究，2019，(3)：21-28.
[20] 林健.多学科交叉融合的新生工科专业建设[J].高等工程教育研究，2018，(1)：32-45.

作者：徐伟，武汉工程大学土木工程与建筑学院院长助理，副教授，留俄博士，硕士生导师；沈雄，武汉工程大学硕士，中工武大设计集团有限公司工程师；汤宇霆，武汉工程大学硕士，工程师；朱珍华（通讯作者），硕士，武汉工程大学土木工程与建筑学院副教授，硕士生导师

1974年南禅寺的保护与修缮——兼论1970年前后（1966—1976年）我国建筑遗产保护的理念和实践

高 瑜　青木信夫

The Conservation and Restoration of Nanzen-ji in 1974—A Concurrent Discussion on the Concept and Practice of Architectural Heritage Conservation in China around 1970 (1966—1976)

■ **摘要**：南禅寺1974年的修缮工程是我国1970年前后（1966—1976年）最重要也是影响最为深远的建筑遗产修缮工程之一。本文试图以南禅寺的修缮工程为切入点，并结合同时期若干重点建筑遗产修缮项目，论述1970年前后我国的建筑遗产修复理念发展及修缮技术变迁。本文探索了该时期以"恢复原状""保持现状"和"整旧如旧"为代表的保护理念在当时的影响，以及以环氧树脂为代表的建筑遗产修复技术的发展过程等建筑遗产保护领域的相关研究与工作状况。

■ **关键词**：南禅寺；建筑遗产；保持现状；恢复原状；整旧如旧；环氧树脂

Abstract: Nanzen-ji's 1974 restoration project is one of the most important and far-reaching architectural heritage restoration projects in China around the 1970s (1966—1976). This paper attempts to discuss the development of architectural heritage restoration concepts and changes in restoration techniques in China around the 1970s, using the Nanzen-ji restoration project as an entry point and combining it with several key architectural heritage restoration projects of the same period. The paper explores the influence of the conservation concepts of "restoring the original state" "maintaining the status quo" and "making the old as it was", and the development of the architectural restoration techniques represented by epoxy resin during the period. This paper also explores the influence of the conservation concepts of "restoration" "preservation", and "restoration of the old as the old", as well as the development of architectural heritage restoration techniques represented by epoxy resin.

Keywords: Nanzen-ji; Architectural Heritage; Maintaining the Status Quo; Restoring the Original State; Making the Old as It Was; Epoxy Resin

本研究受国家社科基金艺术学重大课题"中国文化基因的传承与当代表达研究"（21ZD01），国家自然科学基金面上项目"近代东亚地区法国租界规划建设比较研究"（52178021）资助。

1 引言

1974年的山西五台山南禅寺大修，是1970年代最重要也是较为大型的修缮工程之一。[①]该工程的研究成果和修缮工程技术中，所体现的建筑遗产保护与修缮理念影响至今。与此次修缮有关的工作总结和研究较为丰富，祁英涛、柴泽俊发表的《南禅寺大殿修复》[1]和查群的《中国文化遗产的早期保护实践（一）南禅寺大殿两次修缮方案对比研究》[2]对南禅寺的发现经过及修缮方案制订过程有着详尽的记录。关于南禅寺的现有研究也较多，主要集中在形制材分、彩塑造像和修缮思想的探讨上，本文重点论述南禅寺的修缮工程，以探讨方案设计过程中体现的修缮理念和实际施工中的新技术应用。

在修缮理念方面，林佳、王其亨的《中国建筑遗产保护的理念与实践》[3]以南禅寺大殿和正定隆兴寺转轮藏殿修缮工程为例，探讨了20世纪60—70年代我国文物界对"保存现状"与"恢复原状"之间的关系认知；高天的《南禅寺大殿修缮与新中国初期文物建筑保护理念的发展》[4]分析了南禅寺1973年全面"恢复原状"的修缮尝试。这些研究也概述了20世纪70年代我国建筑遗产保护理念的发展由来，但并未结合时代背景作进一步探讨，且缺少对南禅寺修复工程所应用的新技术与时代背景相关性的详细分析。实际上，南禅寺的复原实践与20世纪70年代的特殊时代背景息息相关。本研究试图将南禅寺大修置于时代背景下，并结合同时期其他修缮工程，对该次修缮所体现的指导思想进行分析总结，借此以点窥面地反映特殊时期学界主流建筑遗产保护理念。

柴泽俊的《五台南禅寺大殿修缮复原工程设计书》[5]和《南禅寺大殿修缮工程技术报告》[6]记录了南禅寺落架大修的具体施工做法。该工程对四椽栿大梁的化学加固，亦是以环氧树脂为代表的高分子修缮技术在木质建筑遗产上的初步尝试，是古建筑传统修缮方式与新技术结合的重要探索。本研究还将以高分子材料在建筑遗产修缮中的应用作为线索，论述20世纪70年代前后这一新修复技术自试点实验逐步走向成熟的发展过程，以此探讨该时期建筑遗产修缮技术的进步与成就。

为详细论述以上问题，本研究采用文献考据、比较分析和案例分析等方法，以南禅寺修缮为主要案例深入探讨20世纪70年代前后建筑遗产保护理念及古建修复技术的发展。由于年代相隔久远且资料获取受限，因此本研究将结合古建筑保护专家文集、相关人员回忆录、国保单位保管所出版物以及中国文研院所藏档案等多方资料，进行综合分析总结，以求尽可能全面、客观、真实地还原特殊时期的建筑遗产保护状况。

2 1970年前后（1966—1976年）的建筑遗产修缮

1954年公私合营之后，我国建筑遗产修缮主要有以下四种模式：一是国家遗产机构主持并设计，交给当地工匠施工；二是"故宫模式"，拥有独立研究、设计和施工队伍；三是古建筑管理机构下属单位进行施工，缺少设计部门；四是文物保护单位所在管理处自行选择修缮单位。[7]1970年代前后，由于资金缺乏和人才队伍不足等因素，连故宫都只进行了油饰修缮等常规保养工程[8]，其他的国家重点保护单位保管所大多只能进行日常维护工作。这一时期的建筑遗产修缮工作，主要由文物局下属的文物保护科学技术研究所[②]（以下简称文保所）主持设计。由于文物局尚未彻底从政治运动中恢复元气，无力启动古建筑的全面修整工作，因此只得从价值突出、损毁程度和工程量大小三个层面进行综合评估，选择重中之重且工程量不大的建筑遗产开展修缮工程，南禅寺的落架大修便是其中最具代表性的工程之一。

南禅寺于1953年被发现时损毁严重，并在后代修缮中被歪曲了原貌。[③]1954年，祁英涛提出了南禅寺复原计划初步草案，并开始各方面征集意见。但限于资料不足等原因，当时进行了瓦顶补漏、迁出住户和补砌围墙等临时措施，未按照维修方案进行修缮。1972年11月，国务院批准《国务院关于云冈石窟、五台山南禅寺、洪洞广胜寺三处国保单位抢修保护计划》。次年，财政部直接拨给山西88.5万元用以抢修云冈石窟和南禅寺。[9]南禅寺的修缮由此重启，并在祁英涛和柴泽俊等专家的指导下于1975年顺利完工。

在同一时期得到修缮的建筑遗产还有河南洛阳奉先寺、山西大同云冈石窟、山西洪洞广胜寺上寺毗卢殿、浙江宁波保国寺大殿等。但广胜寺和保国寺的修缮工程均非落架大修，云冈石窟等石窟寺的修缮也更侧重于加固修复，所有工程里还是以南禅寺大修的工程量最大，影响最为深远。该时期文保所主持的全部建筑遗产修缮项目如表1所示。

总而言之，20世纪70年代前后文物局对部分国家文物保护单位进行了有选择性的"重点修缮"，南禅寺作为我国现存最古老的大殿，其修缮工程得到了足够的重视与关注。

3 建筑遗产保护理念

1966—1976年间的大型遗产修缮工程主要由文保所进行，相关专家学者、工匠几乎全部来自于文整会或其举办的培训班，因此保护理念高度统一。"不塌不漏"是普遍认为的建筑遗产保护基本要求，主要通过文物保护单位的日常性维护工

1966—1976 年间文保所修缮工程　　　　　　　　　　　　　　　　　　　　　　　　　　　　　表 1[10]

项目名称	开工时间	竣工时间
山东省曲阜市孔庙维修工程	1969 年	1970 年
炳灵寺石窟防水堤坝修复工程	1967 年 3 月	—
河南省洛阳市奉先寺大像加固工程	1971 年内	1973 年内
山西省大同市云冈石窟三年抢修工程	1973 年 9 月	1976 年
山西省应县佛宫寺木塔抢险加固工程	1973 年 12 月	1978 年
山西省五台山县南禅寺复原工程	1974 年 8 月	1975 年 8 月
山西省洪洞县广胜寺上寺毗卢殿修缮工程	1974 年 9 月	1975 年 7 月
浙江省宁波市保国寺大殿维修工程	1975 年 5 月	1975 年 12 月
新疆维吾尔自治区库车县库木吐喇千佛洞防堤修建保护工程	1975 年 4 月	—
河北省承德市避暑山庄外八庙维修工程	1976 年 1 月 14 日	1984 年

程实现。在遇到暴雨、地震等自然灾害导致建筑遗产塌漏后，各文物保护单位保管所立刻采取抢救性支固措施，向上报批后由中央或地方文物局牵头开展修缮工程。1961 年国务院发行的《文物保护管理暂行条例》（以下暂称《暂行条例》）规定，该类古建筑修缮、保养工程的原则应是"恢复原状或者保存现状"。[11] 20 世纪 70 年代前后虽然也颁布了一些文物保护的有关通知，如 1974 年的《关于加强文物保护工作的通知》等，但这些文件基本延续了条例的保护理念。④虽然无明文规定，但"整旧如旧"亦是该时期被广泛接受并应用的保护原则之一。以上原则，均在南禅寺修缮工程中得到了很好的体现。

3.1 "保持现状"与"恢复原状"

南禅寺在 1966 年的邢台地震中受到了进一步破坏，但当时仅于大殿内外支顶了十余根木柱进行临时加固，以此维持"不塌不漏"状态。自 1953 年被发现至 1974 年修缮工程动工的 20 余年里，南禅寺基本保持了被发现时的状况。这样做首先是为了保护文物历史信息，其次是经费、人力、物资和技术等一时难以满足需要。

在 2000 年的《中国文物古迹保护准则》提出文物建筑保护以"延续历史信息及全部价值"为最重要保护目的之前[12]，"保持现状"都只是条件不足时的折中之选，"恢复原状"才是古建筑修复的最高目标。《暂行条例》中"恢复原状或者保持现状"的文本先后关系，也暗示了这一点。1954 年南禅寺初版复原草案提出时，部分专家主张修缮复原，部分专家主张支撑保护。[4] 其中，刘致平主张在模型上进行全面复原，至于建筑本体则是"无十分把握时，不要轻易更动现状"。[13] 刘敦桢则"赞成寄来的（复原设计）原案"，但指出仍须"多多研究"。[14] 虽然专家们的建议不尽相同，但分歧点并不在于"恢复原状"这一最终目的，而是实现这一目的的可行性。当时学界对南禅寺的了解不够，现存的唐代建筑实物等参考资料也不多，还需要更多的信息及研究来支撑复原设计。

1973 年南禅寺修缮工程重启，该年 8 月杨廷宝、刘致平和祁英涛等 15 位专家⑤前往南禅寺进行考察并召开座谈会，会上对是否落架、结构加固和装修等方面提出了诸多想法，但并未全部实施。初版方案与最终采用的修缮方案中复原部分简要对比如表 2 所示。

南禅寺两版修缮方案对比　　　　　　　　　　　　　　　　　　　　表 2

部位	残损状况	1953 年初版复原草案提议	1974 年工程方案做法
台明	四周基台为砖石乱砌，无台明	未提及	台明按照基址复原；清代加建配殿拆除
柱子	现存 12 根檐柱，部分柱子有下沉和劈裂现象	仅提及方柱为原始式样，圆柱为后代抽换，未提到修复方案	方柱、圆柱并存，东南角一根因糟朽而按原尺寸替换
梁架上部	承平梁上置驼峰、侏儒柱、大斗和叉手以承脊檩	平梁上圆形侏儒柱为结构所需，参考檐柱改为方形，每边长随驼峰厚	驼峰、侏儒柱和大斗经考据为非必要构件，取消安装，用一根连接叉手底部的钢筋拉杆代替
檐椽	全部椽檩均为后换，椽槽朽三根，挑檐檩全部劈裂或槽朽，檐椽被锯短	按《营造法式》檐出椽径比和同年代建筑实物、壁画檐出与柱高之比两种方式推算	按出檐与台明关系，验证通过柱高计算出的出檐比，结果通过
屋脊	垂脊全倒换，大脊拔缝	综合《营造法式》规定和比例恰当考虑，正脊十五层瓦条，垂脊十三条垒砌	参考佛光寺东大殿，并按宋《营造法式》相关规定，正脊垒瓦条十五层，垂脊比正脊又减二层，为十三层
瓦件	残损约三分之二，且非唐代实物	现存件符合《营造法式》，故此殿亦用，勾滴纹样照旧	按照现存瓦件中最古的一种复制板瓦

续表

部位	残损状况	1953年初版复原草案提议	1974年工程方案做法
兽件	有鸱尾和正脊正中装饰，但非原制	鸱尾参考宋以前壁画、雕刻，正脊正中参考敦煌壁画用宝珠或火焰装饰，垂脊戗脊不施仙人走兽，仅在脊端用瓦刻兽面	鸱尾参考渤海国上京式样，通身平素，鳍条里圈加宝珠八枚，高宽尺度按殿身高度及一般唐代鸱尾比例；正脊正中未加装饰；垂脊按一般唐代式样采用兽面纹，戗脊头不施走兽
装修	门窗属元代遗物，在清代被拆改	拟拆除砖墙，按宋以前普通做法结合现有部分改制门窗	研究门钉孔旧迹，重做门窗，窗下部保留砖墙、条砖

对比两版方案可以发现，施工方案坚持了初版设计中的"恢复原状"思想，除侏儒柱后被拆除（图1、图2），原门窗未保留以外，二者各项做法大体相似。南禅寺复原工程的研究性与实验性十足，许多一开始的设想，如出檐深度（图3、图4）、门窗尺寸，均是在施工开始后得到充分的信息佐证并进一步设计的。脊饰虽然不能肯定是唐代时的原样，但也尽力通过唐代建筑资料和实物等进行推测，保持了外观形制和内部结构时代特征的一致。[15]

南禅寺大殿在修缮完工后，较好地恢复了唐代建筑的原貌（如图5和图6对比）。祁英涛先生为这项时间跨度超过20年的设计感叹道："……我体会到若没有对这座大殿20年的保存现状，就不一定能取得现在恢复原状的成果。"[16]也足可证明，保持现状是为了给恢复原状提供足够的考证信息，是经费不足时的选择，恢复原状是古建筑保护的最高要求和最终修缮方式。

但我国文物建筑数量众多，经费、人力、物资和技术等一时难以满足需要，对于文物建筑的研究和资料收集也尚不充分，实际条件决定了难以进行大量复原工程。1966—1976年这十年间进行的大多是修理修复工程，并基本以"保持现状"为目标。与南禅寺修缮工程同年动工的洪洞广胜寺毗卢殿修理工程，便以"保持现状"为原则，仅对基础尚存的台明和月台进行了复原，其他部件仅作加固处理，过于糟朽者亦是"照旧复制"，基本维持了元建明修的建筑风貌，保留了多层次的历史信息[17]（图7、图8）。次年进行的浙江宁波保国寺维修工程，也只是重做屋面并归正加固了木结构（图9、图10），并未"改变文物原状"。[18]

总而言之，除了其他修理修复工程，南禅寺修缮也在一些缺少根据的地方选择保持现状，大体上"恢复原状"的做法较为谨慎且灵活。比如柱子的选择上，并未盲目追求风格上的统一而将所有方柱换为圆柱（图11、图12）。而缺少据以全面复原的彩画，便放弃复原保留现状。可见此时虽然受到了建筑遗产复原理念的影响，但该时期的学界仍然较为注重遗产现状风貌的呈现。

图1　1974年修缮前的大叉手

图2　大叉手修缮后现状

图3　1974年修缮前的檐椽

图4　檐椽修缮后现状

图5 1974年南禅寺修复前

图9 保国寺大殿修缮前

图6 南禅寺修复后现状

图10 保国寺大殿现状

图7 广胜寺毗卢殿修缮前屋顶残损情况

图11 南禅寺西北角方柱现状

图8 广胜寺毗卢殿修复后现状

图12 大殿其他部分圆柱现状

3.2 "整旧如旧"

"整旧如旧"意味着，修缮后的古建筑应在色彩、光泽及时代特征上体现出与"年龄"相符的年代特点与外观效果。南禅寺修缮工程中对新换的木构件进行了断白做旧，使之与周围的旧有构件相协调。对于涂刷桐油带来的光泽度问题，当时唯一且有效的解决办法便是青粉擦磨，退光做旧。在时代特征上，南禅寺作为唐建大殿，其材契并不像宋代以后的建筑那样严格，相同构件和相对构件在规格和尺寸上并不完全一致。修缮工程中，除了砖瓦部分，其余必须复制更替的构件均按照了每个旧有构件的规格制作，并未简单使用同一尺寸。[5]

20世纪70年代前后，古建保护界基本理解并广泛接受了"整旧如旧"的观点，将其始终贯彻在修缮工程中。除了南禅寺修缮工程外，1974年广胜寺的修缮中，褪色油饰按隐蔽处尚存的余色重新涂制退光做旧，隐约可见的模仿旧迹绘彩，不施任何新图新色泽。在石质文物上，在加固时亦会考虑剔补材料色彩上的隐蔽性和协调性。1971年奉先寺的塑像加固工程和1966—1976年十年间其他石窟群修复工程里，都使用了同颜色的细岩石粉末调和模型粉溶液涂刷修补后的裂缝，以求和周围色调一致。调和漆比桐油带来的光泽问题更严重，毗卢殿设计说明里亦禁止了这一做法："……油饰断白和更新构件而复原彩画时，生桐油钻渗，熟桐油调色，矿石颜料敷彩，不得用调和漆代替"[17]。时代特征除了体现在材契上，亦表现在历史建筑施工工艺上。元代及以前的大木构组件表面大多以铁锛锛平，侧光下肉眼可见古拙的锛痕。柴泽俊在毗卢殿工程施工说明里强调，"旧构件外形锛、砍、刨等几种不同做法，是复制构件参照的唯一依据，禁忌把现代工艺手法用于复制构件上，混淆时代特征……榫卯的形状和制作，也要注意时代特征和手法"[17]。

3.3 历史信息的取舍

南禅寺大殿的脊饰修复并无足够科学依据，祁英涛先生也认为"结果是不理想的"，参考渤海国上京样式进行鸱尾设计是"不得已的情况下而采取的办法。"[19] 但并不能因此而认为当时的学界缺少对"真实性"的考虑。

虽然"真实性"一词进入中国较晚，但专家们还是凭借着对文物的敬畏与职业的本能判断尽可能地保护了古建筑的真实性，并保留了较多的历史信息。如除修缮前的勘察外，南禅寺大修的拆卸过程中亦强调对各种构件的测量记录和编号登记。南禅寺大修在材料的更替上也尤为谨慎，通过环氧树脂灌缝和铁活加固方式，基本保留了大木构。虽然大体上进行了复原，但缺少根据全面复原的西山墙元代彩画，也并未重绘而是保留了现状。而且同时期也只有南禅寺修缮工程进行了全面复原尝试，其他工程均以保持现状为主。

南禅寺大修本身也具有特殊性，其初版复原方案设计于 1954 年，与最终实施方案区别不大，一定程度上保留了 20 世纪 50 年代的保护理念。20 世纪 70 年代的其他建筑遗产修缮项目，已经注意到了对建筑周边环境和附属文物等的保护，并强调没有足够依据不进行复原，尽量使用原构件，如南禅寺和保国寺尝试用树脂灌浆技术加固原构件以免替换，保国寺中当心间换下的阑额改作次间使用等。

讨论南禅寺的复原工程时，不应脱离当时的特殊时代背景。1970 年起，我国开始实行"文物外交"，1972 年中央下发《国务院关于云冈石窟、五台山南禅寺、洪洞广胜寺三处国保单位抢修保护计划》，并派出杨廷宝和刘致平等 15 位专家前往山西考察。在针对云冈石窟保护的座谈会上，专家们反复提到了开放之后的参观需求，并对当时"古为今用"的指导思想提出了各自的理解，可主要概括为群众所用、历史唯物主义教育作用和外事工作中的宣传作用等。关于南禅寺的座谈会则更侧重于具体的工程实践做法，但也提到了针对乘汽车这类参观方式的流线设计。⑥由以上信息可推知，南禅寺的复原设计一定程度

上较为关注参观需求，强调其作为唐代典型古建筑代表实例的史证价值。该方案还可能同时考虑到了当时人民群众朴素的审美观，和法国"风格派修复"等在国外广为接受的修复理念及审美倾向。

此外，由于认知上的时代局限，20 世纪 70 年代前后的建筑遗产修缮工程并未对清代的历史信息给予足够的重视。南禅寺修缮工程中直接拆除了清代加建在原台明上的伽蓝殿与罗汉殿，外檐露明构件上的清代彩画也被"一律刷掉不予保留"，广胜寺毗卢殿也没有保留清代增建的花栏墙。

4 修缮技术的进步

在 20 世纪 70 年代前后，文物保存学尚未成为一门独立学科，文物保护工作总体而言是被动且传统的。但 20 世纪 50—60 年代，钢铁、塑胶等国内重点工业领域取得了较大发展，这也为修缮材料提供了更多选择。比较典型的是，我国的建筑遗产修缮中开始了对高分子材料应用的尝试，南禅寺修缮工程便是其中一例。

4.1 我国高分子修缮技术的发展脉络

实际上，20 世纪 60 年代起，运用现代科学技术保护文物便是文物部门关注的重点方向。

进入 20 世纪 60 年代后，古代建筑修整所⑦陆续和中国科学院化学研究所、北京地质学院和北京师范大学化学系等机构达成合作，先后开展了甲基丙烯酸甲酯用于石窟寺裂隙灌浆粘结和岩石与木构建筑文物的封护加固等十余项研究。[20] 与此同时，古代建筑修整所还在云冈地区开展了多项关于"石窟围岩裂隙灌浆加固""残断浮石的归安粘接"和"岩石表面封护"的实施实验，所尝试的材料从丙烯酸酯类逐步扩展到环氧树脂类。[21] 由于"丙烯酸酯类"高分子材料使用不方便，现场工艺过程复杂⑧，进入 20 世纪 70 年代后，中国科学院广东化学研究所提供了改进思路，使用环氧树脂－糠醛－丙酮－胺类体系⑨作为灌浆加固材料。[22] 在石窟围岩裂隙的重要部位，还结合了工程锚杆进行辅助支撑，有效解决了灌浆加固料的渗透有限和老化等问题。1971 年开始的奉先寺九尊大像加固工程中便应用了灌浆锚固技术，锚固强度较好[23]。

继环氧树脂在加固石质建筑遗产上取得卓越成效后，1973 年的木构建筑南禅寺大殿的修缮工程也引入了这一材料，既提升了劈裂构件的力学性能，又减少了工程中更换构件的数量。研究人员继续尝试了其他树脂材料，其中不饱和聚酯树脂具有优越的机械性能，价格也较环氧树脂更为低廉（二者性能与价格的对比如表 3 所示）。

1975 年，文物工作者对多年来深受蚁害的浙江保国寺大殿进行了修缮，以环氧树脂作为主要

1974年两种树脂的价格与各项性能对比　　　　　　　　　　　　　　　　　　　　　　　　表3

项目	307号不饱和聚酯树脂	环氧树脂
价格（kg/元）	7	17（以6101号为例）
抗拉强度（kg/cm²）	100	650~850
抗弯强度（kg/cm²）	548	900~1200
抗压强度（kg/cm²）	1708	1100~1300
抗剪强度（kg/cm²）	—	150~300
抗冲强度（kg/cm²）	4.5	10~20

粘结材料、不饱和聚酯树脂作为中空部分的灌注料对内部被蛀蚀但表层仍完好的东山北平柱与后檐东次间阑额进行了实验性的化学加固。与南禅寺不同的是，保国寺修缮工程试图用高分子材料进一步取代传统铁活加固。与铁箍相比，保国寺所用的玻璃钢箍（图13）不仅能起到打箍加强的效果，且不易因木材的胀缩而松弛，还与传统建筑颜料有着良好的相融性，容易做旧断白[24]。

图13　东次间阑额新换榫头及两头的玻璃钢箍现状

本次工程可以总结出，无论是从经济还是工期角度考虑，化学加固方式都较传统加固有优势。此后，山西应县木塔、浙江天宁寺大殿和湖北玉泉寺大殿等处都应用了树脂灌注加固技术，经工艺和配方的不断改进后，该方法在20世纪80年代成为加固中空木构件的一项主要措施。[19]

然而需要注意的是，虽然科学技术和理论的进步，为20世纪70年代前后的古建修缮提供了新的方向和便利，但这些技术也有着时代的局限性和未能解决的问题。如环氧树脂虽然不需要铁活加固便能粘结较大碎裂面的断石，但和传统工艺一样会留下较深颜色的缝隙，需要预先留好位置，再使用乳胶或白水泥掺原色石粉补平。不饱和聚酯树脂浆液使用时存在安全隐患，且其交联剂存在毒性。而且，化学材料的老化也并不是一时便能预见的，需要在较长时间内持续进行观测。

4.2　南禅寺修缮工程中的环氧树脂应用

我国建筑遗产当中木构建筑存量较大，因此古建筑修缮中，对于木构件的维护和修复是我国建筑遗产修复的重点课题。对于劈裂程度较轻的木构件，传统上往往采用胶进行粘补灌注，并辅以竹钉贯固或铁箍加固等手段。南禅寺殿内两根四椽栿早已劈裂弯垂，使用这类传统技术加固已经不能满足力学性能。但是若是直接替换掉有宋代墨书题记的四椽栿，既不利于原建筑物的"纯度"，又损失了原构件的史艺价值。针对这一问题，文物工作者们创新性地引入了高分子技术，对残损情况各异的不同构件进行了加固。由于当时对化学材料的性质了解程度有限，修复人员还结合了铁活加固的传统修复方式，以防环氧树脂随着时间变化失去黏性，南禅寺不同木构部位的具体修缮措施如表4所示。

除了以上木质构件，南禅寺修缮工程还对大殿西山墙上残存的壁画进行了化学加固。起初文物工作者尝试使用酒精漆片进行壁画粘结，但南禅寺所在地段地势高，且土质干燥，房屋用具条件差，酒精漆片风化太快，粘结效果达不到预期。[5] 此时，国外已经有了一些高分子加固壁画的成功实践。如日本自1913年起便开展了将树脂应用于壁画修复的研究，陆续使用了copal树脂、脲醛树脂、丙烯酸树脂等高分子材料。进入20世纪60年代后，还出现了使用N-羟基尼龙修复古埃及墓葬壁画和15世纪欧洲采写本颜料的报道。[25] 南禅寺修缮中，文物工作者也尝试采用环氧树脂对壁画进行了粘结加固，其具体加固工序如下：

刷1号化学液体一道固化泥壁，抹2~3mm

南禅寺不同部位加固方式　　　　　　　　　　　　　　　　　　　　　　　　　　　　　表4

加固部位	环氧树脂使用	铁活
四椽栿	灌注环氧树脂加固，并与缴背梁粘合成拼合梁	西栿两道束紧，东栿四道铁箍
折断构件丁栿及部分斗拱（东北、西北两角的鸳鸯交首拱及个别小斗）	环氧树脂等配比粘结	丁栿和鸳鸯交首拱当时即用铁箍一至二道，其他构件临时用绳索固定，（环氧树脂）凝固后解除
劈裂构件（阑额、柱头枋、承椽枋、叉手和部分斗拱构件）	环氧树脂灌注加固，配方与四椽栿同	未用铁活

化学液体配比   表 5

项目	天津 6101 号环氧树脂	50 号活性稀释剂	多乙烯多胺	酒精	铅粉
1 号液体	100g	10g	13g	20g	—
2 号液体	100g	10g	7g	50g	—
3 号液体	100g	10g	13g	—	—
4 号液体	100g	10g	13g	—	40g

注：按总额 800g 为限分次配比；加固时温度应在 15~25℃ 之间；一般在 3~8h 内凝固。

化学砂泥配比   表 6

项目	二号液体加固剂	细砂	黄土	抹泥厚度	凝固期
第一道砂泥	100g	330g	260g	2~3mm	两天
第二道砂泥	100g	360g	270g	1mm	三天

注：每次配比加固剂以 300g 为限，加固时温度为 15~25℃ 之间。

厚的化学砂泥填补泥壁凹凸，贴布一层；待其砂泥干透后，刷 3 号液体粘结布揪，再用 1 号液体粘白布一层，布揪⑧拉到上面等待干燥；抹 1cm 厚的第二道化学砂泥，抹泥之前先刷 2 号液体一遍以作稀释，随刷随抹泥；压抹平整砂泥，检查是否涂满；干燥后刷 3 号液体，随后再刷 4 号液体一道，加压粘贴画框，并及时加压使其粘贴得严实牢固。与此同时，3 号液体将布揪粘贴在画框的纵横板条上，棕刷压实，干后加固。其中，涉及的化学材料配比如表 5、表 6 所示。

新材料、新技术的引入解决了传统保护技术无法满足需求的问题，为这座唐代大殿的保护作出了重要贡献。

5 结论

本文以南禅寺修缮工程为主要案例，并结合同时期其他工程探讨了当时的主流保护理念，即以"不塌不漏"为基本原则，在条件不足时"保持原状"，反之则以"恢复原状"为最高目标。在整个修缮工程中均须注意"整旧如旧"。当时的南禅寺的复原修缮虽然存在着一些遗憾，但应结合南禅寺复原方案的设计时间跨度和特殊时期的历史背景来探讨。实际上，20 世纪 70 年代前后的修缮工程已经对建筑遗产的"真实性"有了一定的认识，并于修缮中尽力保留了历史信息。

以南禅寺修缮中应用的环氧树脂灌注加固为代表的高分子加固技术，是 20 世纪 70 年代前后我国在建筑遗产保护技术上的重要发展。虽然新材料的稳定性仍需长时间的观察，但在传统修缮方式无法满足需求的特殊情况下，化学加固的使用亦不失为一种果敢的抢救措施。此外，即便是传统修复技术，也经过了漫长岁月的检验，技术的可行性是需要在实践中不断摸索尝试的。新材料、新技术的发展与应用还为遗产保护问题提供了新的思路与方向，即从"修好"逐渐向"保护性修缮"转变，一定程度上减轻了修缮过程本身对文化遗产历史价值的破坏。

注释

① 本研究受国家社科基金艺术学重大课题"中国文化基因的传承与当代表达研究"（21ZD01），国家自然科学基金面上项目"近代东亚地区法国租界规划建设比较研究"（52178021）资助。
② 1973 年 6 月，古代建筑修正所更名为文物保护科学技术研究所，隶属于文化部国家文物事业管理局。
③ "角柱下沉，东侧南柱脚下沉，柱子劈裂，南明间东柱内倾 30cm，榑北倾，四椽栿劈裂，全部椽檩均为后换，椽槫朽三根；挑檐槫全部劈裂或糟朽；泥道令华均劈裂，散斗劈裂约有三分之一。瓦面残损约三分之二，外屋望板腐朽二分之一，垂脊全倒换，大脊拔缝，殿身全部向西倾，殿阶东西北三面全部塌毁无存，佛像大部缺手，地面碎裂，且檐头被锯短，脊兽亦非原制，门窗被拆改，等等。"参见南禅寺损坏情况记录，祁英涛，山西省五台县南禅寺大殿测稿档案，中国文化遗产研究院藏。
④ "对于全国重点文物保护单位，要切实做好保护和维修工作，分轻重缓急订出修缮规划。对于古代建筑的修缮，要加强宣传工作，说明保护文物的目的和意义，批判封建迷信思想。在修缮中要坚持勤俭办事业的方针，保存现状或恢复原状不要大拆大改，任意油漆彩画，改变它的历史面貌。对已损毁的泥塑、石雕、壁画，不要重新创作复原。"参见：国家文物局 . 中国文化遗产事业法规文件汇编 [M]. 北京：文物出版社，2009：66.
⑤ 15 名专家是：陈滋德、罗哲文、彭卿云、祁英涛、李竹君、于倬云、陶逸钟、刘致平、陈明达、杨廷宝、刘叙杰、卢绳、杨道明、莫宗江、方奎光。参见：刘叙杰 . 脚印履痕足音 [M]. 天津：天津大学出版社，2009.
⑥ "刘致平：古为今用，如何用？应为当今群众服务……杨廷宝：管理利用，古为今用，发挥教育作用，对国外其影响（中国是文明古国，中国注意保护文物）……卢梦：外事工作是很重要的'古为今用'，对外开放后工作会更多"；陶逸钟：柏树可迁移，但应注意朝向、季节。沟上将来可修桥，对面为新建之茶室。汽车由此经桥至寺前，故山门南部之平台须扩大。但土壁近期已被冲了两个大洞。杨廷宝：汽车不宜进入寺内，应停在坡下，汽车停于寺前对古建大煞风景，游人步行登山，方可提高旅游兴致。沿途则可布置若干风景点。"参见：刘叙杰 . 脚印履痕足音 [M]. 天津：天津大学出版社，2009.
⑦ 此处的古代建筑修整所指的是，1962 年文化部将古代建筑修整所和博物馆科学工作研究所筹备处合并而成的新机构，非源自

⑦ 北京文物整理委员会更名的旧修整所。
⑧ 丙烯酸甲酯类材料虽然有一定强度，但使用时需要避免暴露于空气中，若遇到氧气便无法完成聚合，因此需要少量多次灌注，裂隙宽或深的情况下会大大地增加工作量。另外，甲酯容易发生爆聚现象，爆聚后成为蜂窝状，失去了粘结力。
⑨ 也被称为呋喃型改性环氧树脂。
⑩ 虽然每根柱子采用化学处理方法，比人工换新多支出72%的费用（柱子糟朽中空的程度越严重，支出的费用也就越大，最多可能达到两倍多），但单独换柱往往需要落架工程辅助，整体上而言还是化学加固更为节省。参见：中国文化遗产研究院提供档案：《浙江宁波保国寺大殿化学加固工程小结》，文物保护科技研究所，1975年8月；《保国寺木柱与阑额的不饱和聚酯树脂的化学加固》，蔡润，1975年8月18日。
⑪ 该玻璃钢箍是在保国寺后檐东次间阑额的新榫头处，使用玻璃布与不饱和聚酯树脂缠绕1cm厚而形成的。
⑫ 不饱和聚酯树脂浆液配制时所用到的固化剂与促进剂需要分开存放，因为两者相遇时会发生燃烧或爆炸，使用时存在安全隐患，且其交联剂存在毒性。不饱和聚酯树脂中的交联剂苯乙烯具有刺激性气味和毒性，施工时需注意通风，采用手糊法时要戴上液体手套。
⑬ 有鱼鳔胶、皮胶或骨胶等。
⑭ 酒精漆片即紫胶与酒精合成的溶液。紫胶，亦被称为虫胶片、虫胶漆片。该材料老化时间长，且具有可逆性。在1959—1966年的永乐宫壁画的迁移保护工程里，粘结壁画泥层与木框时便选用的紫胶，这也是加固壁画的传统做法。
⑮ 布揪，画壁粘直木框的联拴物。

参考文献

[1] 祁英涛，柴泽俊.南禅寺大殿修复[J].文物，1980（11）：61-75，102.
[2] 查群.中国文化遗产的早期保护实践（一）南禅寺大殿两次修缮方案对比研究[J].中国文化遗产，2018（1）：78-86.
[3] 林佳，王其亨.中国建筑遗产保护的理念与实践[M].北京：中国建筑工业出版社，2017：221-229.
[4] 高天.南禅寺大殿修缮与新中国初期文物建筑保护理念的发展[J].古建园林技术，2011，111（2）：15-19.
[5] 柴泽俊.柴泽俊古建筑文集[M].北京：文物出版社，1999：353-360.
[6] 柴泽俊.南禅寺大殿修缮工程技术报告[M]//中国文物保护技术协会.文物保护技术（1981—1991）.北京：科学出版社，2010：28-33.
[7] 林佳，王其亨.中国建筑遗产保护的理论与实践[M].北京：中国建筑工业出版社，2019：161.
[8] 于倬云.紫禁城建筑研究与保护：故宫博物院建院七十周年回顾[M].北京：紫禁城出版社，1995：505-506.
[9] 国家文物局.中华人民共和国文物博物馆事业纪事：1949~1999[M].北京：文物出版社，2002：260，277.
[10] 中国文物研究所.中国文物研究所七十年[M].北京：文物出版社，1979：315.
[11] 文物保护管理暂行条例[J].文物，1961（Z1）：7-9.
[12] 国际古迹遗址理事会中国国家委员会.中国文物古迹保护准则[S].2002.
[13] 刘敦桢就正定隆兴寺与五台山南禅寺修葺计划回函.参见：正定隆兴寺转轮藏殿修复工程档案，中国文化遗产研究院藏.
[14] 刘致平就五台山南禅寺复原方案回函.参见：刘敦桢就正定隆兴寺与五台山南禅寺修葺计划回函.正定隆兴寺转轮藏殿修复工程档案，中国文化遗产研究院藏.
[15] 中国文化遗产院提供档案：《南禅寺损坏情况记录》，祁英涛，1954年，《南禅寺大殿修复计划初步草案》，祁英涛，1954年.
[16] 祁英涛.关于古建筑修缮中的几个问题[J].文物保护技术（1981~1991），2010：14-20.
[17] 柴泽俊，任毅敏.洪洞广胜寺[M].北京：文物出版社，2006：125-132.
[18] 余如龙.浅谈保国寺古建筑遗产的保护与维修[C]//同济大学.全球视野下的中国建筑遗产：第四届中国建筑史学国际研讨会论文集《营造》第四辑.上海：同济大学出版社，2007：643-646.
[19] 祁英涛.祁英涛古建论文集[M].北京：华夏出版社，1992.
[20] 中国文物研究所.中国文物研究所七十年[M].北京：文物出版社，1979：243.
[21] 中国文化遗产研究院提供档案：《云冈石窟修护工程技术总结》，杨烈编写，杨烈、黄克忠、杨玉桔整理，1966年2月.
[22] 中国文化遗产研究院提供档案：《云冈石窟加固工程中环氧树脂应用研究》.
[23] 中国文化遗产研究院提供档案：《龙门石窟奉先寺加固工程中应用高分子材料的研究》，龙门文物保管所、文物保护科学技术所，1982年.
[24] 中国文化遗产研究院提供档案：《浙江宁波保国寺大殿化学加固工程小结》，文物保护科技研究所，1975年8月；《保国寺木柱与阑额的不饱和聚酯树脂的化学加固》，蔡润，1975年8月18日.
[25] 周宗华.用于文物保护的高分子材料[J].高分子通报，1991（1）：43.

图表来源

图1、图2、图3、图7：查群.中国文化遗产的早期保护实践（一）南禅寺大殿两次修缮方案对比研究[J].中国文化遗产，2018，83（1）：78-86.
图4、图5、图6、图8、图10、图12、图13：作者自摄.
图9：柴泽俊，任毅敏.洪洞广胜寺[M].北京：文物出版社，2006：127.
图4：柴泽俊，任毅敏.洪洞广胜寺[M].北京：文物出版社，2006：276.
图11：张十庆.宁波保国寺大殿：勘测分析与基础研究[M].南京：东南大学出版社，2012：22.
表1：作者根据参考文献[10]整理.
表2：作者根据参考文献[3，14]整理.
表3：作者根据参考文献[24]整理.
表4：作者根据参考文献[6]整理.
表5：作者根据参考文献[5]整理.
表6：作者根据参考文献[2]整理.

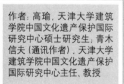

作者：高瑜，天津大学建筑学院中国文化遗产保护国际研究中心硕士研究生；青木信夫（通讯作者），天津大学建筑学院中国文化遗产保护国际研究中心主任、教授

环境伦理视域下风土聚落可持续发展策略——记云南怒江丙中洛秋那桶村更新设计

陈虹羽　杨　毅　杨　胜　张廷辉

Sustainable Development Strategies for Vernacular Settlements from the Perspective of Environmental Ethics: the Renewal Design of Qiunatong Village in Bingzhong luo, Nujiang, Yunnan Province

■ 摘要：通过云南怒江丙中洛秋那桶村更新设计案例，从环境伦理学视角探讨融入聚落可持续更新设计途径；指出聚落更新改造方法，应从村民的日常需求出发，以自然要素挖掘作为切入点，以可持续发展为目标，运用渐进式地景更新的改造方式；因地制宜地进行乡村改造，持续落实乡村可持续性发展的行动策略。

■ 关键词：环境伦理；风土聚落；更新设计；可持续发展

Abstract: Through the case of renewal design of Nujiang Bingzhongluo Qiunatong Village in Yunnan Province; from the perspective of environmental ethics, discussing the integration of Vernacular settlement sustainable renewal design approach; pointing out that the village renewal and renovation method should start from the daily needs of the villagers, use the excavation of natural elements as the entry point, take sustainable development as the goal, and use the renovation method of gradual landscape renewal; carry out the village renovation in accordance with the local conditions and continue to implement the village sustainable development.

Keywords: Environmental Ethics; Vernacular Settlement; Renewal Design; Sustainable Development

1 研究背景与研究现状

1.1 风土聚落可持续发展建设的时代背景

2022年中央一号文件提出全面推进乡村振兴。文件确定把乡村建设摆在社会主义现代化建设的重要位置，共同促进城乡关系、乡村宜居宜业[1]。乡村振兴战略作为新型城镇化

国家自然科学基金项目："滇南-东南亚"傣泐方言区风土聚落形态变迁及其复合再生研究（项目编号：52478058）杨毅（昆明理工大学建筑与城市规划学院）

战略的重要补充，可以更好地实现城市与乡村的共同繁荣。中国乡村振兴需要探寻一条可持续的路径，需要乡村可持续性科学的支撑[2]。乡村建设的蓬勃发展，离不开对传统聚落、历史建筑物质遗产的关注[3]。如今，乡村旅游开发建设如火如荼地在乡村中持续开展，作为政府的战略目标，当下社会各界共同关注的问题是如何进行良性的开发建设[4]。

良性的开发建设离不开社会各界力量的多元介入，从各自领域探索出多样的乡村建设模式。而建筑师作为乡村建设的主导者，需充分发挥自身专业能力，从物质空间等层面引导乡村建设。这就需要在聚落更新改造过程中，尽可能地保护传统聚落的原始风貌，并协调好建筑与环境保护之间的关系，既要满足村民生活所需的功能，又要挖掘出民族地域文化的生命力，让传统聚落不断焕发生机。

1.2 "环境伦理"的提出及相关研究综述

自工业文明以来，人类社会发展对自然不可逆的破坏，引起了人类的警觉与高度重视，由于自然生态环境破坏导致生态危机的出现。吴良镛先生早在《人居环境科学导论》中就提出：应该在保护与发展的关系中进行适合当地生存和发展条件的人居环境规划建设与管理[5]。我国建设生态文明的伟大目标提出以来，当代乡村可持续发展建设迫切需要探索一种更加多元融合的视角。聚落民族长期以来形成的朴素的尊重自然、敬畏自然的传统伦理价值观亟需进行收集整理工作。

环境伦理学①产生于20世纪60年代以后。1967年，历史学家小林恩·怀特发表的《生态危机的历史根源》提出亟需建立人与自然的合作关系，从而宣告环境伦理学的诞生。如今，"环境伦理"理论涉及建筑学学科多个层面的研究：在学术理论研究方面，以中国知网所检索的期刊论文、学位论文为例，以建筑学为主的相关文献，涉及城市建筑、建筑材料建造、建筑生态等多个方面：黄家瑾从环境伦理的观念探讨了中国城市的可持续发展策略[6]；汤莹探讨了自然材料建造的方法；战杜鹃论述了乡村景观伦理[7]；汤普森论述了环境伦理与风景园林理论的发展关系[8]；覃福佳、刘佳等人从环境伦理观角度对新农村人居环境设计中的应用进行研究[9,10]。综上，"环境伦理"作为一种理论视域，为建筑学科诸多研究方向提供了有力的研究支撑，为当代传统聚落可持续建设发展提供了一种新的研究视域。

1.3 实践研究

除了理论研究，实践研究方面也取得了一定的成果：陈立借鉴生态伦理学家霍尔姆斯·罗尔斯顿的环境伦理思想，对闽北古聚落的城镇化建设进行探讨，为完善闽北古聚落城镇化建设提供对策与建议[11]；王文佳以中观层面的历史地区景观空间为主，进行了伦理分析[12]；朱颖对苏南乡村绿地景观变迁与重构进行了研究[13]；丰燕基于传统环境伦理观进行现代乡村营建模式研究[14]；何峰对中国生态伦理思想运用到古徽州的实践研究[15]。

虽然当前工程实践的相关研究已经有了一定的基础，但是面对当前新型城镇化、城乡融合下乡村旅游快速发展的时代，多数风土聚落设计理念与模式仍属于传统的自上而下，政府、企业为主导的开发建设保护思路。为适应乡村可持续时代发展，或许可以尝试一些更加开放与多元的对策和思路，在乡村环境保护、文化传承、经济发展等各个方面综合权衡，激活传统聚落的设计方式走向多元化，适度引入设计使用者的话语，走向多元可持续风土建筑地域化创新探索之路。

2 云南怒江丙中洛秋那桶村概况

2.1 传统聚落区位介绍

本文选取的案例——秋那桶村位于云南滇西北境内怒江州，怒江州地处"三江并流"世界自然遗产腹地，湍急的江水和河床落差，使怒江成为奇石资源宝地。秋那桶村为怒江流域最贡山县丙中洛镇的最北端的村子，与西藏察瓦龙地区接壤。这里紧邻缅甸与西藏，是从云南进藏的必经之路，是许多旅游者离开云南进入西藏前的最后一个落脚点。

村子位于聚落管辖范围内，是怒族等民族集中居住的地方②。村民大部分为农业户口、聚落历史风貌保存状况良好。宗教信仰方面，这里藏传佛教、天主教、基督教盛行，是典型的多元文化的圣地。历史上，这里几乎与外界隔绝，社会发展至今基本停留在以农耕为主的自给自足经济时期，商品经济基础薄弱。大部分村民还保留着传统的自给自足的生活模式。自219国道建成后，村庄逐渐发展，随着国家在政策和资金层面对乡村振兴战略的支持以及云南省大滇西旅游环线的建构，处于西南边陲地带的秋那桶村迎来了新的发展机遇。因其特有的地形、地貌和地理环境的复杂性和多样性，加上人员的流动，民族融合的速度增加，各种外来文化不断地冲击云南各民族的本土文化。

2.2 聚落特征

秋那桶村因地处边疆，交通不便，对外交往困难，整个聚落至今仍处于原生态状态。通过调研得知：全村土地面积427.61km²，辖区内有10个村民小组，有农户307户，其中人畜共居的农户247户，体现了大部分村民还保留着传统的生活模式。

人地矛盾是怒江流域聚落自古就面临的生存挑战。秋那桶坐落于怒江中上游地区河水冲击形成的浅滩地带，地势缓和，充满台地、断坎。当地的人们不得不选择这种不利地形建房，而将缓坡区域作为耕地区。根据秋那桶村实地考察聚落关系可知，房屋呈散点式布局。每户由一间大的近似方形的井干房以及旁边附设的一至两间卧室组成。建房时，将房屋沿场地边界后退，跌落形成底层牲畜空间，而将屋前平整场地作为户外活动空间。处于同一标高的场地空间连接的几户人家形成一个邻里单元，每个邻里单元内的房屋沿台地边界布置。同一区域由多个不同标高的邻里单元形成组团，不同标高的邻里单元之间形成对视的效果。除了原始的民居群落以及其他配套设施，秋那桶村还拥有得天独厚的自然风貌，包括奇石、山洞、碧绿的湖水等，别具山形雅趣（图1，图2，图3）。

3 环境伦理观念下的设计路径

从 2021 年底开始。大山建筑设计事务所主创建筑师和惠银开始着手进入秋那桶村进行调研设计。在这一过程中，昆明学院建筑学专业的部分同学也参与了调研工作，并与村民进行了点对点的沟通，收获颇丰。笔者有幸可以跟踪整个设计过程并予以记录。

3.1 调研问题分析

（1）居住品质较低

经过历时数周的调研发现，聚落目前居住人口逐渐减少，房屋年久失修、破旧不堪。住在这里的居民大多是村里最为贫困的低保户，依靠政府救济度日。这一带曾是著名的旅游目的地，在游客眼里这里是"人间仙境"，但在村民自己看来，平日的生活无外乎陷入一种自我进行耕种，与外界交流甚少的局面。大部分村民仍然处于人畜混住的居住条件下，居住品质较差。

（2）聚落经济发展

当下，市场经济不断涌入当地社会，也逐渐改变了一部分村民的生产生活方式。市场经济为秋那桶村民提供了新的"找钱"机会和更丰富的物质消费，但同时，也将他们卷入到市场经济的不确定性之中。实际上，在环境闭塞、交通不便、市场交易成本极高的山地环境中，当地村民无法控制经济利益最大化。他们现在做到的，唯有利用当地生态资源，最大限度地实现生活的自给自足。在之后的建设中，如何通过设计引导村民创收是我们需要认真思考的问题。

（3）自改建现象普遍

目前，滇藏公路的建设给秋那桶村带来了机遇。大量新建民居基本都沿着公路两侧成带状模式展开，自改建现象普遍。同时，有一定经济实

图 1　秋那桶村鸟瞰图

图 2　秋那桶村节点实景图

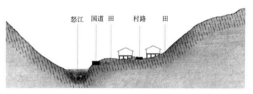

图 3　秋那桶村节点分析图

图 4　秋那桶村村民自改房

力的家庭圈占土地现象也较为普遍。这些新建民居大多呈现一字型单廊式布局，基本都是两层，居住空间类型单一。沿道路两侧的民房基本改建成为一些农家乐用房，且经营模式单一，发展前景堪忧（图4）。

（4）村民一对一沟通诉求

通过对部分可以联系上、也愿意进一步交流的村民的采访，得知了他们目前的生活状况，得知常年外出打工的人口占12%，常住人口占88%。村中大部分人口是青壮年，村子有一半以上的户主都表示他们的日常营生以半农半牧混合为主。在进一步的沟通中，他们也勾勒出自家原始住地范围，并提出了自己对未来改造的期许与所求（图5，图6，图7）。

3.2 更新策略

经过前期的调研挖掘，和惠银带领团队实地调查了解聚落的日常、聚落地形地貌，同时考虑村庄的可持续性发展与政府的经济支持，从点到

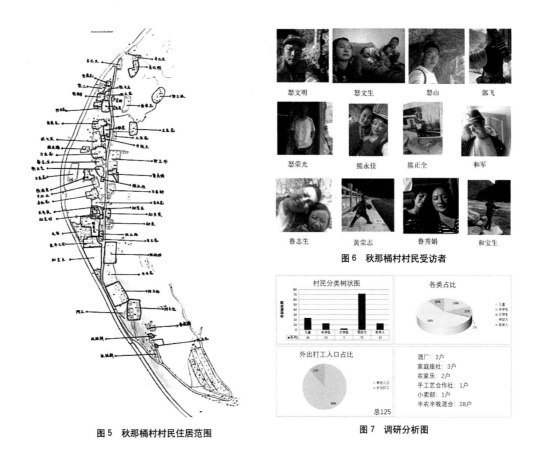

图5　秋那桶村村民住居范围

图6　秋那桶村村民受访者

图7　调研分析图

面，从每一家到整个聚落，系统地了解聚落环境建设的历史和现状，并对其进行测绘记录，获得原始资料，思考总结共性问题，并考虑产业发展方向，为后续村庄规划及建造设计做好准备。

（1）尊重自然环境——提取"石"要素

"初次踏上这片土地，便被这儿的原生态自然地貌深深吸引住了，尤其是江边的石头形成的特殊景观形式。"③建筑师和惠银缓缓道来，他提到了村口边村民自己设计一处奇石博物馆以及路边村民挑筐售卖石头的情境，饶有兴致地提出他的设想：①打造石文化特色村庄：可根据聚落特有的石头资源，开发滇西片区第一个以石头文化为主题的民族特色村庄。放大本地特有的石头文化元素的影响力，置换原有沿街临时建筑为配套石文化主题设施，新增叠石、奇石廊、叠石水园、石文化艺术中心、石亭、奇石餐厅、会石台、怒族画壁、岩洞餐厅、奇石廊等石文化主题设施，充分开发和利用本地特有石头资溪，打造具有奇石展示、交流和售卖的特色产业，给聚落注入新的功能空间。②增设石文化艺术主题节点空间，增加民族文化体验方式，如发掘怒族酒文化与火塘文化，增设与之相适应的体验空间和特色民宿，打造独特的石文化艺术主题山庄（图8，图9）。

罗尔斯顿的环境伦理思想认为，"价值是进化的生态系统内在具有的属性，在人类发现价值之前，价值就存在于大自然中很久了，价值的存在先于人类对它们的认识"。设计师切入的视角从鲜活的环境地质要素出发，摒弃控制性的主动规划思维，着力挖掘地质景观要素，提倡由点到面的被动设计处理，充分了解并尊重地理环境状态及人居理想，以一种关照环境的态度去建构一个自洽、可持续的乡村生态环境（表1）。

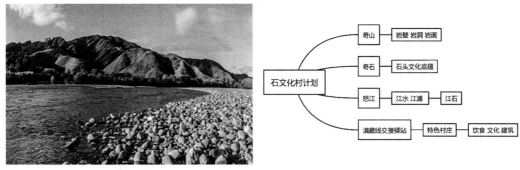

图8　怒江湖边景色

图9　石文化分析图

节点空间　　　　表1

序号	1	2	3	4
类型图示	入口石景观	石亭	沿街景观道	山林博物馆
特征	村入口处叠水景观处理搭接	利用石与板的叠加进行搭接	利于原始地质土石堆叠而成	利用自然山体沿边开发

（2）可持续发展更新——聚落业态构思

调研发现，政府与村民较为关注的是聚落业态的变化能否为村子带来一定收益的问题。据了解，该村村民的生活方式主要有两种，一是在外务工，二是在家务农。在外务工人员属于村中高收入群体，就业地一般为广东、昆明以及泸水县，以从事体力活为主。而收入较低人群为受教育程度较低的在家务农村民和留守老人。秋那桶村在家务农的居民，主要种植玉米、小麦、青稞、荞麦等作物，但由于山地并不肥沃，年产量不高。另外除了种植业，大多数居民都经营畜牧业，基本上家家户户房子下面都圈养了猪，还在屋外饲养鸡等动物。另外村民们还依靠周边的自然资源创收，村子周围的山上有丰富的名贵中草药资源，闲暇时村民们会上山采集草药，赶集时拿到村市集出售，换取生活必需品。对处于生存边缘的秋那桶村民来说，他们生存选择的首要标准是收获的可靠性与稳定性，而不是按照市场的利益最大化原则来获得生计。

由于村民收入、政府资助、村庄资源等限制性因素，和惠银根据每户特有的地理位置、自然条件和人员居住情况，针对性地配置实景餐厅、共享民宿和民族商铺。对于现状怒族民居保存较为完整的住户，特地增加客房和餐厅，客房数量根据住户情况调配，每户一到两个客房，餐厅可与住户生活有直接关系，提供更多与本地居民互动的机会；对于民居整体保留条件不好的住户，沿街置入怒族特色工坊，主要根据住户家庭产业条件划分为酿酒坊、奇石坊、奇木坊、草药坊、粮食坊、花卉坊等；现状安置区整体提升为怒族山货街，可供游客参观与购买怒江特色山货（图10）。民宿餐厅由运营机构统一管理，基于手机导游软件统一运营。整体提升产业均为可循环可持续发展产业，给每户新加一个增收点，给村庄业态带来更多发展空间（图11）。

（3）尊重生活习俗——建筑的保留与沿革

聚落中原始建筑形式多样，按材料划分有木片房、石片房、茅草房、石棉瓦房等多种类型。怒江丙中洛段山体多为页岩，是天然而又容易获取的建筑材料，秋那桶村民居多以页岩铺在屋顶上作为瓦片，既持久耐用又有较好的保温性。屋顶之下设置

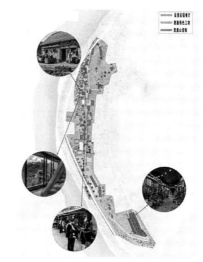

图10　业态分布分析图

图11　山间市集效果图

夹层，用于晾晒粮食、存放务农工具等。屋身采用木楞房的结构形式，将每一根圆木两端端头位置上下两面都砍出"凹"形的"马口榫"，搭建时，像堆积木一样将两根圆木垂直交叉，圆木上的"马口榫"咬合，拼装成屋身。简单地说，就像是人的两只手相互交叉在一起。屋身主要的四根柱子很长，屋身下架空，再用块状页岩堆砌，形成围合空间，村民们在这个空间里饲养猪等家畜。

和惠银在进行聚落拆改更新时，对于材料的选择体现了"充分选择和利用自然资源，适应自然，与自然合作，利用当时、当地最经济的材料"的原则。对原始怒族传统民居进行保留，对需拆改房屋进行理性分析，尊重村民原始使用功能并适当增加新的使用空间。比如在材料的运用中大量使用了原生的地方材料页岩（图12，图13）。从设计到建造，充分尊重当地原生建筑体系的逻辑方式，因地制宜地选择建造形式。

图12 秋那桶村怒族传统民居

图13 民宿群改造效果图

4 结论

环境伦理观是人类在长期的实践过程中的经验总结，为协调人类与自然环境的关系，约束自己的行为而建立起来的一种秩序[4]。本文选取的研究案例，兼具贫困山区的普遍性与特殊性问题。本案设计师依托怒江峡谷原生态的自然及人文环境，保护与创新并行，促进秋那桶村生态文化的传承与发展。通过积极利用在地资源，创新景观规划思路，与旅游业形成联动机制，构建大滇西旅游环线上适应当代人居环境需求的复合型怒族石文化聚落。未来，如何建构可持续的人居图景，不断建构具有独特文化与景观价值的乡村人居形态环境，是建筑师矢志不渝的职业使命！

5 尾声

本次秋那桶村改造项目同时也作为2022届昆明学院建筑学专业毕业设计课题之一，针对秋那桶村这一真实设计对象，设计切入乡村规划的视角，从鲜活的个体出发，摒弃控制性的主动规划思维，充分了解并尊重个体的生存状态及人居理想，这一设计过程中，同学们认可建筑师和惠银"以村民个体为导向"的创作价值观，通过本次真实课题，以期对学院本科生建筑学毕业设计做出新的探索。最终的毕业设计成果制作成了精美的村民建房认知手册并印发给村民，圆满完成了本次毕业设计任务（图14）。

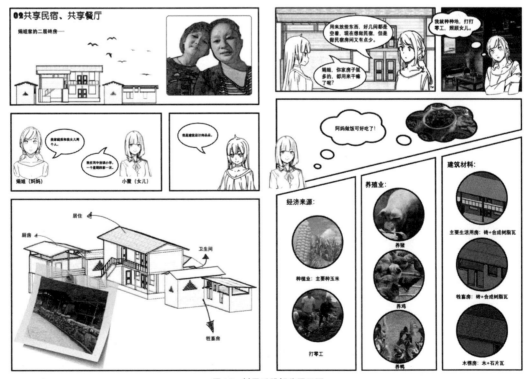
图14 村民手册部分展示页

（致谢：感谢大山建筑工作室建筑师和惠银慷慨提供的相关资料！）

注释

① 根据北得克萨斯大学环境哲学研究中心的简明环境伦理学起源史研究,"环境伦理学的灵感始于1970年的第一个'世界地球日',当时的环保人士开始催促参与到环保团体中的哲学家们在环境伦理方面有所作为"（CEP 2011）。
② 怒江流域上游、中上游、中游地区为少数民族集中分布区,代表性民族有藏、怒、独龙、傈僳族。其中藏族位于西藏境内,相对独立；其他民族位于云南境内,为典型的多民族混居区。这些民族历史关系密切,民族间文化交织融汇,秋那桶村区域民居类型丰富多样。经笔者调研发现,不同民族间的民居或多或少显示了其他民族民居的一些特征,遵循着独特的演变规律。
③ 引自笔者与和惠银的访谈记录

参考文献

[1] 中共中央、国务院关于做好2022年全面推进乡村振兴重点工作的意见.2022年中央一号文件.
[2] 贺艳华,邹建国,周国华,周兵兵.论乡村可持续性与乡村可持续性科学[J].地理学报,2020,75（04）：736-752.
[3] Wehmeyer Helena, Malabayabas Arelene, San Su Su, Thu Aung Myat, Tun Myat Su, Thant Aye Aye, Connor Melanie. Rural development and transformation of the rice sector in Myanmar：Introduction of best management practices for sustainable rice agriculture[J]. Outlook on Agriculture, 2022, 51（2）.
[4] Sustainability Research - Sustainable Development：Studies in the Area of Sustainable Development Reported from Adam Mickiewicz University (Modeling potential tree belt functions in rural landscapes using a new GIS tool)[J]. Ecology Environment & Conservation, 2018.
[5] 吴良镛.人居环境科学导论[M].北京：中国建筑工业出版社,2001：37-112.
[6] 黄家瑾.环境伦理观与中国城市的可持续发展[J].建筑学报,2007（03）：6-8.
[7] 战杜鹃.生态文明背景下的乡村景观伦理研究[D].武汉大学,2016.
[8] Ian H. Thompson. Environmental ethics and the development of landscape architectural theory[J]. Landscape Research, 2007, 23（2）.
[9] 覃福佳.环境伦理观在新农村人居环境设计中的应用研究[D].湖南大学,2011.
[10] 刘杰.近三十年中国古聚落居住伦理研究述要[J].黑河学刊,2019（02）：181-184.
[11] 朱颖,杜健,王之峥.苏南乡村绿地景观变迁与重构研究[J].国土与自然资源研究,2018（05）：76-79.
[12] 王文佳.西安市长安区景观建设中的环境伦理思考[J].建材与装饰,2018（21）：142-143.
[13] 陈立,蔡贤恩.借鉴罗尔斯顿环境伦理思想完善闽北古聚落城镇化建设的思考[J].发展研究,2014（06）：94-98.
[14] 丰燕.基于传统环境伦理观的现代乡村营建模式研究[D].昆明理工大学,2012.
[15] 何峰.中国生态伦理思想及其在古徽州的实践[J].阜阳师范学院学报（社会科学版）,2007（06）：77-79.

图片来源

图1、图4、图9、图10、图11、图13：和惠银提供
图2、图3：笔者根据现场图片绘制
图5：笔者根据村民勾画位置绘制
图6：村民提供
图7：笔者绘制
图8、图12：笔者自摄
图14：图片来源：张廷辉提供

作者：陈虹羽,昆明理工大学建筑与城市规划学院,博士研究生；昆明学院建筑工程学院,讲师；杨毅（通讯作者）,昆明理工大学建筑与城市规划学院,教授,博士生导师；杨胜,昆明理工大学建筑与城市规划学院,博士研究生；张廷辉,昆明学院,学生

建筑学视域下国家社会科学基金项目的选题研究

戴秋思　周浩楠

Research on the Topic Selection of National Social Science Found Project from the Perspective of Architecture

■ **摘要**：从建筑学视角出发，本研究通过关键词搜索和标题读审，筛选出2010年至2022年国家社会科学基金中与建筑学关联类项目共226项。在此基础上，获得建筑学主题的项目在社会科学学科分类下的分布概貌；再对项目集中分布的艺术学、考古学、中国历史、民族学和民族问题学科分别展开选题定性分析和基于项目所发文章的知识图谱分析，进而得到各学科类型下选题特点。最后从整体上展开对选题研究内容、方法和热点的总结以及对发展趋势的探讨。

■ **关键词**：建筑学；国家社会科学基金；选题研究；知识图谱

Abstract: Taking an architectural perspective, this study screened out a total of 226 architecture-related projects in the National Social Science Found from 2010 to 2022 through keywords searched and title reviewed. Based on this selection, an overview of the distribution of projects on architectural topics under the social science disciplines was obtained. Furthermore, the qualitative analysis of topics selected and the knowledge graph analysis based on the project publications were carried out for the disciplines of art, archaeology, Chinese history, ethnology and ethnic issues, and then the characteristics of the topic selection under each discipline type were obtained. Lastly, the study presents a comprehensive summary of the research content, methodologies, and hotspots in the selected topics, while also exploring potential future development trends in the field of architecture.

Keywords: Architecture ; the National Social Science Found of China ; research on selected topics ; knowledge graph

引言

中国国家社会科学基金[1]（NSSFC，以下简称国家社科基金）是与国家自然科学基金并重的国家级学术研究基金，其立项课题和研究成果对学科发展起着示范、导向和引领的作用。建筑学是人居科学的重要组成部分，具有理工与人文交叉、科学与艺术结合的属性。长期以来，申请国家自然科学基金是建筑学领域申请国家级基金的主要分流渠道，但随着时代发展，在国家社科基金中与建筑学密切关联的项目不断涌现，展现出大有可为的学术空间。与建筑学密切关联项目在社科基金中的学科类型分布如何？跨学科的研究切入点有哪些？研究的聚焦点和发展走向如何？迄今鲜有这方面的调查研究成果。本文通过对基金项目进行标题读审和对项目论文成果做出量化统计，展现社科基金中建筑学关联类项目的分布格局，分析并揭示社会科学学科类型下的基金选题特点，把握建筑学研究在社会科学领域整体的学术发展状况，反思建筑学的基本属性，拓宽研究者的选题思路。[2]

一、项目收集

本文拟对2010年至2022①年国家社科基金中与建筑学关联类的资助项目以及项目下的论文成果做出统计和分析。首先是搜集并筛选项目。由于此类项目分散在社科基金的不同学科类别内，无法一次快速检索到，故采用关键词多次检索，尽可能全面涵盖相关项目。先以"建筑""空间""设计""形态"等为关键词进行模糊查询，然后拓展到"寺""庙""民居""石窟""阙""营造"等关键词，同步收集"冷门绝学"研究专项，对结果进行人工读审和去重，获得与建筑学关联度较高的226项为研究样本②。这样的筛选方式或因标题未出现设定的关键词而无法包含所有与建筑学关联的社科基金项目，个别类别所收集的样本数量较少不能详尽，故不可避免地带来分析中的偶然性。此后依托基金项目批准号在中国知网上进行高级检索，查找出该基金项目下发表至今的学术论文，将样本文献以Refworks格式导入分析软件Citespace6.2.2[3]中进行计算分析。

二、建筑学主题与社会科学学科分类下的项目分布格局概貌

（一）基金项目的交叉分布

为便于发现国家社科基金项目里与建筑学关联类项目的交叉状况，分别从建筑学和社会科学学科类别两种不同视角加以统计。通过标题读审，从建筑学视角辨识并归纳出4个研究主题③：1）建筑文化。包括生态、艺术和哲学思想等，标题中往往直接出现文化、艺术、美学等字样，如"川渝地区传统街道空间文化和意义研究"。2）建筑历史。包括特定历史时期的建筑类型、建筑文献、历史演进等研究，如"明清北京城礼制建筑研究"。3）建筑设计。包括建筑技艺、建筑形制、空间改造、研究方法等，如"甘肃南石窟寺的三维重建与虚拟展示"。4）建筑保护。包括各类建筑、文化遗产的保护研究与发展策略等，如"中国羌族特色村寨民居保护研究"。这4个建筑学研究主题的项目数量统计见图1左图，依据社科基金学科类别的项目数量统计见图1右图，共计16个学科类别另加冷门绝学研究专项（后文合并计为17个学科类别）④。图1直观地展示了建筑学主题类型与社科基金学科类型的关联状况，从中可透察学科交叉的着力点与乏力点。

（二）建筑学主题下基金项目概貌

建筑学视角下4个研究主题对应的基金项目统计如下："建筑文化"主题项目数量最多，共124项，分布于17个社科类别中，选题下有381篇期刊论文；"建筑历史"主题项目数量次之，共103项，也分布于17个社科类别中，选题下有459篇期刊论文；"建筑设计"主题项目数量共96项，分布于13个社科类别中，选题下有386篇期刊论文；"建筑保护"主题项目数量共26项，数量最少，分布于9个社科类别中，选题下有125篇期刊论文。文献的发文量时间分布反映了该领域不同研究时期的活跃程度，从历年产出论文文献数量折线与柱状图（图2）中可知，在2015年及以前，部分主题的发文量几近于零，2015年后才有了突破；除"建筑保护"主题外，其余主题历年发文量比较接近，且呈现出总体相似的走势，即2016年为拐点，发文量陡增，建筑历史主题下

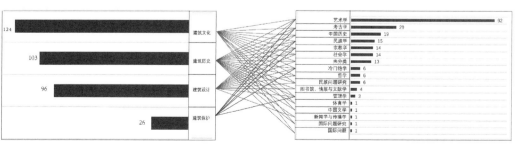

图1 建筑学主题类型与社科基金学科分类关系网络图

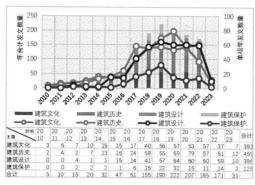
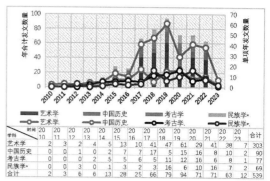

图 2 建筑学研究主题项目的年发文量折线与柱状图

图 3 社会科学学科类别下部分项目的年发文量折线与柱状图

的基金发文量更在 2019–2021 年异军突起，2020 年达到峰值。

（三）社会科学学科类型下基金项目概貌

国家社科基金共由 23 个学科以及教育学、艺术学、军事学三个单列学科构成。对建筑学主题项目在社会科学学科下的分布及其文献量做出统计：艺术学有 92 项，占比 40.71%，位列第一，有 303 篇期刊论文；考古学 29 项，占比 12.83%，位列第二，有 77 篇期刊论文；民族学和民族问题研究[⑥]学科位列第三，共 21 项，占比 9.29%，有 69 篇期刊论文；中国历史 19 项，占比 8.41%，位列第四，有 90 篇期刊论文；宗教学和社会学均为 14 项，占比 6.19%。其余为冷门绝学、哲学、社会学、图书馆、情报与文献学、体育学等，均在 10 项及以下。绘制出文献量位居前四的学科类型下的历年发文量折线图（图 3），可见自 2016 年始艺术学基金项目的发文量远超其他学科，各学科下的发文量起伏波动至今。

三、社会科学学科类型下的建筑学关联类项目选题分析

下文将通过对四个学科类型下的基金项目标题读审后做出选题定性分析，再以文献样本计量统计、词频可视化展示方法对选题做出定量的分析补充。后者利用 CiteSpace 可视化文献分析软件，绘制出样本中出现频次大于等于 1（艺术学大于 2）的关键词共现图，同时标注出现次数大于等于 2 次（艺术学大于等于 4 次，中国历史大于等于 3 次）的关键词，图中节点大小代表该关键词出现频次，节点颜色如图例所示，代表该关键词出现年份。

（一）艺术学学科类型下的选题特点

1. 选题定性分析

从研究对象看，建筑类型多样，有传统聚落、传统民居、墓葬建筑、工业遗产建筑、宗教建筑、石窟等，其中传统聚落、民居类型最多。研究对象地域分布广泛，有丝绸之路天水段传统聚落、新疆维吾尔族传统民居聚落建筑、贵州传统村落、京津冀传统村落、海南黎族传统村落民居、东北新农村、鼓浪屿社区与建筑、当代哈尔滨建筑遗产、山西历代佛寺建筑等；时间界定上分为当代、传统、古代等。

从研究内容上看十分广泛，有针对特定时空的建筑或传统村落民居的保护（设计）、聚落空间形态、建造技艺、文化遗产保护、价值挖掘或艺术观念、建筑形式语言、建筑装饰艺术、建筑文献等。其中，"建筑装饰"主题的项目数量较多，且地域分布呈散点状，西部项目突出。"建造技艺"主题的项目深度聚焦于特定地域、特殊建筑类型的营造技艺与保护传承，近几年更加注重解析与传承营建文化、探寻营造技艺的文化价值和创新，如"贯木拱廊桥传统营造的文化价值研究""基于海南黎族民居船形屋传统营造技艺的创新设计研究"等。设计类选题紧扣社会热点，"乡村振兴战略下传统村落旅居养老设计策略研究"（2021）就是乡村振兴与旅居养老的结合研究。此外，建筑史料研究的项目有"孔氏南宗家庙与江南明代祠堂建筑史料整理研究""样式雷图档和清代皇家建筑设计史料的整理和研究"等。"中国后现代建筑话语批判"是唯一一项关乎建筑话语生产与批判的研究，说明理论领域的研究还有极大的拓展空间。

从研究视角和方法上看，传统研究方法如田野调查法仍然占据主流并发挥着积极作用，此外，比较研究方法的运用也较为普遍，如"宁夏伊斯兰教宗教建筑装饰艺术与佛教、道教遗迹的比较""宋代建筑形制及装饰与宋时界画艺术的比较研究"。通过跨艺术门类的视角，展开对古代或当代建筑的考察，构建出建筑与跨门类艺术的链接，如"图像、营建与观念——川渝地区汉代石阙艺术研究""宋元界画建筑形象的样式谱系与绘制规律研究""早期中国电影中的底层居住空间与都市文化研究（1905–1949）"等。"侗族传统木作营造技艺数字平台构建及推广研究"（2017）是针对营造技术进行数字化建设的早期尝试，"武陵山区土家族传统营建口诀的整理与价值再生研究"是运用民间采集第一手资料加以梳理的研究方法，具有独特价值。

2. 样本文献统计

分析关键词共现图（图4）可得，关键词"传统村落"出现次数最多，为15次，"地域文化"为8次，"传统聚落"为7次，出现次数大于等于4的关键词共有14个。本学科下的关键词联系性较强，呈现加大范围的网状聚落，如"设计方法"链接"景观设计"和"地域文化"；"规划设计"链接"景观生态""人居环境"与"乡村建设"；"传承""价值""保护"作为高频关键词相互联系且各自发散出较多分支。

（二）考古学学科类型下的选题特点

1. 选题定性分析

从研究对象看，考古学以遗存、遗址为研究对象，其远古性、独特性和地域性特点为研究我国早期建筑历史提供史实的材料。从时间上看，绝大部分选题集中在中国新石器时代、商周、先秦两汉时期、北魏、北朝，少数在隋唐宋元时期，"明清北京礼制建筑研究"是仅有的封建社会晚期考古学研究重点项目。从类型上看，石窟与石窟寺研究数量最多，研究持续性强且成果丰硕，重大项目"中印石窟寺研究"（2015）、"敦煌西夏石窟研究"（2016）是代表性成果。相较于艺术学学科下的石窟研究项目，考古学更侧重对象的客观性和本体性。除此之外，建筑与考古工作同步进行的新工作模式已经取得突破性成果，如"南京大报恩寺遗址考古发现与研究"（2018年重大项目）是伴随着大报恩寺遗址公园建设而生，取得的新发现为中国佛寺、皇家寺院研究提供重要史料。同年的另一重大项目"秦汉三辅地区建筑研究与复原"是考古学家与建筑史学家通力合作的产物，从发掘准备、田野发掘到资料整理开展建筑复原，采用建筑学语言开展记录，打破行业隔阂，探索遗址发掘与建筑复原的有效方式，收获了"城市与建筑空间格局复原研究""重要建筑遗址复原研究""建筑与城市复原展示技术研究"等系列成果。

研究内容上，或针对特定时空的建筑形制和类型的研究，如"敦煌莫高窟石窟建筑形制研究"和"先秦两汉大型建筑分类研究"；或针对文化遗产价值来探讨，如"丝绸之路甘肃段石窟寺类文化遗产价值研究"；有的结合宗教展开相关研究，如"敦煌石窟与佛教仪轨研究"。

从研究视角和方法上看，有的从比较视角切入，如"川东—渝西与杭州地区五代—宋石窟之比较研究"；有的结合当代数字技术在考古工作中的运用展开研究，如"中国石窟寺考古中3D数字技术的理论、方法和应用研究""甘肃南石窟寺的三维重建与虚拟展示"。

2. 样本文献统计

分析关键词共现图（图5）可得，关键词聚落感较强，以一个关键词（如研究主体）为核心链接不同的研究方向，如与核心词"石窟寺"关联的有"佛教造像""摩崖造像""分区""渊源"等；同时研究主体的地域性强，如"四川"—"石窟寺"、"西域佛教"—"龟兹"、"敦煌"—"石窟"等。从关键词出现频率来看，"龟兹石窟"（6次）、"张议潮"（4次）、"佛教造像"（3次）、"石窟寺"（3次），其余共有12个关键词出现次数为2次；论文文献在2010年至2023年间的产出相较于其他学科更加稳定。

（三）中国历史学科类型下的选题特点

1. 选题定性分析

从研究对象看，建筑类型集中于石窟、寺庙与民居，时间上有古代亦有近现代，如"唐后期五代宋初敦煌僧寺研究""明清至民国五台山境域庙会与村落生活研究""拉卜楞寺建筑历史及文化艺术研究""近代中国寺庙概况量化研究"。

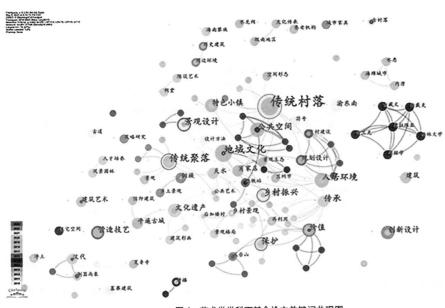

图4　艺术学学科下基金论文关键词共现图

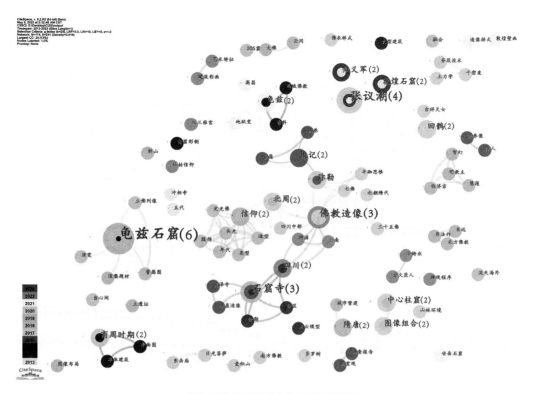

图 5 考古学学科下基金论文关键词共现图

从研究内容上看，有的以探索建筑等发展历史及其规律为研究重点，如"中国本土性现代建筑的技术史研究（1910-1950）""羌族传统民居的流变与环境适应性研究""隋唐两代敦煌石窟藻井纹样演化研究"；有的以思想史和建筑史为核心展开跨学科的基础领域研究，如重点项目"中国古代建筑思想通史的编史学与史料学研究"提出通史与整体史观念下的中国建筑思想史研究纲领，整体呈现中国传统文化中关于环境、空间、城市、居住等方面的思想内涵，提供以制度、图学、设计研究为观察点的社会建构与环境创造的思想史视域，理论创新性强。时间空间研究是历史学的有机组成部分，如"北朝山岳信仰空间研究""近代华北乡村的民间信仰及其空间体系研究""明清民国时期江西民居时空分析格局及机理研究"。对建筑文献、典籍的研究为夯实中国建筑史学研究基础具有重要价值，如重大项目"中国古代建筑营造文献整理及数据库建设""两宋建筑史料编年研究"；因重要建筑文献《营造法式》及其衍生的重大项目"《营造法式》研究与注疏"和"4—12世纪帐、藏的文物与《营造法式》综合研究"体现出学界对该文献持续研究的力量。

从研究视角与研究方法上看，有"地缘政治视野下的旅顺近代建筑遗产特征与集合性保护研究"；有针对史学理论与方法类研究项目如"中国建筑史学理论与方法研究"。

2. 样本文献统计

分析关键词共现图（图6）可得，"建造模式""样式雷""传统民居""水神信仰"等关键词呈现出较大聚落，其中，"建造模式"出现次数为9次，"样式雷"为7次，"传统民居"为6次，除此之外有4个关键词出现次数大于等于3次，21个关键词出现次数为2次，体现出中国历史学科下选题范围的宽广度。中国历史与考古学学科下基金选题的研究主体均表现出较强的聚落感。

（四）民族学和民族问题学科类型下的选题特点

1. 选题定性分析

从研究对象上看，建筑类型呈现出强烈的地域性与独立性，有少数民族建筑、城镇、村寨、社区、寺院等，空间分布在指向上有西南、藏区、民族聚居区等。"华人移民建筑中的社会与文化研究"是较为新颖的建筑类型选题。

研究内容涵盖建筑文化、建筑保护与改造、空间图式、建造技艺等，如"藏族传统建筑营造技艺研究"为藏区建筑文化研究提供坚实的本土支持；"新疆传统建筑砖饰形态研究"着眼于新疆传统建筑中砖墙材料的特色装饰并进行研究。对侗族建筑的研究持续且面向丰富，有对其建筑文化遗产保护与发展的研究、木构建筑匠作体系及其传承研究、传统建筑老匠师口述史研究等。

从研究视角与研究方法看，近年来突出表现为口述史研究方法的引入，2018年第一届"中国建筑口述史学术研讨会暨工作坊"的召开正是中国当代学人从口述史视角重构建筑史的重要时间节点。2019年的基金项目"湘黔桂边区侗族传统建筑老匠师口述史研究"与口述史在国内的兴起密切相关。[4] 文化遗产保护呈现出诸多研究视角和维度，如"文化空间视角""比较视野"；以技术

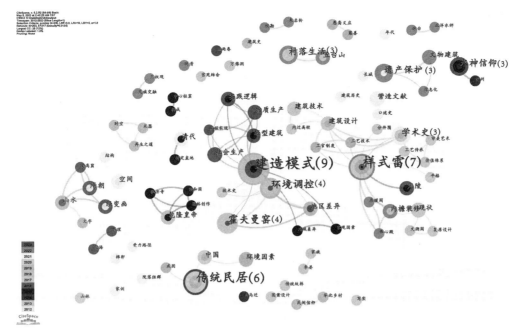

图6　中国历史学科下基金论文关键词共现图

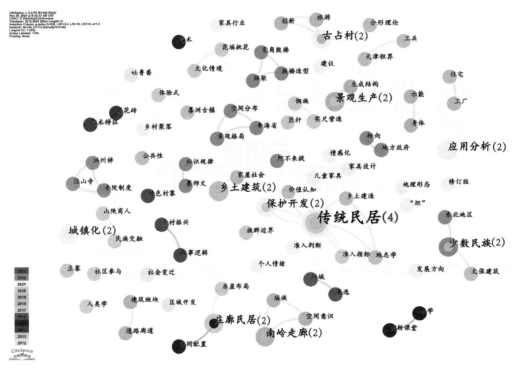

图7　民族学和民族问题学科下基金论文关键词共现图

切入探讨数字化保护手段和新模式，如"'一带一路'背景下新疆石窟艺术文化遗产的保护与创新发展研究"。

2. 样本文献统计

分析关键词共现图（图7）可知，关键词多以单个或较小集群出现，同一集群的关键词基本上为同一年出现。其中"传统民居"出现次数为4次，所属关键词聚落相对较大，出现次数为2次的关键词共有9个，分布较为平均且呈现出明显的地域特点，如"庄廊民居""南岭走廊""吐鲁番"等，这契合了学科特性，同时反映出一个地域特有的建筑历史和建筑文化是选题呈现出集群化的一个重要影响因素，但不同民族或地域间的关联性还有待挖掘。

四、结果与讨论

国家社科基金中有数量众多与建筑学相关联的研究课题，下文将在前文对不同类型下选题特点分析的基础上加以总结，以发现整体的特点和规律。

（一）研究模式与研究内容

建筑学是一个内涵与外延都非常丰富的学科，高度的综合性决定了研究模式的交叉性、层次性和理论互补性。[5]从形式上看，建筑学主题已经与绝大多数的社会科学学科类别有交叉，有的已经建立了多方位、长时段的联系；从层次上看，建筑学正处于与其他学科协同发展阶段，考古学助力建筑学界探明建筑"有什么，是什么"带有原真性、本体论问题；历史学则爬梳建筑前世今生的发展脉络，从"如何是"走向高层次的"为何是"的问题。建筑学从考古学与历史学中汲取理论思维的营养，建构起更深层次的观念和价值理论。目前大量的研究聚集在前两个问题上，而对于"元问题"的探索与理论提炼普遍缺乏。

从研究内容的广度与深度来看，全局关照型与局部深研型并存。重大项目"中国建筑艺术的理论与实践研究（1949—2019）"致力于勾勒1949—2019年中国建筑实践与理论发展的历史轨迹，建构兼顾中国建筑与艺术的理论话语体系，如此宏大的系统是对中国建筑未来发展方向关键命题的一次重要探讨。除重点和重大项目外，更大量的研究项目聚焦在一定地域和一定时段，对特定对象做出求精挖深的研究。

（二）研究视角与研究方法

建筑学领域与社会科学领域学术研究共存于一个宏大的知识网络中，有着各自的独特性，但方法论、问题意识、伦理立场的差异让两个领域之间仍然存在罅隙；如何从对物质和技术本身的关注转向对人与物交接点的探究，这有赖于对社科领域研究视角与方法的借鉴。建筑学对社会文化的生产性和塑造性的研究相对稀缺，而社会科学领域能提供或促发开阔的视野，如引入民族学视野、社会学视角、类型学视角、生态理念、"语境－文本"理论等，近两年又引入了"'新艺术'思潮"和"场景理论视阈"等。2018年重大项目"唐代到北宋丝绸之路（陆路）上的驿站、寺庙、重要古迹与文人活动、文学创作及文化传播"将丝路沿线的自然、政治、历史、宗教等古迹遗存置于统一的文化视阈中，从各类遗存古迹对文人活动、文学创作与文化传播的影响出发，展开综合性、全局性的观照研究，这样的研究视角和方法是对建筑学传统研究思路的有益补充。

在方法论上，建筑学与社会科学之间正不断加大双向输送的力量。基金指南拟定出清晰的研究条目是学科间深度融合的催化剂。近两年考古学下的具体条目有"建筑考古与古代艺术研究""数字技术在考古和文化遗产活化领域的应用研究"以及"聚落、城市布局演变与中华文明传承研究""国家考古遗址公园建设研究"等。中国建筑考古学既是考古学未来发展的着力点和重要的学术增长点，也是建筑史学科的分支与重要的学术拓展点。2023年基金指南将"中国当代口述史采录"列为中国历史学科下的方向性条目。随着"口述史"方法纳入到规范化和学术化的轨道，运用口述史研究方法以弥补传统建筑学的思维局限，但目前还偏向实践应用，少有理论建设，后续在运用的范围广度和史料的学术深度上需进一步提升，展现更有价值的历史图景。2018年冷门绝学的设立为艰深课题的申报提供了通道。侗族、土家族掌墨师走进学术视野，对其手稿进行抢救式整理，为民族地区的传统建筑营造提供真实脚本。此类研究还有广阔的学术空间。

（三）研究热点与发展趋势

CiteSpace的图谱数据中，突现关键词被视为具有阶段性意义的词汇，反映一定时段内较受关注的研究主题，代表特定时间段内的研究热点和发展趋势。以885篇论文为样本文献绘制出关键词突现图（图8），突现的建筑类型词有云冈石窟、传统聚落、传统村落、龟兹石窟、文化遗产、建筑装饰、历史街区等；突现的研究内容有建筑伦理、建造模式、地域文化和策略。它们形成了各个时段的不同研究主题和研究热度。从时间轴来看，突现词持续2—3年不等，并不断更迭，体现出学术活力。诚然，关键词突现图并不能完全反映研究状况，如在226项基金项目中共有五项与"老龄化"和"养老"相关，虽然它们未在关键词突现图中出现，但基于社会人口结构问题进行的建筑适老化研究已然成为研究关注方向之一。研究主题表现出与社会的发展同频共振，如项目标题中"节约型""特色小镇""乡村振兴""乡愁记忆"等相继出现，体现了与时俱进的学术追求和呼应国家最新重大部署和动态的学术图景；"数字技术"已经构成建筑学科发展的重要推动力；文化遗产概念逐渐普及，2022年重大项目"扩大社会力量参与文化遗产保护问题研究"是研究阐释党的十九届六中全会精神的产物。

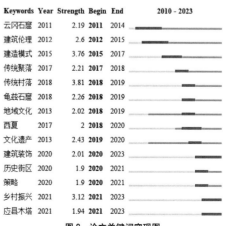

图8 论文关键词突现图

除前文所述学科体现出的选题特点，社会学、管理学、国际问题学科的选题映射出建筑学问题的诸多面向，彰显出建筑学主题研究跨学科、去学科的特征（"去学科"侧重指跨领域思考和申报课题时、选择学科类型时的相对模糊性）。如近年来偏设计类的选题，以"设计策略""改造""发展路径"等为标题关键词的项目就分别出现在不同学科类别中，体现出基金申报时选择学科类型所具有的灵活性。

结语

在开放的学术环境中，建筑学视域下国家社科基金项目的选题特点反映了该学科的发展面貌，同时也促进我们反思建筑学的基本属性。1996年，钱学森提出建立建筑科学大部门，并站在系统论的高度上思考建筑学发展，认为建筑科学的研究对象是一个开放且复杂的巨系统。借此文回顾前辈建筑科学思想开源之初衷，社会科学学科为建筑学研究提供了更全面的研究视角与更丰富的学术内涵。展望建筑学科的发展愿景，一方面拓宽建筑学的学科边界，实现多领域融合的知识生产新方式；另一方面完善建筑学的知识架构，促进建筑学话语体系健全和有序发展，令建筑科学的内涵永掘不竭。

注释

① 社科基金成立（1986年）至2009年，一共收集到20个与建筑学相关的项目，时间跨度长，项目数量少，所带来的偶然性较大，且2010年前艺术学的项目数据资料搜集较为困难，故以2010年至2022年为时段来研究。
② 剔除一些与建筑学研究主体相关度较弱的项目，这些项目主要分布在应用经济学、法学、政治学、人口学、统计学、中国文学等学科类别里，主持人几乎都不是由建筑学领域的研究者构成，如"公共建筑的政治文化研究"（政治学）"都市扩张过程中的空间非正义问题及人本价值实现"（人口学）"空间信息多重采样设计的空间统计学应用研究"（统计学）等。
③ 主题归纳是为方便讨论，带有一定的主观性，无绝对的边界，有的项目会同时隶属多个主题，如"清代四川地区民间墓葬建筑艺术考察与研究"项目归入建筑历史和建筑文化主题。
④ "未分类学科"是指因基金网上无法查询到具体学科归属的项目，后文根据标题中明确的内容指向做出分析。
⑤ 以建筑学的研究视角来看，社科基金中与建筑学相联系的民族学与民族问题研究这两个学科中的选题具有高度相似性，为便于分析，归为一个大类统计，后文表达为民族学*。

参考文献

[1] 国家社科基金项目数据库[EB/OL]. [2023-06-20]. http：//fz.people.com.cn.
[2] 戴秋思，吴任清，龙敏琦. 近十年国家自然科学基金青年基金选题研究——以建筑历史与理论学科为例[J]. 高等建筑教育，2023，32（02）：1-7.
[3] Citespace Home [EB/OL]. [2023-06-20]. http：// citespace.podia.com.
[4] 赵琳，黄环宇. 中国建筑口述史研究发展综述[J]. 新建筑，2023，No.207（2）：86-90.
[5] 韩宝山. 建筑学的跨学科研究[J]. 新建筑，1988（03）：38-40.

图片来源

图1-8：作者自绘。

作者：戴秋思，重庆大学建筑城规学院副教授，建筑历史与理论研究所副所长；周浩楠，重庆大学建筑城规学院硕士研究生

新常态下民办高校建筑大类本科教育模式创新与实践——以重庆城市科技学院为例

赵万民　杨龙龙　王肖巍　王　爽

Innovation and Practice of Undergraduate Education Model of Architecture in Private Universities Under the New Normal——Take Chongqing Metropolitan College of Science and Technology as an Example

■ **摘要**：论文从我国城镇化发展中后期的客观情况出发，讨论建筑大类专业（建筑学、城乡规划、风景园林）在新常态时期的教育适应性发展和教学改革思考，提出办学模式和人才培养的地域性、大建筑与大土木学科融贯发展、宽口径教学方法、联合毕业设计教学方法、师资队伍成长等创新观点。论文以民办高校为例，提出建筑大类"地域性""工程性""应用型"本科人才培养对应当前社会人才需求、教学改革和教学模式创新发展的思考。

■ **关键词**：新常态；民办高校；建筑大类；本科教育；模式创新；实践教学

Abstract: Based on the objective situation of China's urbanization development in the middle and late period, the paper discusses the educational adaptability development and teaching reform of major architectural categories (Architecture, Town and country planning, Landscape architecture) in the new normal period. This paper puts forward some innovative viewpoints, such as regional education mode and talent training, integrated development of large architecture and civil engineering disciplines, wide-caliber teaching methods, teaching methods of joint graduation design, and the growth of teaching staff. Taking private colleges and universities as an example, the paper puts forward the thinking that the training of undergraduate talents in architecture category "regional", "engineering" and "applied" corresponds to the current social talent demand, teaching reform and teaching model innovation and development.

Keywords: New normal; Private higher learning institution; Building category; Undergraduate education; Model innovation; Practical teaching

课题来源：重庆市高等教育教学改革重点研究项目；课题名称：成渝经济圈高校建筑大类专业人才培养模式改革创新的研究与实践，课题编号：222183

一、新常态下建筑大类教育发展的认识

党中央明确提出,当前我国的经济发展进入新常态,并要把握好三个方面的工作:一、统一思想,深化认识;二、克服困难,闯过关口;三、锐意改革,大胆创新。对建筑大类专业的教育和教学工作而言,在社会、经济、城乡建设新的历史发展时期,要认真解读"新常态"的内涵,为具体的教育发展创新、专业理论内涵与实践认识发展做一些探索性思考。

1. 中国的30年城镇化发展进入中后期,整体的城市和乡村建设,由快速发展进入到稳步发展,由增量发展转入到存量发展,由粗放型发展进入到精细化发展。2. 中国城乡建设的总量趋于稳定发展与增长,国际政治态势的复杂化,经济发展衰微,三年疫情,使城市经济发展宏观下滑,对城乡建设诸如房地产业、基础设施建造业、城市景观品质营造业、城市商贸及环境运营业等,都造成很大的负面影响,城市扩展建设的高峰时期进入尾声,"常态化"稳步前行是当下和今后一段时期的发展趋势。3. 城乡建设的发展迟缓,带来行业人才需求市场的收缩,高等教育在相关行业领域,如建筑大类(建筑学、城乡规划、风景园林)、土木大类(土木工程、给排水科学与工程、建筑环境与能源应用工程、智能建造等)面对了严峻的高考生源萎缩和本科生、研究生毕业就业的困境。所以建筑大类和土木大类的本科教育,面对新常态下的调整和转变,即如何应对市场需求、经济现实、教学方法的转变(包括教学时间和内容)等新的变化[①],探索人才培养模式的宽口径以适应社会需求,是建筑大类高校在普遍思考的问题。

重庆城市科技学院,是一所民办高校,办有建筑大类和土木大类的本科专业,没有研究生培养。由于其民办高校性质和"二本"招生的客观条件,建筑与土木工程学院提出本科教育以"工程性、应用型、地域性"为主导的办学目标,以补充西南、成渝地区高水平院校"综合性""研究型""双一流"的办学定位。在城镇化高速发展时期,房地产市场火热,在前5~10年间重庆城市科技学院分别办有"建筑学院"和"土木工程学院"等与市场接轨的7所学院。建筑和土木大类学院生源饱满,毕业生就业向好。疫情之前,城镇化发展已经进入中后期,大建筑和大土木的行业饱和已露苗头,建筑和土木专业教育的市场需求渐近疲软,"春江水暖鸭先知",民办高校对市场需求和社会发展趋向的变化的认识,要敏锐于一般公立高校。因此,在2021年初,学校将建筑学院和土木学院合而为一,成立"建筑与土木工程学院",其目的是要攥紧拳头、凝聚优势、整合资源,进行学科有效融合和协同发展,适应市场需要,获取人才培养的宽口径[②]。在新的历史时期,本科教育进一步凸显"工程性、应用型、地域性"的办学特色(图1)。

重庆城市科技学院的前身,是原重庆大学城市科技学院(独立学院),在重庆大学的支持和帮扶下,2005年学校成立,设立建筑、土木工程学科;2006年建筑学、土木工程本科专业招生;2010年7月,第一届本科毕业生毕业、授位;2013年获批教育部"中国应用技术大学改革试点战略研究"项目37所参研高校之一。2021年合并成立建筑与土木工程学院,形成"人居环境"大学科的教学和学科体系;2023年10月接受教育部本科教学工作合格评估。

建筑与土木工程学院的学科建设,在原重庆大学建筑与土木学科品牌优势、办学经验、师资培育的基础上,创办了建筑大类(建筑学、城乡规划、风景园林)、土木大类(土木工程、给排水科学与工程、建筑

图1 重庆城市科技学院建筑与土木工程学院在职教职员工合影(2023年8月)

环境与能源应用工程、智能建造）的本科教学体系，以及相应的办学环境和实验室条件。从2006年第一届建筑学和土木工程专业本科招生始，到2023年暑期的毕业生毕业，一共培养了建筑大类（建筑学、城乡规划、风景园林）的本科学位毕业生4100余人，土木大类（土木工程、给排水科学与工程、环境工程）的本科学位毕业生9200余人，为西南地区培养了大量的"工程性""应用型"人才[3]，填补了本科教育中品牌高校（如985、211、双一流等）办学目标以"综合性""研究型"为特色的空缺与不足，有效弥补了高考中因分数的局限而不能读喜爱的建筑、土木学子们的遗憾，有效支持了建筑大类教育和人才培养的中端办学模式，为国家和地区建筑和土木专业的教育贡献了一份坚实而有益的力量（图2）。

二、办学模式的探索与创新

1. 办学模式的地域性认识

重庆城市科技学院建筑大类"工程性""应用型"人才培养，紧紧围绕区域社会经济发展的目标。成渝地区双城经济圈是我国西部地区城乡发展水平较高、发展潜力较大的经济、科技、文化区域，成渝综合发展和人才需求，给成渝地区建筑大类高校提出新要求和新目标，尤其人才培养模式的变革与创新，成为新常态时期的重要任务。

学科建设面对国家西部和西南地区教育资源相对匮乏、人才需求量大、地域性强、生态环境特殊、工程技术性复杂的特点，培养面对地域建设的工程型应用人才。在我国西南地域城乡建设和发展中，建筑－土木学科更需要专业结合、技术协同、因地制宜、实事求是，学科建设要紧紧瞄准国家战略发展目标和地区社会经济发展的需要。

据统计，建筑与土木工程学院本科生源的80%来自于西南、成渝地区，毕业生中有75%工作选择在西南、成渝地区；学院较好地满足了西南、成渝等地区的大学教育招生社会需求和人才培养服务需求。根据重庆市教委近5年的年鉴数据反映：在重庆14个具有"建筑土木大类"的本科专业院校中，重庆城市科技学院培养的本科毕业生数量居"第三位"，人才培养在社会应用方面反映优良。

2. "大建筑"与"大土木"学科融贯发展

根据学科基础条件和师资队伍，有效形成学科相融贯的人居环境学科群。学科建设和本科教育方向凝练成如下特点：地域性－技术型；工科性－应用型；建筑和土木学科融贯发展；课堂教学与社会实践教学协同配合。

在城镇化推进和城乡建设持续发展中，本科教育在山地人居环境建设中找到了社会职业位置和工程应用价值。学科定位于以应用技术为本，重专业基础，强调学以致用的应用型人才培养（图3）。

图2 重庆城市科技学院建筑与土木工程学院院馆
（第一教学楼，前身是国家公安部档案馆，1967年建）

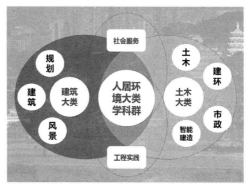

图3 建筑与土木工程学院所形成的人居环境学科集群：
大建筑与大土木学科的融贯发展

学科建设和教学体系，利用学院具有建筑和土木学科的资源优势，兼利用两学科的学科特性而融贯发展。建筑大类学科在美学形态和空间思维方面比较擅长。土木大类学科在工程技术和科研方法方面比较擅长。在教学方法和师资队伍培养上，吸取各自专业优点，相互补充，在科研、教学改革、论著选题申报上，在联合毕业设计，以及专业参访实习等方面，均产生良好效果，起到积极促进作用。"大建筑－大土木"学科联系与融贯的发展概念，为西南、成渝地域的人居环境建设提供了综合性人才培养和创新途径，学科和专业在其中找到自己的发展位置，得到教师们的普遍认同（图4）。

三、教学方法的探索与实践

1. 平台＋模块化的教学模式

学院"平台＋模块化"教学探索，是针对建筑大类和土木工程大类的专业特色，重工程、重技术、重实践的学科属性，提出建设"通识教育＋专业教育＋社会实践"平台，辅以理论和实践教学模块人才培养方式；参考重庆大学、清华大学、同济大学等的教学模式，结合重庆城市科技学院的应用型人才培养方式和就业可能性，实现课堂理论教学和社会实践教学的联动。

注重"工程性""应用型"教学目标，探索理论教学、课堂设计教学、校内实践教学、校外工程应用教学相结合模式，在不同年级和阶段，因势利导，在教学中收到很好的实效。

图4 "大建筑-大土木"融贯发展，在山地人居环境中找到自己的学科发展位置

2. 联合毕业设计教学模式

学院自2021年以来，推进了大建筑和大土木学科的联合毕业设计：大建筑学科形成六校联合毕业设计的教学群体[④]，大土木学科形成四校联合毕业设计的教学群体[⑤]。建筑大类联合毕业设计选择"城市更新"为主题，教师带领学生对成渝都市人居环境进行空间认识和设计，对社会民生和历史文化问题进行关注和把握；土木大类联合毕业设计选择"当代酒店设计力与美的融合"为主题，结合建筑—结构—智能建造的综合知识运用，引导学生综合理解建筑空间、结构技术、工程建设的技术和方法，形成学生知识掌握的宽口径，培养综合处理问题能力和社会适应能力。联合毕设的选题可针对大建筑、大土木的学科交叉，形成教学间多方位、多维度的教学交流和指导，建筑学专业形成建筑设计与结构设计的学科协作；土木工程专业形成智能建造、传统土木与建筑信息化、可视化的学科融合，对提高综合教学水平产生了很好的指导作用并具有一定的学术创新意义（图5、图6）。

图5 成渝建筑大类六高校联合毕业设计：重庆九龙坡区九龙半岛艺术大湾区城市更新

图6 成渝土木大类四校联合毕业设计教学研讨会：大土木与大建筑学科教学的融贯发展

联合毕业设计教学模式在大建筑和大土木学科分别开展，并可定期进行教学方法的探讨和交流，以促进青年教师的成长，拓展教学方法和教学效果，在成渝高校间形成学生、教师间较高质量的比较和交流，促进教学视野和水平提升，形成教学方法和教学内容的交流与互补，教学方法和学习经验的交流与集成（图7）。

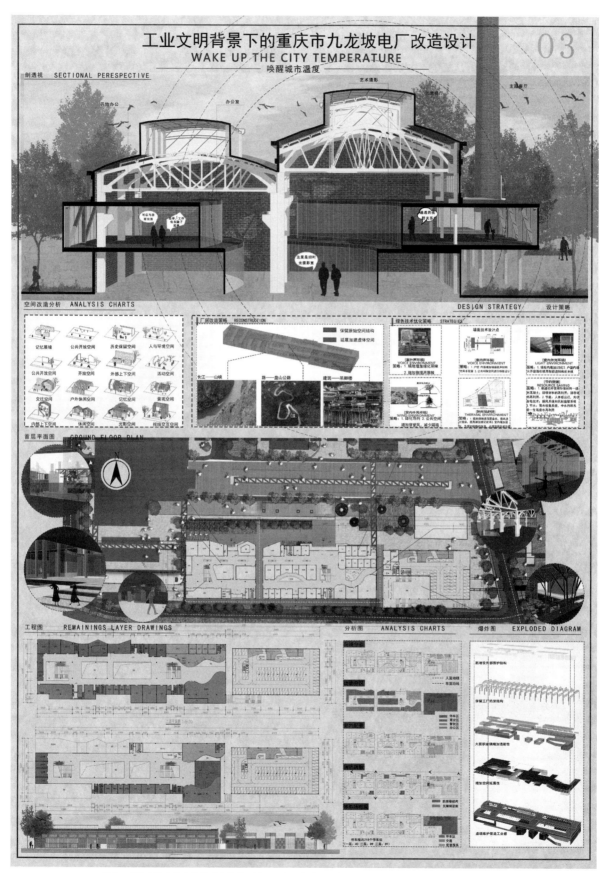

图7 成渝建筑大类六高校联合毕业设计：重庆九龙坡区九龙半岛艺术大湾区城市更新 学生设计作品

3. 宽口径教学和知识结构

学院推进宽口径教学模式，课程内容、学习方法拓展，专业课程宽泛化，适应社会发展需要，教学内容交叉和拓展，大土木—大建筑内容交叉，大建筑间、大土木间交叉，教学课程、知识结构拓展。建筑学、城乡规划、风景园林教学向城市形态、城市设计、城市和建筑群体空间聚焦，大土木的课程教学、实践内容、课程体系向专业融贯、学科交叉和前沿科技聚焦。利用学院大建筑和大土木学科平台的宽基础、综合性优势，形成师资力量、教学方法、教学内容、教学形式的交叉和融合，形成宽口径的教学效果并促成学生获得宽基础知识的可能性，以适应现代教育的综合性发展和人才知识的宽口径需求。

4. 教师团队工作室教育和传帮带教学模式

学院大土木和大建筑学科在长期学科建设的基础上，成长出一批优秀教师及其团队。三年来，学院逐步凝练形成14个团队，并以此为条件，形成教师组成的"专业工作室"，较好地涵盖了土木工程、给排水科学与工程、建筑环境与能源应用工程、智能建造、基础教学、建筑学、城乡规划、风景园林、建筑历史与艺术等专业领域。本科学生在二年级时报名选择进入团队，在团队工作室老师们的带领下，学生可得到专业学习和道德修养上的提升。这在培养学生综合素质等方面，产生了很好的效果，学生们学习进步非常快，毕业进入社会，在工作室得到的综合素质培养和训练的学生，得到用人单位的一致好评。另外，老师们在工作室手把手地教学和指导，参加团队工作室的同学，在学生考研中占40%左右的比率，这从一个侧面，也反映出教师团队对学生的综合培养效果（图8）。

四、相关办学成效的几点认识

1. 师资队伍建设及成效

学校注重师资队伍的建设，学院在大建筑和大土木两个学科体系间，形成了老、中、青相结合的优良师资队伍；形成学科带头人、教授、副教授、讲师、助教的合理师资结构[⑥]；形成专业对口、技术水平合格、具有责任心、热爱党的教育事业的教学和科研群体；形成为国家和地区培养建筑大类和土木大类工科应用型人才的中高层人才队伍。

学院形成整体的高质量师资队伍和学术带头人集群，包括柔性引进人才队伍和学科带头人，对学院学科高质量发展和教学水平的提升，起到非常大的开创性作用[⑦]。学院教学体系和风格源于重庆大学（综合性、研究型），又有别于重庆大学。根据"民办本科"办学特点和自身条件，实事求是的走"工程性、应用型、地域性"的人才培养道路（图9）。

近三年来，学院教师申请获得省部级、市级、区级科研和教改项目43项，其中省部级项目13项，重庆市级重点项目7项，重庆市级重大项目1项；发表高水平学术论文80余篇，出版专著和教材12部，申请国家级专利7项，教师指导学生获得国家、国际、地区各类竞赛奖项200余项。其中教材部分：获得国家规划教材1本（陈俐《制冷原理与设备》），获得重庆市优秀教材一等奖1本（肖明葵《理论力学》）等。师资队伍的成长和水平提升，获得明显的成效。

图8 教师团队工作室教育和传帮带教学模式

图9 2022成渝双城经济圈建筑与土木大类高校青年教师邀请学术论坛
（重庆城市科技学院主持，2022年7月12日）

2．学院党建和学生工作

在学校党政班子领导下，建筑与土木工程学院十分重视党建工作和思想政治工作，取得优良成绩。三年来，学院党总支、团总支多次获得先进集体和先进个人荣誉；获得重庆市级及国家级样板党支部荣誉。学院提倡学生"德智体美劳"全面发展，学生工作多次获得重庆市、地区的优秀单位荣誉称号。

三年来，建筑与土木工程学院，结合教育部、重庆市教委人才培养的社会发展新要求，积极推进"访企拓岗"的工作，已经与重庆市设计院有限公司、重庆大学建筑规划设计研究总院有限公司、基准方中建筑设计股份有限公司、五洲工程顾问集团有限公司等30余家企事业单位，签订了"产学研"的合作协议，为建筑和土木工程的高年级学生，建立实习和就业岗位的选择基地。

3．学生培养的社会评价

学生在社会实习中，得到企业普遍的好评和赞誉：认为重庆城市科技学院的学生，具有能吃苦、能耐劳、谦虚、基础扎实、踏实、好学的优良品质和素质，在企、事业用人单位中，十分受欢迎。

近三年来，学院大建筑和大土木的学生参加不同类型的专业竞赛，获得国际、国内、部委、地区的各种奖项200余项。仅2023年，建筑与土木工程学院考取国内外研究生共计50余人。①在面对国家城镇化发展进入后半期，城乡建设、建筑与土木工程行业普遍走低的情况下，学生就业率近三年稳定在95%左右，毕业生就业质量及社会评价逐年提升。从一个侧面反映出教学质量和人才培养健康发展。

五、办学不足和发展认识

1．办学高度和视野

建筑与土木工程学院办学是以"工程性、应用型"为主体目标，存在办学高度和视野的局限性；学院通过联合毕业设计、组织成渝地区学术竞赛、学术会议等，提升学科建设和教学质量，采取走出去、请进来，引进柔性人才作为学科带头人，鼓励教师积极对外交流等措施，弥补短板，有效提高办学质量和师资队伍水平。

2．生源和师资稳定性

在成渝地区，与国家公办院校比较，在生源质量、师资稳定性方面，存在不足，学校和学院为了提升办学品牌，引进著名学者、高水平专家作为领军人才和学院管理人才，有效提升了学院知名度和办学水平，明显扩展了学院在成渝、西南地区的影响力，加强了与成渝相关兄弟院校的学术联动。

3．办学质量和教学水平提升

单纯以本科教学为主体的院校，没有理论创新和学科发展高度，本科教育质量是受到制约的，师资水平的提升也受到局限；学院将积极努力，配合学校的整体发展，争取获得硕士学位点的办学资格，使大建筑和大土木办学质量再上台阶，进一步推高学科建设高度和教学水平高度。学院进一步凝练学科特色，夯实基础，提出人才教育的"德智体美劳"全面发展；形成重庆和西南地区人居环境学科建设（建筑和土木大类）的特色学院，凸显传统工程学科专业的历史品牌地位，为学科建设迈向硕士点、人才培养创造新途径而持续努力。

六、小结

重庆城市科技学院"建筑大类"和"土木大类"本科教育的学术融贯发展办学方式，是人居环境学科建设发展在成渝、西南人才培养地域化体现的理论探索与实践，是新常态时期的建筑大类和土木大类办学道路和方法的创新探索。重庆城市科技学院作为民办大学办学，经历了近17年的探索发展历程，在今天新常态形势下，作为地域民办高校本科教学模式的创新与实践，本文提出一些实践体会和办学探索，可望对我国当前时期相同类型建筑大类本科学校的教育改革提供一定的参考和借鉴,供学者和专家们讨论指正。

笔者在我国建筑大类教育的教学战线上工作了近40年,经历和阅读了国内外不少著名院校的教学方法和学科建设的先进模式,并以此为荣;值此,笔者也深切感悟如重庆城市科技学院等民办高校,诸多师生员工、管理工作者、学生们和家长们为中国的建筑教育事业所做的默默无闻的、朴实无华的奉献和耕耘,以及为"地域性""工程性""应用型"大学本科人才培养所付出的诸多辛勤和汗水。在我国新常态发展的情景下以及后续可持续的过程中,这种劳作和奉献显得弥足珍贵。

注释

① 建筑大类的建筑学、城乡规划、风景园林专业,本科学制是五年,在目前市场萎缩、社会人才需求下滑的情况下,我国不少院校,如清华、同济、东南、天大、重大等,提出可能缩短学制为四年的设想,以适应本科教育人才培养的社会变化与现实需求。
② 目前,重庆城市科技学院建筑大类和土木工程大类的年度招生是工科,建筑大类招生是文理间搭。
③ 相关大建筑、大土木毕业生数据统计,引自重庆城市科技学院教务处学籍管理资料。
④ 建筑大类的六校联合毕业设计:四川大学、西南民族大学、重庆交通大学、西南大学、四川美术学院、重庆城市科技学院。
⑤ 土木大类的四校联合毕业设计:重庆交通大学、重庆城市科技学院、西南科技大学、西华大学。
⑥ 学院利用重庆直辖市、重庆大学等人才资源优势,积极引进高质量人才,形成学术带头人队伍和柔性人才队伍,2021年以来,先后聘请龙彬教授(重庆大学,博士,博士生导师)、李泽新教授(重庆大学,博士,硕士生导师)、汪峰教授(重庆交通大学,博士,硕士生导师)、张川教授(重庆大学,博士,博士生导师)、张智教授(重庆大学,博士,教授博士生导师)、阴可教授(重庆大学,博士,博士生导师)、卢军教授(重庆大学,博士,博士生导师)、李伟英教授(同济大学,博士,博士生导师)为柔性人才,担任建筑学、土木工程等7个专业方向的学科带头人。
⑦ 学院先后聘请鲁志俊(重庆市设计院集团)、龙彬(重庆大学)、张智(重庆大学)、褚冬竹(重庆市设计院集团)、黄耘(四川美术学院)等为学院客座教授;聘请何智亚(重庆历史文化名城委员会)为荣誉教授,指导学院的学术发展和专业教学发展。
⑧ 据学校教务处统计,建筑与土木工程学院2023年度考取国内外重点院校的研究生共50人,如重庆大学、西南交通大学、重庆交通大学、中国矿业大学、四川美术学院、南京工业大学、曼彻斯特建筑学院、墨尔本大学、伦敦大学学院、诺丁汉大学等。

参考资料

[1] 《习近平谈治国理政》,新常态的相关论述。
[2] 重庆市高等教育教学改革重点研究项目,《成渝经济圈高校建筑大类专业人才培养模式改革创新的研究与实践》项目批准书,项目申请人,赵万民、杨龙龙、王肖巍等。
[3] 重庆城市科技学院《本科教学工作合格评估自评报告》,2023年10月。
[4] 重庆市教育委员会统计年鉴 2010-2022。
[5] 吴良镛. 人居环境科学导论 [M]. 北京:中国建筑工业出版社,2009.
[6] 吴良镛. 广义建筑学 [M]. 北京:清华大学出版社,1989.
[7] 赵万民. 山地人居环境七论 [M]. 北京:中国建筑工业出版社,2015.
[8] 赵万民. 山地人居环境科学集思 [M]. 北京:中国建筑工业出版社,2018.

附记:

重庆城市科技学院建筑与土木工程学院跨越17年的学科建设和教育发展,诸多领导和教授们为此付出艰辛劳动和智慧支撑,形成今天的教学成果和师资队伍集成。在此特别鸣谢:杨天怡、刘学民、王银峰、黄宗明、柴新卫、李平诗、何成辉、张亮亮、陈尔杰、朱海磊、金杰、周毅、段旻、唐海艳、何湘丽、王加青、冯鑫、庞宇、张念、张来仪、黄忠、肖明葵、朱建国、李奇、焦斌权、吴斌、聂绍伦、邢世建、游渊、邹昭文、龙彬、曾卫、张川、李泽新、汪峰、阴可、张智、吴涛、罗小乐等。

作者:赵万民,重庆大学教授、博士生导师,现受聘为重庆城市科技学院建筑与土木工程学院院长;杨龙龙,重庆城市科技学院建筑与土木工程学院院长助理,副教授;王肖巍,重庆城市科技学院建筑与土木工程学院院长助理,副教授;王爽,重庆城市科技学院建筑与土木工程学院党总支副书记,讲师

道器相融：从技能到思维到融通
——厦门大学"国土空间规划信息技术"课程教学创新与实践

李 渊　黄竞雄　梁嘉祺

The Integration of Tao and Utensils: From Skills to Thinking to Integration —Teaching Innovation and Practice of "Information Technology of Territory Spatial Planning" in Xiamen University

■ **摘要**：新工科建设与国土空间规划的体系重构，对城乡规划专业课程的教学提出了新要求。地理信息系统是国土空间规划实务的重要依托，面向建筑类新工科建设的需求，探索"国土空间规划的时代要求"（道）与"地理空间信息的前沿技术"（器）相融的课程教学创新方案，对培养新工科高水平人才的专业技术（器）与综合思维（道）具有实践意义。本研究以厦门大学"国土空间规划信息技术"课程为例，提出创新措施：(1) 课程思政引领，重构教学内容；(2) 开发课程资源，促进渐进学习；(3) 推进翻转教学，促进道器相融；(4) 丰富考核形式，促进全面评价。通过三阶段课程教学创新实践，形成"从技能到思维到融通"的渐进式教学理念，旨在完成从专业技术人才培养到新工科高水平专业人才培养的转型。

■ **关键词**：国土空间规划；教学创新；道器相融；新工科建设；地理信息系统

Abstract: The construction of emerging engineering and the reconstruction of the territory spatial planning system put forward new requirements for urban and rural planning teaching. The geographic information system is an essential basis for territory spatial planning. Facing the needs of emerging engineering disciplines, exploring the course teaching methods that integrate "the requirements of territory spatial planning" (Tao) and "the frontier technology of geospatial information" (Utensils) plays a critical role in cultivating high-level students' "professional technology" (Utensils) and "comprehensive thinking" (Tao). This paper takes the course "Information Technology of Territory Spatial Planning" at Xiamen University as an example and puts forward innovation measures: (1) ideological and political leading and reconstructing the teaching content; (2) development of course resources to promote progressive learning; (3) promoting flipped teaching; (4) enrich the form of assessment, promote comprehensive evaluation. Through the innovative practice of three-stage teaching, this paper formed a progressive teaching concept of "from skills to thinking to integration", which aims to complete the transformation of professional and technical training to the high-level professional training of emerging engineering.

Keywords: Territory Spatial Planning; Teaching Innovation; Integration of Tao and Utensils; Emerging Engineering Construction; GIS

一、引言

新工科建设是国家为了适应产业变革和支撑服务而提出的工程教育改革方向，为课程教学范式和教育手段的创新提出了需求，在工程学科建设中发挥了积极的引领作用。结合"立德树人"发展要求，学界正扎实推进教学体系改革，为服务国家的高质量发展提供坚实的工科人才基础[1-3]。当前，我国已建立起国土空间规划体系，行业的变革号召规划人才培养体系的创新。对城乡规划学科而言，国土空间规划由"多规合一"衍生而来，具有复杂巨系统的特征[4]，仅凭单一学科的力量难以破解这一难题，需要通过不同学科的交叉培养形成合力解决问题，这与建筑类新工科建设对人才多样化知识体系的要求不谋而合[5]。

统一的数据平台是建设现代化国家的基础，数字化则是助力国土空间规划治理的重要因素。基于地理信息系统（Geographic information system, GIS）构建的全国"一张图"平台为国土空间规划的编制、实施、管控提供了充分的技术支持，是国土空间规划实务开展的重要依托[6]。以GIS技术为核心，"GIS+"理念构建了人本主义导向下国土空间规划的前沿技术体系。然而，传统的GIS课程主要面向测绘遥感学科、地理信息学科等开设，其教学模式更侧重于GIS的开发与操作。在课程教学中，如何将其与国土空间规划行业的需求进行有机融合，以更好地辅助国土空间规划实务研究与应用，仍是值得探讨的内容。

《易经·系辞》有言："形而上者谓之道，形而下者谓之器"。面向国土空间规划的时代需求，课程教学应以新工科建设的综合素质人才培养理念为"道"，明确新工科高水平人才应当具备的地理空间信息前沿技术，以无形之道明有形之器。面向规划学科学生的发展需求，GIS教学既要训练学生的基本操作技能，更要引导学生形成进阶思维的能力，以有形之器践无形之道。综上，本文以国土空间规划的时代需求为道，地理空间信息的前沿技术为器，探索道器相融的课程教学创新；以学生的专业技术技能为器，综合思维能力为道，探索道器相融的人才培养创新；构建道器相融的螺旋结构，旨在完成教师从传统"被动式讲授教学"到新工科"渐进式翻转教学"的转型，学生从专业技术人才培养到新工科高水平专业人才培养的转型，为不同类型课程的创新与实践提供参考。

二、人才培养转型要求

（一）国土空间规划行业需求

《全国国土空间规划纲要（2021-2035年）》的编制完成标志着国土空间规划体系在全国范围内已基本建立，其生命周期主要包括编制、实施和监管三个方面。在"数字中国"战略的引领下，国土空间规划的全生命周期注重提高智慧化和信息化水平，并强调新兴技术和国土空间治理需求的有机结合，建立全国的"国土空间规划一张图"[7]。基于"一张图"信息平台，国土空间规划的实施评估与管制可以有效开展，充分提升国土空间的治理能力。耿虹等认为，应当以城乡规划学为核心构建规划学科的知识体系建设，充分融合不同学科的核心知识，重点关注技术分析领域技能方法的提升[8]。党安荣等认为，依托物联网、遥感、地理信息系统等多种信息技术方法，融合制度性技术方法构建智慧国土空间规划管理的体系，有助于提升空间资源配置效率和助力精细化的空间治理[9]。于涛方认为，借助地理信息系统与计量经济，结合大数据分析，能够在发挥规划学科优势的基础上进一步强调"使空间资源配置更优化"这一理念，辅助学生在应对国土空间规划课题时形成弹性思维[10]。

由此看来，不同于以往的空间规划体系，国土空间规划更注重对山、水、林、田、湖、草、沙等要素资源的统筹调配，由过往的国土空间资源监测转向人们对其利用行为的监测与管控[11]。随着空间规划的尺度拓展，国土空间规划统一了规划学科关注的要素对象和时空关系，更加注重人才融通不同空间尺度的思维和能力[12]。综上所述，可知以地理信息系统为代表的前沿地理空间信息技术方法，从技术体系与思维体系方面为国土空间规划提供了技术支持，建立符合国土空间规划行业需求的地理信息系统教学模式则具有研究和实践的双重价值。

（二）地理信息系统教学特点

自20世纪60年代土地GIS出现至今，GIS被国土资源调查、城乡规划、市政管理等诸多专业视为核心技术，传统地理信息专业教学主要围绕通识课程、数据感知与获取、数据管理与分析等三个方面展开。由于培养目标的差异，现有研究针对地理信息系统课程的教学提出了不同的教学方法。杨林等提出了面向工程教育认证的教学模式，基于《华盛顿协议》的培养要求，在课程内容设计上偏重于应用软件工程方法和软件开发工具实现小型GIS复杂软件系统的开发[13]；段炼等同样依据"新工科"的教育改革方向，在教学方式与手段方面进行了创新，以技术导向为主，结合新兴地理数据与编程方法深度开展地理信息教学内容，本质上仍是偏重开发方法的工程技术教学[14]。乐阳等认为，地理信息系统在系统思维、空间思维和计算思维上具备与城乡规划学科结合的潜力，两者的结合可以为未来城市和学科的可持续发展提供讨论契机[15]。

现有地理信息课程教学模式为培养具备交叉学科素养的人才提供了坚实的基础。但由于学科本身的特质所限，简单照搬GIS课程的教学模式并不能满足国土空间规划行业对于空间思维培养的需求。同时，国土空间规划的实务并不仅限于应用技术开展系统设计与开发工作，还需要充分考虑规划学科的特点与学生的思维，将地理信息系统课程进行改革提升，更好地开展建筑类新工科人才的培养工作。

（三）学生情况与教学痛点

在学生特征方面，城乡规划专业生源主要来自建筑大类招生。教学过程中，教学团队发现学生普遍存在三个特点：其一，计算思维较弱。由于建筑大类的课程培养方案以设计课程作为主干，学生的图形思维较为活跃，思考方式多以发散为主，而技术类课程所需要的计算性思维和线性思维仍存在一定的提升空间。其二，融通意识不强。面向大部制改革与国土空间规划行业变革的新要求，城乡规划学科的学生存在行业融通意识不强的现象，所掌握技能与国土空间规划实务需求相脱节，不了解如何进行知识和技能的迁移应用。其三，高阶性认识浅。由于城乡规划学科的综合性较强，任务导向与合作创新的特点明显。但其教学模式更多强调系统性知识教学的特征，对学生合作创新的高阶思维培养不足，有待提高。

在教学模式方面，目前面向城乡规划专业学生开设的地理信息系统教学存在三个主要的痛点：其一，课程资源专业针对性弱。现有地理信息系统的教学资源多为面向地理类专业开发设计，传统教学对其直接采用，难以针对城乡规划专业学生建立清晰的知识体系与渐进式学习逻辑，与行业需求存在一定的脱节。其二，道器相融教学策略不足。传统教学模式以知识的单向灌输为主，未能充分营造对话的语境，以激发学生自身潜力和学科交叉的综合思维。其三，创新性挑战度要求不够。现有的地理信息系统教学考核更注重知识点与实操的掌握，忽略了学习过程、团队合作、成果创新与空间思维的锻炼和挑战。

对学生加强空间思维的训练，培养其举一反三的能力，则能够更好地符合新工科人才的交叉思维培养要求。

综合学生情况与教学痛点的分析，本文需要思考的问题包括：（1）如何开发课程资源，激发学习的针对性；（2）如何推动互动教学，提升学习的主导地位和融会贯通能力；（3）如何丰富考核形式，激发学生创新能力的培养和促进空间思维的训练。

三、厦门大学解决方案

厦门大学"国土空间规划信息技术"为城乡规划专业核心课程，授课对象为本科二年级学生，每班学生人数约30人。课程开设于2009年，原课程名为"城乡规划新技术GIS应用"。2020年后，为响应国家空间规划体系的改革，更改为现名。

课程面向新工科建设要求，融入国土空间规划的新时代需求，以建筑类新工科人才培养为使命，挖掘思政元素并有机融入课程教学，重构课程资源、教学模式、考核指标，构建了从"GIS技能训练""GIS思维培养""GIS融通创新"的三段式渐进教学模式。课程先后被确立为校级首批思政改革课程、省级创新创业改革课程、省级混合式课程、国家级一流本科线上课程，探索了从专业技术人才培养到新工科高水平专业性人才培养的转型路径。

（一）课程思政引领，重构教学内容

为推动国家需求与专业思维的结合，打通从"技能"到"思维"再到"融通"的不同阶段，推动人才培养从低阶向高阶渐进式发展，本课程充分挖掘思政元素，并把它融入地理信息课程教学过程中，涵盖从专业到工程伦理、从专注到大国工匠、从人本到家国情怀、从价值到使命担当的不同阶段，旨在提升学生的综合素养。

教学内容的重构经历了两个阶段，结合了《专业类教学质量国家标准》中建筑类学生对案例教学的适应特点和国土空间规划体系改革新要求，有机融入了新时代需求、新技术满足、典型思政元素，确保课程内容新鲜有趣，富有创新性和挑战度，在实践上引导学生对"科学精神""人文精神""时代精神"等国家战略的理解（图1）。

（二）开发课程资源，促进渐进学习

本课程针对传统地理信息课程与国土空间规划行业需求的脱节问题，着眼于思维启发，打造在线MOOC学习资源。通过1门国家级和2门校级MOOC课程，形成阶梯型在线教学资源体系，营造了面向城乡规划专业的GIS线上知识库，促进计算性思维的提升。同时，为了提升学生的动手实践能力，开发了虚拟仿真平台项目，促进学生更好地掌握空间信息技术新软件、新仪器、新

图1 融入思政元素的教学内容重构方案

媒质的虚拟操作，并与MOOC知识点形成了紧密的配合关联，以使学生掌握先进技能。

同时，为了更好地夯实案例教学，联动配套教材与专著资源，本课程通过编写出版住建部十四五规划教材与文化和旅游部优秀专著，促进课程资源的融通创新。在此基础上，依托国家级新工科研究与实践项目，建设了"全国—城市—社区"三种空间尺度的国土空间规划GIS案例库，打造行业创新应用案例库。课程最终构建了"MOOC—教材—专著—案例库"的系统性学习资源，学生能够通过课程资源的联动直接接触真实数据和应用场景，更好地帮助空间思维与线性创新思维的形成，促进案例教学的实现。

（三）推进翻转教学，促进道器相融

重构课堂内容，搭建时代需求与技能满足的桥梁，重构的线下课堂内容关联了国土空间规划新时代的需求与GIS最新的技术，让每一堂课的线上MOOC学习内容和线下课堂学习内容形成良好互补，每一堂课内容新鲜有趣且富有完整性和挑战度。重构过程中，教学团队对不同层次的本研学生进行了广泛访谈，探索课程教学内容与设计、科研的有机融合路径，促进认知渐进性提升，实现"技术与科研""技术与设计"的融通。

教学团队聚焦传统课堂教学存在"课前缺乏问题探寻""课中缺乏互动和同伴学习""课后缺乏融通创新要求"的不足，重新设计了符合学生特点的翻转课堂教学。采取OPIRTAS（目标、准备、视频、回顾、测试、活动、总结）翻转教学模式，让学生上讲台，对传统课堂的"单向知识传授"模式进行重构。与思政教学点的融合讲解，促进学生将课程知识点在实际应用语境下的渐进和高阶理解，实现"技术与时代选题""技术与新型数据"的融通。典型的OPIRTAS教学过程包括：

（1）"目标"：包括低阶的知识目标和高阶的融通能力目标；

（2）"准备"：为雨课堂发布的配套专著中的学术文献分析任务；

（3）"视频"：为国家精品课程中的教学视频；

（4）"回顾"：拓展知识讲解，包括课程的关键问题；

（5）"测试"：考察学生对知识点掌握的情况；

（6）"活动"：学生上台展示、开展互相提问和辩论，老师进行点评，并有机融入思政点，提升创新性、高阶性和挑战度。

（7）"总结"：为本堂课知识图谱，并为后续延伸知识点做准备。

（四）丰富考核形式，促进全面评价

打造小班信息平台，全过程管理线上线下学情。依托新型线上线下混合式教学管理理念，开展学情动态分析，记录个人学习分与团队成果分。开展"多主体考核"与"线上线下考核"，结合过程性和终结性两个方面评价学生能力与知识的发展。总的来看，学生成绩主要由两个部分组成：(1)个人学习分(50%)，其中包括线上学习(30%)、组内贡献(10%)和课堂表现(10%)三个评价维度。(2)团队成果分(50%)，其中包括技能掌握(10%)、思维融通(20%)和最终的汇报效果(20%)。

依托学堂在线信息化学习平台和虚拟仿真实验教学课程共享平台，记录学生的学习过程。利用雨课堂开展互动问答，记录学生合作情况和课堂表现。团队通过两个国家级虚拟教研室引入多师资参与课程汇报，帮助开拓学生的学术视野，提升课程的挑战度和高阶性。为满足教学过程中实时演示的需求，与企业合作开发了"空间人文社会GIS元宇宙"平台，实现网络布展，便于相关人员参与考核。

四、创新成效

围绕课程改革方案涉及的改革措施与学生能力培养目标，课程教学团队通过问卷星平台设计了课程教学方案成效评价问卷，并在学期结束前发放给选课学生进行匿名评分，并与教学团队的

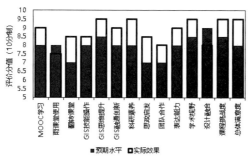

图 2　课程评价统计结果

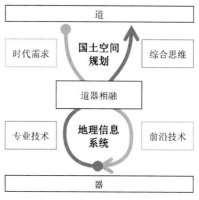

图 4　教学创新设计理念框架

预期水平进行对比。问卷评价维度涵盖 MOOC 学习、雨课堂使用、翻转课堂、GIS 技能提升、GIS 思维提升、GIS 融通创新、科研素养、思政启发、团队合作、表达能力、学术视野、设计融合、课程挑战度和总体满意度等十余项评分维度。最终结果显示课程在学生培养的多项指标上呈现超过预期的提升（图 2）。

教学改革持续至今，带来的是学生综合素养的全面提升。有的学生将 GIS 思维与设计课程结合，曾在"大数据支持设计"比赛中获得全国性奖项。学生中同样涌现不少跨领域人才，有的获评高校 GIS 新秀、高校 GIS 新锐称号。这些奖项在 GIS 领域具有较高的知名度，对于建筑类学生而言更具有挑战度。此外，本课程所开发的线上课程资源在多个线上平台获得广泛传播，累计学习人数超过 10 万人次。而国家级虚拟仿真平台项目也已有 3000 余人次参与实验，与 MOOC 中的知识体系形成良好互补，在服务行业的同时达到了较好的传播效果。本课程同时为教育部"拓金计划"的示范课程，并在不同的教育部虚拟教研室平台进行知识图谱和教学资源的共享（图 3）。以五大发展理念推动教育改革发展，以更好地探索"智能+"时代新型基层教学组织的运行模式。

五、结语

本研究以厦门大学"国土空间规划信息技术"课程为例，面向新工科建设和国土空间规划实务需求，教学设计上由"国土空间规划的时代要求"（道）入"地理空间信息的前沿技术"（器），对教学方案与知识点进行创新，符合时代发展特点；而教学过程中由培养新工科高水平人才的专业技术（器）提升到综合思维（道），两者结合形成"道器相融"的地理信息系统渐进式教学创新设计理念（图 4）。本方案所解决的主要教学问题包括：（1）开发课程资源，激发学习针对性；（2）推动互动教学，提升学习的主导地位和融会贯通能力；（3）丰富考核形式，激发学生创新能力，促进空间思维训练。

围绕这三个主要教学问题，课程团队提出了 4 项主要措施，包括：（1）课程思政引领，重构教学内容；（2）开发课程资源，促进渐进学习；（3）推进翻转教学，促进道器相融；（4）丰富考核形式，促进全面评价。通过"GIS 技能训练""GIS 思维培养""GIS 融通创新"的三阶段课程教学创新实践，形成"从技能到思维再到融通"的渐进式教学理念，旨在完成从专业技术人才培养到新工科高水平专业性人才培养的转型。创新成效表明，课程教学方式的创新与教学内容的拓展，使得学生具备扎实的基本技能、开阔的学术视野和融通的科创思维。从课程目前取得的系列成果来看，该方案具备一定的创新性和可推广性。

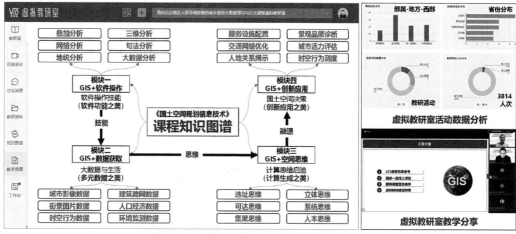

图 3　虚拟教研推广分享

参考文献

[1] 陈刚, 方庆艳, 张成, 等. 新工科背景下锅炉原理课程建设的探讨[J]. 高等工程教育研究, 2019 (S1): 62-65.
[2] 梁恒, 李伟光, 马军, 等. 新工科背景下《水质工程学》课程建设思考[J]. 给水排水, 2020, 56 (11): 143-146.
[3] 王轶卿, 张翔. 新工科建设中实施课程思政的理论与实践[J]. 河北师范大学学报(教育科学版), 2020, 22 (6): 59-62.
[4] 孙施文, 吴唯佳, 彭震伟, 等. 新时代规划教育趋势与未来[J]. 城市规划, 2022, 46 (1): 38-43.
[5] 郑文晖, 李玉婷, 周韬. 契合新工科理念的规划教育方法及启示——以卡迪夫大学为例[J]. 建筑与文化, 2021 (3): 105-106.
[6] 周庆华, 杨晓丹. 面向国土空间规划的城乡规划教育思考[J]. 规划师, 2020, 36 (7): 27-32.
[7] 谢花林, 温家明, 陈倩茹, 等. 地球信息科学技术在国土空间规划中的应用研究进展[J]. 地球信息科学学报, 2022, 24 (2): 201-219.
[8] 耿虹, 徐家明, 乔晶, 等. 城乡规划学科演进逻辑、面临挑战及重构策略[J]. 规划师, 2022, 38 (7): 23-30.
[9] 党安荣, 田颖, 李娟, 等. 中国智慧国土空间规划管理发展进程与展望[J]. 科技导报, 2022, 40 (13): 75-85.
[10] 黄贤金, 张晓玲, 于涛方, 等. 面向国土空间规划的高校人才培养体系改革笔谈[J]. 中国土地科学, 2020, 34 (8): 107-114.
[11] 石楠. 城乡规划学学科研究与规划知识体系[J]. 城市规划, 2021, 45 (2): 9-22.
[12] 史北祥, 杨俊宴. 以"空间+"为原点的城乡规划学科发展研究[J]. 规划师, 2022, 38 (7): 31-36.
[13] 杨林, 李圣文, 左泽均, 等. 面向工程教育认证的"GIS软件工程"实践教学研究[J]. 地理空间信息, 2019, 17 (12): 123-126.
[14] 段炼, 廖超明, 陆汝成, 等. 新工科背景下GIS应用创新型人才培养教学改革[J]. 广西师范学院学报(自然科学版), 2019, 36 (2): 163-166.
[15] 乐阳, 李清泉, 郭仁忠. 融合式研究趋势下的地理信息教学体系探索[J]. 地理学报, 2020, 75 (8): 1790-1796.

作者:李渊,厦门大学建筑与土木工程学院建筑系系主任副、教授、博士生导师;黄竞雄,清华大学建筑学院博士研究生;梁嘉祺,厦门大学建筑与土木工程学院博士研究生

中国各省农村低碳属性特征及其类型化低碳规划策略初探

杨宇灏　胡珈恺　胡文嘉

Exploration of Low-carbon Attribute Characteristics and Typed Low-carbon Planning Strategies in China's Inter-provincial Rural Areas

■ 摘要：针对双碳目标背景下农村低碳类型化发展的研究不足现状，从碳源和碳汇双重角度出发，通过Kaya恒等式的扩展推导，挖掘出影响农村碳排放表征量之下起决定作用的多维属性特征（农业经济、农业能源、农业污染、农村生活、生态碳汇等），构建了农村低碳属性特征的评价指标体系，并通过层次聚类法揭示2020年中国各省农村低碳属性特征的7种客观类型，在对各类型进行特征解读的基础上，提出匹配各类型的低碳农村规划策略、可视化策略图解和控碳绩效指标。

■ 关键词：低碳农村；类型管控；低碳特征；省际差异

Abstract: Aiming at the current situation of insufficient research on rural low-carbon type development under the background of dual carbon goals, this paper from the dual perspectives of carbon source and carbon sink, through the derivation of the Kaya formula, it is found that the multi-dimensional characteristics (agricultural economy, agricultural energy, agricultural energy, agricultural pollution, rural life, ecological carbon sink, etc.) play a decisive role in affecting rural carbon emissions. Secondly, an evaluation index system for rural low-carbon characteristics is established, and 7 types of rural low-carbon characteristics in China's provinces in 2020 are revealed through hierarchical clustering. Finally, on the basis of interpreting the characteristics of each type, this paper proposes matching various types of low-carbon rural planning strategies, visual strategy diagrams and carbon control performance indicators.

Keywords: Low-carbon Rural；Type Control；Low-carbon Characteristics；Inter-provincial Differences

基金项目：成都市哲学社会科学重点研究基地－美丽乡村建设与发展研究中心资助项目（编号：CCRC2024-15）。

一、背景

践行低碳发展以应对全球气候变化已成为全球的共识，作为负责任的大国，中国于2020年9月首次提出了"30·60"的"碳达峰·碳中和"目标（以下简称"双碳目标"），近两年更是明确了国家双碳目标的时间表、路线图，已成为研究热点。但长期以来，我国的减碳、控碳等节能减排主要集中在城市地区，聚焦于工业、能源、生活、交通等领域，城乡差异决定了实现双碳目标的贡献方式不同，农村低碳发展问题并未得到足够的重视。而我国作为世界农业大国，农业温室气体排放量占全国的5.7%，占世界农业排放总量约12%，是全球第二大农业排放国（世界资源研究所，2018）。并且，农村人口占全国的36.1%，且农村人均GDP占全国的37.6%[1]，可以看出我国农村领域的低碳发展潜力空间巨大。

省级行政单位作为国家双碳目标的次级行政执行单位，在我国广袤农村地域的低碳发展上具有统筹兼顾和协调平衡的顶层制度作用，但由于各省社会发展、地形地貌、人口气候等客观差异，因省而异的农村低碳发展类型化管控则显得尤为重要，其关键在于明晰各省农村的低碳属性特征，进而针对不同特征类型制定科学有效且符合实际的差异化农村低碳规划路径。因此，在双碳目标的背景下，结合乡村振兴的国家战略，本研究建立起一套能够准确反映各省农村低碳属性特征的评价方法以及类型化低碳规划策略的方法体系，可为促进农村生产生活的低碳转型、城乡发展不平衡破局等方面提供理论依据和决策指导。

二、研究现状综述

（一）乡村振兴背景下的农村类型化研究

近年的研究在指标构建、差异分析及其分类治理的方法层面主要可以归纳为以下4个方向：

1. 主观划分法

是在对农村或乡村现状发展特征认知的基础上来进行类型的划分。如2018年，中央农村工作领导小组办公室主任韩俊提出"城郊型乡村""宜业宜居乡村""自然文化资源型乡村""环境恶劣型乡村"四种乡村类型[2]；2019年，五部门在《关于统筹推进村庄规划工作的意见》中明确了"集聚提升类""城郊融合类""特色保护类""搬迁撤并类"等村庄分类；贺雪峰等（2018）提出了"已经工业化、城镇化的沿海城市经济带农村"（＜10%）"传统农业生产的一般农业型农村"（＞80%）和"适合发展新业态的具有区位条件或旅游资源的农村"（＜5%）三种农村类型[3]。

2. 既有区位划分法

是通过地理区域划分来对构造的指标进行差异及演变分析。如薛龙飞等（2022）从产业兴旺、生态宜居、乡风文明、治理有效和生活富裕5个维度构建乡村振兴发展水平评价体系，进行了东、中、西部和东北四大地区的差异分析及其动态演进探索[4]；徐雪等（2022）测算了乡村振兴水平综合指数，并揭示其在全国东、中、西部地区的稳步下降趋势[5]；周扬等根据既有的地理区域划分，将我国乡村地域类型分为11个一级区（东南沿海区、长江中下游区、华南区、四川盆地区等）和45个二级区[6]。

3. 双指标划分法

是根据匹配研究目标的两种指标构建出评价矩阵来进行类型差异的影响因素分析。如徐勇等（2016）从"分化—整合"的双指标维度将中国农村划分为7大区域的村庄类型[7]；郑风田等（2019）构建了"种养资源—自然／人文景观资源"的双指标维度，将村庄划分为四种类型[8]。

4. 多指标综合划分法

是通过构建能体现地区的多维特征评价指标来对类型进行综合差异对比分析。钱佰慧等（2022）在构建省域农村现代化水平指数（农业、农村、农民的现代化水平）的基础上，将各省划分为农村现代化起步阶段的前期、中期和后期三种类型[9]；周扬等从资源、环境、人文、经济等维度构建了乡村综合发展水平的指标体系，划分为低、较低、中、较高和高水平区5类地区。

（二）双碳目标背景下的农村低碳发展研究

目前对于碳排放核算、碳排放特征及其类型化低碳策略研究主要集中在国家、省域及城市层面，针对农村方面的研究则较少。针对农村低碳的既有研究主要可以归纳为以下三个方向：一是农村碳排放的核算模型及空间可视化[10-12]、农村碳排放的影响因素分析[13]、农村不同情景预测下的碳排放变化趋势分析[14]；二是低碳农村[15]、农村社区[16]、农业空间[17]等的评价指标体系及规划策略研究；三是低碳农村的规划设计、建筑方案、制度设计等的适应性营造策略及实践研究[18-21]。

总体而言，既有研究在农村地域特征及其类型化规划策略、低碳营造实践等方面取得了丰硕的成果，拓宽了我国农村发展研究在理论和实践上的深度和广度。但既有研究在针对农村特征的类型化挖掘方面，较为缺乏碳排放方面的评价指标体系，而具有碳排放方面的评价体系研究，其评价指标主要集中于农村碳排放表征量（碳排放总量、碳排放强度、人均碳排放等）的数值高低来进行的类型划分，但这些表征量之下能够体现"农村多维属性"的内在调控机制却无法被有效地挖掘出来，从而对农村的低碳发展提供科学有效且符合实际的差异化低碳规划指导。因此，本文针对此局限，从碳源和碳汇双重角度出发，通过Kaya恒等式的扩展推导，挖掘出影响农村碳排放表征量之下起决定作用的多维属性特征（农业经济、农业能源、农业污染、农村生活、生态碳汇等），构建了农村低碳属性特征的评价指标体系及类型化控碳路径方法，能够有效揭示各省农村多维属性特征与碳排放表征量之间的关系，为我国农村低碳类型化发展的管控体系构建理论基础，同时也为科学制定各省农村差异化的减控碳政策提供实践指导。

三、研究方法

（一）研究步骤流程框架

1. 低碳属性特征指标构建分别从碳源和碳汇角度，根据Kaya公式的扩展推导和"省级温室气体清单"核算内容的验证，对各项指标的涵盖内容、核算方法进行定义。

2. 聚类分析

在指标数值范围的标准化处理基础上，进行层次聚类的Ward法聚类分析，以此确定各省低碳属性特征的类型。

3. 类型特征解读

在对类型的地理分布、社会经济等特征分析的基础上，结合类型的雷达图和类别标准类型对各项指标数值特征进行解读，并对各类型的农村控碳方向进行拟定。

4. 低碳农村控碳路径

根据不同类型的特征现状，挖掘出适合不同类型地区农村的低碳发展路径，并结合策略的可视化解读和控碳考核指标以增加研究成果的实用性（图1）。

（二）农村低碳属性特征指标体系构建

1. 农村低碳属性特征概念解析

通常所说的农村碳排放特征，是以农村的农业碳排放总量、农村生活碳排放量、农村人均碳排放等与碳排放数值直接关联的表征量来描述。这些表征量之下蕴藏着与其密切相关、起决定作用的农业经济、农业能源、农业污染、农村生活、生态碳汇等多维属性特征。因此，本文将这些多维属性特征定义为"农村低碳属性特征"，将各种"农村低碳属性特征"的不同组合所形成的固定类型定义为"农村低碳属性特征类型"。

2. 指标体系构建过程

（1）指标集构建过程（图2）。各省农村低碳属性特征指标的挖掘从碳源和碳汇的双重角度切入，并结合碳源对应的生产空间和生活空间、碳汇对应的生态空间来考量。①从碳源角度，根据Kaya公式的扩展推导，提取出影响各省农村碳排放最主要的因素分别为农业经济结构、农业收益强度、农业能源效率、农业能源碳排放强度、农业污染强度和生活污染强度；②从碳汇角度，影响农村碳吸收最重要的因素则为林地碳汇[①]，并且农村"三生空间"的现状格局及其空间布局调整是决定农村碳汇功能强弱的重要影响因素；③从验证角度，基于国家已发布的《省级温室气体清单编制指南（试行）》（2011年）中"能源活动""农业活动""废弃物处理""土地利用变化和林业"等[②]碳排放的核算内容，对所定义的指标集进行内容涵盖的对应和验证。

（2）Kaya恒等式扩展推导过程。经典的Kaya

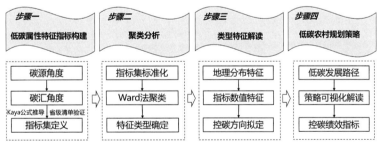

图1 研究步骤流程框架

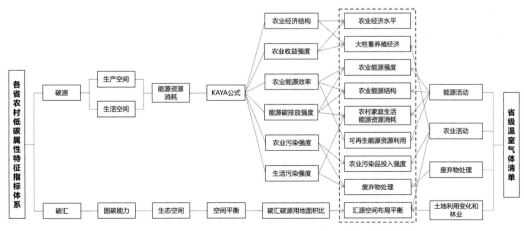

图2 农村低碳属性特征指标集构建过程

恒等式构建了人口、能源、经济等因素与碳排放之间的数理关系[22]，其表达为：

$$C = \frac{C}{PE} \times \frac{PE}{GDP} \times \frac{GDP}{P} \times P \qquad (1)$$

式中，C 代表碳排放总量，PE 代表能源消费总量，GDP 代表国内生产总值，P 代表人口总量。在 Kaya 恒等式框架下从农村视角挖掘农业经济、能源、污染等对农业碳排放的影响，主要思路是将农业经济结构、农业收益强度、农业能源效率、农业能源碳排放强度、农业污染强度在 Kaya 恒等式中表达出来。则式①可扩展为：

$$C = \frac{C}{PE} \times \frac{PE}{GDP} \times \frac{GDP}{AE} \times \\ \frac{AE}{N} \times \frac{N}{L} \times \frac{L}{P} \times P \qquad (2)$$

式中，上述指标的 C、PE、GDP 和 P 均进一步具体指代了农业碳排放总量、农业能耗总量、地区生产总值和农业人口。AE 代表农业经济；GDP/AE 代表农业经济与 GDP 的数值比例关系，表示农业经济结构；N 代表农业空间用地面积，AE/N 表示单位农业用地面积的农业经济收益强度；L 代表农业污染物，N/L 是单位农业面积污染物的倒数，表示农业污染强度；L/P 代表单位农业人口的污染物，表示农村居民生活的污染强度。

（三）指标定义

为了消除各省农村在人口、经济、资源禀赋、农业特征等方面差异引起的不公平性、各指标的量纲和数量级差异，故在指标定义中均选择了相对指标并与全国各省所对应该指标的平均水平做比值。若指标小于 1，表示该指标特征低于全国平均水平；若指标大于 1，表示该指标特征高于全国平均水平。并且，进一步对指标的范围进行了标准化处理，将指标数值大于 2 则限定为 2③，表示该指标特征远高于全国平均水平。因此，指标集的数值区间范围为 [0，2]。9 个指标的具体定义如下：

1. 农业经济指标（E—Agricultural Economic）

该指标可以反映各省农业的经济水平和产业结构，可以进一步揭示各省农业经济在地区经济中的地位，是农业碳排放高低程度的重要影响因素。该指标考虑了第一产业增加值占地区生产总值比重和人均第一产业总产值，但进一步通过相关性分析后，发现两个指标具有高度的相关性。因此，选择了前者，该指标被定义为各省的第一产业增加值（AE_P）占该省生产总值（GDP_P）比重与各省该比重均值（$\overline{E'}$）的比值。其中，P 代表 1~30 个省份。

$$E = \frac{AE_P/GDP_P}{\overline{E'}}$$

2. 大牲畜养殖经济指标（L—Large Livestock Breeding Economy）

该指标可以反映各省农村大牲畜养殖业的经济水平强度。在农业碳排放核算中，"动物肠道发酵"和"动物粪便"是农业碳排放核算的重要内容，大牲畜的存栏量更是核心关注内容。该指标可以进一步揭示各省农村大牲畜养殖业的经济效益和碳排放的关系，辅助优化养殖业的产业选型和结构调整。因此，该指标被定义为各省牧业产值（LE_P）与大牲畜年末存栏量（LLP_P）的比值与各省该比值均值（$\overline{L'}$）的比值。

$$L = \frac{LE_P/LLP_P}{\overline{L'}}$$

3. 农业能源强度指标（I—Agricultural Energy Intensity）

该指标可以反映各省农村农业产出的能源强度，可以进一步揭示各省农村农业经济产出的碳排放效应（农业能源利用效率），以及农业结构的合理性，数值越大，表示农业发展对能源的依赖性越强，农业能源利用效率越低。因此，该指标被定义为各省的"一产"能耗量（EI_P）与"一产"增加值（AE_P）的比值与各省该比值均值（$\overline{I'}$）的比值。

$$I = \frac{EI_P/AE_P}{\overline{I'}}$$

4. 农业能源结构指标（S—Agricultural Energy Structure）

该指标可以反映各省农业高碳能源⑥在总能源消耗中的比例结构，是农业能耗碳排放产生的主要来源和农业清洁能源应用的有效反映，可以进一步揭示各省农业能源的重型化/轻型化程度。因此，该指标被定义为各省"一产"的高碳能耗（HC_P）占该省"一产"总能耗（EI_P）的占比与各省该占比均值（$\overline{S'}$）的比值。

$$S = \frac{HC_P/EI_P}{\overline{S'}}$$

5. 农村家庭生活能源资源消耗指标（H—Energy and Resource Consumption of Rural Households）

该指标可以同时反映各省农村居民家庭生活的能源消费量和生活消费品的消费强度，可以进一步揭示各省农村居民消费水平、节能减排意识、南北气候差异等造成的能源和资源消费程度。因此，该指标被定义为两项内容的权重综合相加值⑥：（1）各省农村家庭生活能耗（HE_P）与各省农村人口（AP_P）的比值与各省该比值均值（$\overline{H1}$）之比；（2）农村消费品零售总额（HR_P）与各省农村人口的比值与各省该比值均值（$\overline{H2}$）之比。

$$H = 0.6 \times \frac{HE_P/AP_P}{\overline{H1}} + 0.4 \times \frac{HR_P/AP_P}{\overline{H2}}$$

6. 可再生能源资源利用指标 (R—Renewable Energy Resource Utilization)

该指标可以反映各省农村可再生资源利用和能源利用的现实状况，可以进一步揭示各省农村可再生能源资源利用的潜力情况。因此，该指标被定义为两项内容的权重综合相加值：(1) 各省农村户用沼气池数量 (HB_P)、沼气工程数量 (BE_P)、太阳能热水器 (SH_P)、太阳房 (SR_P)、太阳灶 (SC_P) 分别与各省农村对应上述各指标的平均值 ($\overline{R1}$, $\overline{R2}$, $\overline{R3}$, $\overline{R4}$, $\overline{R5}$) 之比的相加值；(2) 各省农村的发电量 (HG_P) 与各省农村发电量平均值 ($\overline{R6}$) 之比。

$$R = 0.6 \times \left(\frac{HB_P}{R1} + \frac{BE_P}{R2} + \frac{SH_P}{R3} + \frac{SR_P}{R4} + \frac{SC_P}{R5} \right) + 0.4 \times \frac{HG_P}{R6}$$

7. 汇源空间布局平衡 (B—Spatial Layout Balance)

该指标可以反映各省农村碳汇用地和碳源用地的空间格局现状，可以进一步揭示各省农村空间布局的平衡情况和碳汇资源的富裕程度，同时也可以近似地视为地区能否碳中和的重要影响因素。根据既有研究[23]所提供的碳汇／碳源单位用地面积碳排放数值大小，该指标被定义为各省农村的林地面积 (WL_P)、草地面积 (GL_P)（表征碳汇）的权重综合相加值与耕地面积 (AL_P)、园地面积 (GL_P')、建成区面积 (CL_P)（表征碳源）的权重综合相加值的比值与各省该比值均值 ($\overline{B'}$) 之比。

$$B = \frac{4WL_P + GL_P / 2.5AL_P + GL_P' + 7.5CL_P}{\overline{B'}}$$

8. 农业污染品投入强度指标 (P—Input Intensity of Agricultural Pollutants)

该指标可以反映各省农村农业过程中各类污染品的使用情况，是农业碳排放核算的重要内容，可以进一步揭示各省农村绿色低碳农业的现实状况和发展潜力。因此，该指标定义为 3 项内容的权重综合相加值：(1) 单位耕地面积的农用化肥量 (AF_P/AL_P) 与各省该值均值 ($\overline{P1}$) 的比值；(2) 单位耕地面积的农用塑料薄膜量（含地膜，PF_P/AL_P）与各省该值均值 ($\overline{P2}$) 的比值；(3) 单位耕地面积农药使用量 (PU_P/AL_P) 与各省该值均值 ($\overline{P3}$) 的比值。

$$P = 0.1 \times \frac{AF_P/AL_P}{\overline{P1}} + 0.5 \times \frac{PF_P/AL_P}{\overline{P2}} + 0.4 \times \frac{PU_P/AL_P}{\overline{P3}}$$

9. 废弃物处理指标 (W— Waste Disposal)

该指标可以反映各省农村对生活垃圾、污水等废弃物的处理效率，可以进一步揭示各省农村环境污染、废弃物处理碳排放的现实状况和发展潜力。因此，该指标被定义为两项内容的权重综合相加值：(1) 各省农村的污水处理率 (ST_P) 与各省该值均值 ($\overline{W1}$) 之比；(2) 各省农村生活垃圾无害化处理率 (HT_P) 与各省该值均值 ($\overline{W2}$) 之比。

$$W = 0.4 \times \frac{ST_P}{\overline{W1}} + 0.6 \times \frac{HT_P}{\overline{W2}}$$

(四) 聚类分析

层次聚类法是聚类分析中的常用方法之一，本文选用层次聚类法中的 Ward 法进行聚类决策。Ward 法使用平方欧式距离作为类别之间的距离，强调相同类别间较小的内部差异，突出同质性，而不同类别间的差异较大，且无需进行预分类，适用于主客观结合以辅助分类决策。本文选择 SPSS 软件对 30 个省份的 9 项指标进行 Ward 法聚类。

(五) 数据来源与处理

本文的数据主要来源于《中国农村统计年鉴(2021)》《中国城乡建设统计年鉴 (2020)》《中国能源统计年鉴(2021)》。由于西藏的能源数据缺失，以及香港、澳门、台湾等地区的农村可比性较弱，因此被排除在研究范围以外。

四、研究结果

(一) 指标集计算结果

指标数值计算完成后，对数值大于 2 的单项指标进行了限定为 2 的数据标准化处理，最终 9 项指标的数值如表 1 所示。

各省（市、自治区）指标集计算结果　　　　表1

省份	E—农业经济水平	L—大牲畜养殖经济	I—农业能源强度	S—农业能源结构	H—农村家庭生活能源资源消耗	R—可再生能源资源利用	B—汇源空间布局平衡	P—农业污染品投入强度	W—废弃物处理
北京	0.03	0.68	2	0.24	2	0.13	0.32	2	1.11
天津	0.16	0.46	2	0.32	1.5	0.05	0.06	0.69	0.58
河北	1.11	0.71	0.56	0.34	1.59	0.82	0.24	0.63	0.92
山西	0.56	0.53	1.84	2	0.91	0.14	0.55	0.5	0.35
内蒙古	1.22	0.23	1.12	1.94	1.23	0.14	2	0.33	0.28
辽宁	0.95	0.64	1.01	0.28	0.96	0.29	0.41	0.7	0.49

续表

省份	E—农业经济水平	L—大牲畜养殖经济	I—农业能源强度	S—农业能源结构	H—农村家庭生活能源资源消耗	R—可再生能源资源利用	B—汇源空间布局平衡	P—农业污染品投入强度	W—废弃物处理
吉林	1.31	0.56	0.76	0.9	0.74	0.36	0.8	0.3	0.97
黑龙江	2	0.44	1.48	2	0.52	0.28	1.5	0.16	0.28
上海	0.03	1.08	2	0.02	1.34	0	0.02	2	1.72
江苏	0.46	2	0.75	0.41	1.32	1.13	0.03	0.97	2
浙江	0.35	2	1.37	0	1.58	1.03	0.43	1.81	1.11
安徽	0.85	2	0.54	0.44	0.79	0.86	0.18	0.74	1.42
福建	0.64	2	0.52	0.62	1.34	1.04	0.82	2	1.85
江西	0.9	0.43	0.46	0.58	0.83	1.26	0.63	0.89	0.89
山东	0.76	1.15	0.54	0.44	0.92	1.32	0.07	1.36	1.76
河南	1.01	0.78	0.68	0.51	0.76	1.24	0.13	0.77	0.79
湖北	0.99	0.77	0.73	1.89	1.11	1.73	0.47	0.62	1.33
湖南	1.05	0.62	1.17	2	0.93	2	0.52	1.16	0.62
广东	0.45	1.47	0.73	0.36	1.2	1.11	0.41	1.35	1.73
广西	1.66	0.44	0.38	0	0.41	1.67	1.01	0.79	1.1
海南	2	0.74	0.58	0	0.56	0.49	0.33	2	0.43
重庆	0.75	0.87	0.43	1.54	0.95	1	0.63	0.8	1.04
四川	1.19	0.39	0.44	0.66	0.78	2	1.06	0.86	0.8
贵州	1.48	0.21	0.61	2	0.81	1.07	0.85	0.42	0.95
云南	1.53	0.24	0.51	2	0.64	2	1.59	0.9	1.62
陕西	0.9	0.65	0.47	0.58	0.8	0.82	1.02	0.39	0.39
甘肃	1.38	0.11	0.97	0.95	0.65	1.76	1.09	1.1	1.14
青海	1.15	0.05	0.46	0.64	1.03	0.8	2	0.49	0.43
宁夏	0.89	0.16	0.93	0.38	0.67	0.25	0.61	0.51	1.01
新疆	1.5	0.18	1.57	0.99	0.81	0.41	2	1.41	0.83

（二）系统聚类结果

通过 SPSS 软件对以上指标进行 Ward 法聚类，得到分类树状图，可将全国 30 个省（市、自治区）分为 7 种类型（图 3）。

（三）类型特征分析

制作 I～Ⅶ类的类中心（每类所属省份各指标的平均值，即标准类型，表 2）可以明晰 7 种类型的指标集特征，制作类型特征雷达图（图 4~图 10）可更科学地反映指标集的数值大小特征和类型所属省份。

类型 I（图 4）包含了北京、天津和上海三个直辖市，区位优势带来了经济和政策的双重保障，是人口密集地区，城镇化水平高。该类指标特点是：农业经济占比全国最低，大牲畜养殖经济较低，农业能源利用效率全国最低（数值远高于全国平均水平，两者负相关），农业能源结构最为轻型化（全国第一），农村家庭生活能源资源消耗全国最高（与高度发展的经济水平有直接的关联），可再生能源资源利用全国最低，汇源空间布局最不平衡（林草碳汇面积远小于建设用地面积），农业污染品投入强度全国最高，废弃物处理水平较高（全国第二）。类型 I 的低碳农业控碳方向需要重点关注对家庭低碳生活的有效引导、农业污染品投入强度的控制和可再生能源资源的利用。

类型 Ⅱ（图 5）包含了江苏、浙江、安徽、福建、山东、广东，基本为东南部沿海地区，具备较好的区位优势，人口密集，城镇化水平高，经

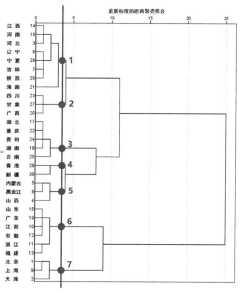

图 3　层次聚类 Ward 法的分类树状图

表2 类别中心

省份	E—农业经济水平	L—大牲畜养殖经济	I—农业能源强度	S—农业能源结构	H—农村家庭生活能源资源消耗	R—可再生能源资源利用	B—汇源空间布局平衡	P—农业污染品投入强度	W—废弃物处理
Ⅰ类中心	0.07	0.74	2	0.19	1.61	0.06	0.13	1.56	1.14
Ⅱ类中心	0.59	1.77	0.74	0.38	1.19	1.08	0.32	1.37	1.65
Ⅲ类中心	1.13	0.58	0.68	0.45	0.86	0.69	0.52	0.79	0.74
Ⅳ类中心	1.16	0.54	0.69	1.89	0.89	1.56	0.81	0.78	1.11
Ⅴ类中心	1.41	0.31	0.6	0.54	0.61	1.81	1.05	0.92	1.01
Ⅵ类中心	1.26	0.4	1.48	1.98	0.89	0.19	1.35	0.33	0.3
Ⅶ类中心	1.33	0.12	1.02	0.82	0.92	0.61	2	0.95	0.63

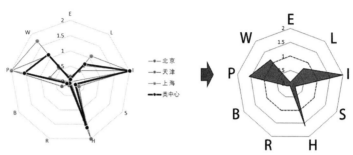

图4 Ⅰ类省份和Ⅰ类标准类型的特征雷达图

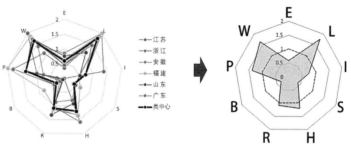

图5 Ⅱ类省份和Ⅱ类标准类型的特征雷达图

济较为发达。该类指标特点是：农业经济占比全国较低（全国第二），大牲畜养殖经济全国最高，农业能源利用效率较高，农业能源结构轻型化（全国第二），农村家庭生活能源资源消耗较高（全国第二），可再生能源资源利用较高，汇源空间布局不平衡（林草碳汇空间较少，全国第二），农业污染品投入强度较高（全国第二），废弃物处理水平全国最高。类型Ⅱ的低碳农业控碳方向同样需要注重对家庭低碳生活的有效引导、农业污染品投入强度的控制，注意科学高效地发展养殖业，注意废气、粪便的有效处理。

类型Ⅲ（图6）包含了河北、辽宁、吉林、江西、河南、海南、陕西、宁夏，多为沿海地区的毗邻省份，该类多为农业大省，人口较多，农业经济比重大。该类指标特点是：指标分布较均衡，农业经济占比较高，大牲畜养殖经济较低，农业能源利用效率较高（全国第二），农业能源结构轻型化，农村家庭生活能源资源消耗较低，可再生能源资源利用较低，汇源空间布局较不平衡，农业污染品投入强度较低，废弃物处理水平较低（农村人口众多，低碳意识薄弱）。类型Ⅲ的低碳农业控碳方向同样需要注重该类地区的空间邻接优势，主动引入东南沿海地区的高新技术资源来促进农业产业和能源结构的进一步低碳转型，强化对退耕还林、生态资源的保护，加强对废弃物处理和节能减排生活习惯的宣传。

类型Ⅳ（图7）包含了湖北、湖南、重庆、贵州、云南，多为中南部地区，山地丘陵较多。该类指标特点是：农业经济占比较高，大牲畜养殖经济较低，农业能源利用效率较高，农业能源结构重型化（全国第二），农村家庭生活能源资源消耗较低，可再生能源资源利用较高（全国第二），汇源空间布局较不平衡，农业污染品投入强度较低，废弃物处理水平较高。类型Ⅳ的低碳农业控碳方向需要注重该类地区的区位环境优势，加强农业养殖经济效益的提升，促进农业能源结构的轻型化转型，严格管控生态资源安全，加强废弃物处理。

类型Ⅴ（图8）包含了广西、四川、甘肃，多为西部及南部地区，地形地貌多样。该类指标特点是：农业经济占比全国最高，大牲畜养殖经济低（全国第二），农业能源利用效率较高（全国第一），农业能源结构较轻型化，农村家庭生活能源资源消耗较低，可再生能源资源利用全国最高，汇源空间布局较平衡、农业污染品投入强度和废弃物处理水平接近全国平均水平。类型Ⅴ的低碳农业控碳方向需要加强大牲畜养殖经济效益的提升，进一步促进农业能源结构的轻型化转型，保持并稳步推进可再生能源资源的有效利用，严格管控生态资源安全，注重农业污染品和废弃物的无害化处理。

类型Ⅵ（图9）包含了山西、内蒙古、黑龙江，均位于北部地区，拥有最丰富的碳汇资源和化石能源资源。该类指标特点是：农业经济占比较高，大牲畜养殖经济低，农业能源利用效率较低（全国第二），农业能源结构最为重型化（全国第一），农村家庭生活能源资源消耗较低，可再生能源资源利用低（全国第二），汇源空间布局较平衡（全国第二）、农业污染品投入强度和废弃物处理水平全国最低。类型Ⅵ的低碳农业控碳方向需要高度重视农业能源结构的轻型化转型，通过技术提升来促进农业能源效率的大幅提升，重视生态资源的保护，注重农业污染品和废弃物的无害化处理。

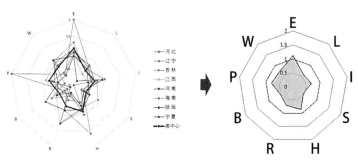

图6 Ⅲ类省份和Ⅲ类标准类型的特征雷达图

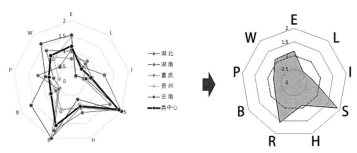

图7 Ⅳ类省份和Ⅳ类标准类型的特征雷达图

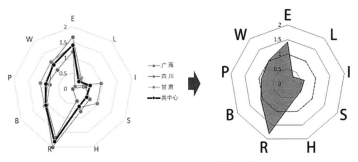

图8 Ⅴ类省份和Ⅴ类标准类型的特征雷达图

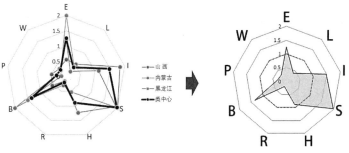

图9 Ⅵ类省份和Ⅵ类标准类型的特征雷达图

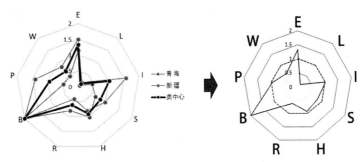

图10 Ⅶ类省份和Ⅶ类标准类型的特征雷达图

类型Ⅶ（图10）包含了青海、新疆，均为西北地区。该类指标特点是：农业经济占比全国较高（全国第二），大牲畜养殖经济全国最低，农业能源利用效率处于全国平均水平，农业能源结构较轻型化，农村家庭生活能源资源消耗较低，可再生能源资源利用较低，汇源空间布局最为平衡（远高于全国平均水平）、农业污染品投入强度接近全国平均水平，废弃物处理水平较低。类型Ⅶ的低碳农业控碳方向需要大幅提升大牲畜养殖的经济效益，注重对家庭低碳生活的有效引导，加强可再生能源的利用水平，重视生态资源的保护，注重农业污染品和废弃物的无害化处理。

五、低碳农村控碳路径研究

（一）各省农村的低碳发展路径及策略可视化解读

1. 农业经济、产业规划的低碳转型

对于农业经济水平指标的类型数值分析（图11），可以看出Ⅲ、Ⅳ、Ⅴ、Ⅵ、Ⅶ类是农业经济的主导类型，但这5类的大畜牧养殖经济指标均处于较低的水平（图12）。因此，这5类在农业经济、产业规划上的低碳发展路径应该重视：

（1）推进农村绿色产业品牌的建立，应重视农业大牲畜高经济性种类的养殖选择，并根据本地农业发展现状选择合适的技术赋能来调整农业种植／养殖方式，形成本地特色的农业绿色品牌。

（2）建立农村低碳特色产业，形成产业集群，以此减少农业全链条过程产生的碳排放量，实现"低碳新农业"，如发挥地区间的产业联动，建立生产、加工、批发等不同服务企业的集群。

（3）拓展农村业态的多元化发展，推动"农文旅"的融合创新，实现所属地区的一、二、三产联动发展，以此促进城乡的协同低碳发展。

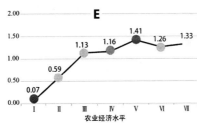 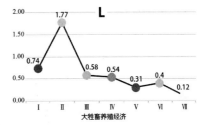

图11 农业经济水平指标的类型分布　　图12 大畜牧养殖经济指标的类型分布

2. 农村"碳交易—碳金融"模式的构建

在"汇源空间布局平衡"指标中，Ⅴ、Ⅵ、Ⅶ类具有较为丰富的碳汇资源（图13）；同时，在"可再生资源能源利用"指标中，Ⅱ、Ⅳ、Ⅴ类的利用情况较好（图14）；但在"农村家庭生活能源资源消耗"指标中，Ⅰ、Ⅱ类具有高消耗的特征，除了Ⅴ类，其余类型也具有较高消耗的特征（图15）。因此，在这些类型的低碳发展路径中，需要考虑协同、互助和共享的理念，进而提出了构建农村"碳交易—碳金融"模式（图16）。

（1）在双碳目标下，碳汇资源具有价值属性，通过构建正循环的激励制度来进一步拓展农村经济的发展途径，为缓解城乡不平衡发展贡献破局之道。农村碳交易制度包含林草、湿地、水域等生态碳汇交易系统、可再生清洁能源碳源交易系统等。

（2）在碳交易模式的经济基础上，农村碳金融模式能够有效引导碳资本、高新技术、低碳理念等服务于农村的生产、生活和生态的基础设施（绿色农业设施、绿色建筑设计、绿色交通、生态保护设施、废弃物处理等）的建设、保护和开发上，从而科学推动农村的低碳化转型，并在低碳农业、生态资源保护上形成正向的循环效应，具有正外部性。

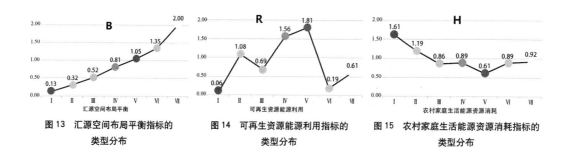

图 13　汇源空间布局平衡指标的类型分布　　图 14　可再生资源能源利用指标的类型分布　　图 15　农村家庭生活能源资源消耗指标的类型分布

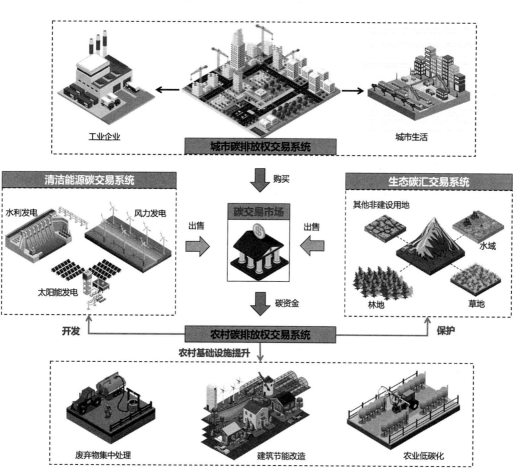

图 16　农村"碳交易—碳金融"模式示意图

3. 农业生产方式及过程的低碳化转型

在"农业能源强度"指标中，Ⅰ、Ⅵ、Ⅶ类的农业发展的能源依赖性很强（图 17）；在"农业能源结构"指标中，Ⅳ、Ⅵ类的能源结构最为重型化（图 18）；在"农业污染品投入强度"指标中，Ⅰ、Ⅱ、Ⅴ、Ⅶ类的农业具有高化学品投入和高废弃物量的特征（图 19）。而在"废弃物处理"指标中，Ⅲ、Ⅵ、Ⅶ类则处于较低的水平（图 20）。因此，在这些类型的低碳发展路径中，需要重视传统农业的粗放式生产方式及过程的绿色低碳化转型，实现生产低碳化、过程无害化和产品优质化的可持续发展之道。

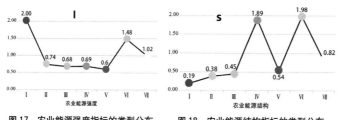

图 17　农业能源强度指标的类型分布　　图 18　农业能源结构指标的类型分布

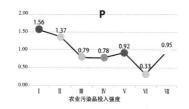

图19 农业污染品投入强度指标的类型分布　　图20 废弃物处理指标的类型分布

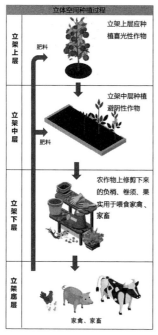

图21 立体空间种植过程示例图

(1) 发展低碳循环农业。通过因地制宜地优化种植业、养殖业的结构，强化农业种养循环、农林结合、农牧结合、立体空间种植（图21）、废弃物再利用、垃圾分类处理（图22）等多种模式，促进"三改两分再利用"处理技术的应用，从而实现节能、节肥、节水、节药等低碳农业新模式。

(2) 推进智慧农业的新技术应用。将大数据、物联网、人工智能、云计算等智慧技术与传统农业生产方式及过程相结合，实现农业灌溉、肥料、杀虫剂、能耗等的精准监控和高效管理，同时实现对农产品质量的溯源（图23）。

4. 农村建筑的节能改造

据测算，未来15年内，中国农村至少需要改造或新建260亿平方米的农村住房[24]。在农村家庭生活能源资源消耗指标中，除Ⅴ类外，其余类型均相对具有较高消耗的特征（图15），因此，在这些类型的低碳发展路径中，除了加大对农村地区的低碳环保生活方式的宣传力度外，还需要对农村建筑进行节能改造。

(1) 需要加强绿色低碳建构技术在农村的应用，通过对宅基地组织（点群状、行列式、围合式团组等）、开敞空间、建筑布局与配置（间距与朝向、平面序列组织）等因地制宜地规划组织和建筑营造（图24），促进农村人居环境的遮阳、通风、保暖等的效果提升，以减少农村居民生活中的能源资源消耗[25]。

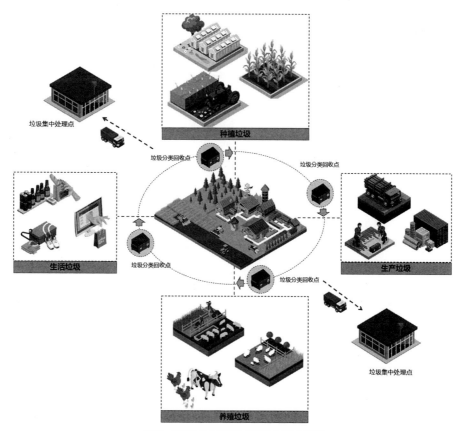

图22 农村垃圾分类回收点和集中处理示意图

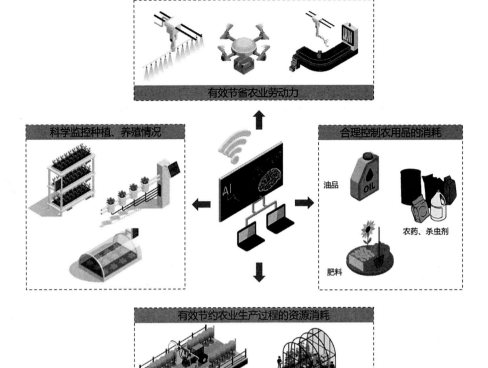

图 23 智慧农业技术应用效果示例图

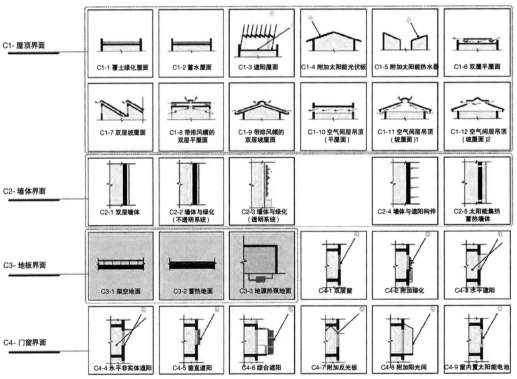

图 24 绿色建筑设计策略图

（2）2022年3月，住房和城乡建设部、乡村振兴局等六部门联合下发了《关于开展2022年绿色建材下乡活动的通知》，已开展试点工作。因此，应该加大推广绿色建材产品，如轻型保温砌块、节能门窗、节水洁具、水性涂料等绿色建材产品在农村建筑改造或新建中的应用（生产、认证和推广应用）。

（二）控碳考核指标

根据上文对各个指标的低碳发展路径及策略可视化解读，为7种类型制定了农业低碳发展关键控制指标的考核方向（表3）。

各类型的农业低碳发展关键控制指标　　　　表3

类型	L—大牲畜养殖经济	I—农业能源强度	S—农业能源结构	H—农村家庭生活能源资源消耗	R—可再生能源资源利用	B—汇源空间布局平衡	P—农业污染品投入强度	W—废弃物处理
Ⅰ		↓↓	±	↓↓	↑↑*	↑*	↓↓	±
Ⅱ			±	↓↓	±	↑*	↓↓	±
Ⅲ	↑		±	↓		↑↑		↑
Ⅳ	↑		↓↓	↓		↑		±
Ⅴ	↑↑	±		±	±	±	↓	±
Ⅵ	↑↑	↓↓	↓↓	↓	↑↑	±	±	↑↑
Ⅶ	↑↑	↓		↓	↑	±	↓	↑

注：↑表示提升，↑↑表示大幅提升，↓表示降低，↓↓表示大幅降低，±表示保持，*表示由于某类型自身特征的限制，需要因地制宜地遵循该项指标的变化。

六、结论

本文通过挖掘影响农村碳排放表征量之下起决定作用的多维属性特征为基础，对农村低碳属性特征进行了概念定义及其评价指标体系的构建；通过层次聚类的Ward法揭示了2020年中国各省农村低碳属性特征的Ⅰ~Ⅶ种类型，最后提出了匹配7种类型的低碳农村规划策略。虽然本阶段研究暂缺乏时序特征的面板数据应用，但现阶段成果可为我国农村低碳类型化发展的管控体系构建理论基础，同时可为科学制定各省农村差异化的减控碳政策提供实践指导。

注释

① 由于生态碳汇中林草的碳吸收系数较高，且受数据所限，并未包含其他生态资源的碳汇计算。
② 本文定义的农村是以从事农业生产为主的农业人口聚居的地域，因此本研究中并未包含"工业"的研究内容。
③ 通过反复对照验证，限定为2的对应指标在聚类分析中与原指标数据在各省的类型划分上并不会有任何改变，能够较好体现此数据标准化手段的简洁性。
④ 高碳能源是指原煤、洗精煤、煤矸石、焦炭等产生高碳排放的煤相关制品燃料能源。
⑤ 文中所有指标在构建中涉及的指标权重，均是由10名专家通过指标重要性排序的G2法进行的赋值。

参考文献

[1] 国家统计局.2021年中国统计年鉴[R/OL].2021.http：//www.stats.gov.cn/tjsj/ndsj/2021/indexch.htm.
[2] 韩俊.乡村振兴要分类施策循序渐进地撤并一批衰退村庄[EB/OL].2018.https：//www.chinanews.com.cn/cj/2018/03-25/8475734.shtml.
[3] 贺雪峰.关于实施乡村振兴战略的几个问题[J].南京农业大学学报（社会科学版），2018，18（03）：19-26，152.
[4] 薛龙飞，曹招锋，杨晨.中国乡村振兴发展水平的区域差异及动态演进分析[J/OL].中国农业资源与区划：1-15[2022-08-14].http：//kns.cnki.net/kcms/detail/11.3513.s.20220225.1130.004.html.
[5] 徐雪，王永瑜.中国乡村振兴水平测度、区域差异分解及动态演进[J].数量经济技术经济研究，2022，39（05）：64-83.
[6] 周扬，郭远智，刘彦随.中国乡村地域类型及分区发展途径[J].地理研究，2019，38（03）：467-481.
[7] 徐勇."分"与"合"：质性研究视角下农村区域性村庄分类[J].山东社会科学，2016（07）：30-40.
[8] 郑风田，杨慧莲.村庄异质性与差异化乡村振兴需求[J].新疆师范大学学报（哲学社会科学版），2019，40（01）：57-64.
[9] 钱佰慧，郭翔宇，张翔玮，逯一哲，姚江南.省域农村现代化水平评价与区域差异分析[J/OL].农业现代化研究：1-11[2022-08-14].DOI：10.13872/j.1000-0275.2022.0057.
[10] 吴宁，李王鸣，冯真，温天蓉.乡村用地规划碳源参数化评估模型[J].经济地理，2015，35（03）：9-15.
[11] 罗晓予.基于碳排放核算的乡村低碳生态评价体系研究[D].浙江大学，2017.
[12] 邹轶群，王竹，朱晓青，于慧芳，贾苏尔·阿布拉.低碳乡村的碳图谱建构与时空特征分析——以长三角地区为例[J].南方建筑，2022（01）：98-105.
[13] 宋丽美，徐峰.乡村振兴背景下农村人居环境碳排放测算与影响因素研究[J].西部人居环境学刊，2021，36（02）：36-45.
[14] 刘惠，王真，曹丽斌，蔡博峰，庞凌云，伍鹏程，张旭.基于LEAP模型的鹤壁市农村生活碳排放研究[J].环境科学与技术，2020，43（11）：25-35.
[15] 范理扬.基于长三角地区的低碳乡村空间设计策略与评价方法研究[D].浙江大学，2017.
[16] 郭应军，熊康宁，孙若晨，颜佳旺.中国南方石漠化地区农村低碳社区模式与效益提升途径[J].农业工程学报，2021，37（08）：323-331.
[17] 王信，于涵，施雨，张沂頔.基于多要素耦合的舟山农业空间低碳评估与规划[J].同济大学学报（自然科学版），2022，50（02）：168-177.

[18] 吴盈颖. 乡村社区空间形态低碳适应性营建方法与实践研究 [M]. 南京：东南大学出版社，2017：24-26.
[19] 沈阳农业大学信息与电气工程学院. 农村节能低碳住宅建筑技术集成与应用 [J]. 沈阳农业大学学报，2018，49（04）：464.
[20] 张颖璐. 旅游开发中的乡村民宅建筑低碳化设计对策 [J]. 社会科学家，2022（02）：42-49.
[21] 黄颖祚，王姗. "双碳"背景下我国乡村旅游发展的时代要义及创新路径 [J]. 甘肃社会科学，2022（03）：218-228.
[22] Kaya Y. *Impact of Carbon Dioxide Emission on GNP Growth Interpretation of Proposed Scenarios* [R]. Presentation to the Energy and Industry Subgroup, Response Strategies Working Group, IPCC, Paris, 1989.
[23] 赵荣钦，黄贤金，钟太洋，揣小伟. 区域土地利用结构的碳效应评估及低碳优化 [J]. 农业工程学报，2013，29（17）：220-229.
[24] 吴力. 绿色建材飞入乡村百姓家 [N]. 国际商报，2022-03-21（002）.
[25] 郑媛，裘知，王竹. 基于江南"气候—地貌"特征的绿色建筑营建策略与技术路径研究 [J]. 建筑学报，2022（S1）：11-17.

图表来源

本文除图 24 源于参考文献 [25]，其余图表均为作者自绘。

作者：杨宇灏，天津大学建筑学院博士研究生，四川宏泰同济建筑设计有限公司工程师；胡珈恺，内蒙古科技大学建筑学院本科生；胡文嘉（通讯作者），四川省青神中等职业学校，讲师，工程师，建筑学专业负责人

健康建筑视角下养老建筑设计策略初探

韩 琪 宗德新

The Design Strategies of Old-Age Care from the Perspective of Healthy Building

■ 摘要：在全球老龄化的背景下，我国养老事业不断推进，养老建筑建设成果显著。本文梳理了当前养老建筑的研究现状，并结合实地调研与问卷调查，发现新时代老年人更关注养老建筑健康方面的需求。以健康建筑视角，从建筑物理空间和心理环境两方面提出了对老年人健康有益的建筑设计策略，以期对新时代养老建筑的设计思路进行拓展补充。

■ 关键词：健康建筑；养老建筑；建筑物理空间；建筑心理环境

Abstract: Under the background of global aging, China's old-age care has been continuously promoted, and the construction of old-age care buildings has achieved remarkable results.This paper combs the current development trend of old-age buildings, and combined with field research and questionnaire survey, then summed up that the demand of old people for old-age buildings in the new era pays more attention to health.Therefore, from the perspective of healthy architecture, this paper puts forward architectural design strategies beneficial to the health of the elderly from two aspects：architectural physical space and psychological environment, to expand and supplement the design ideas of old-age buildings in the new era.

Keywords: Healthy Architecture；Old-Age Care Buildings；Physical Environment；Psychological Environment

1 研究背景

据国家统计局数据，我国第七次人口普查（2020年）全国60岁以上老龄人口占比18.7%，65岁以上老龄人口占比13.5%，相较于第六次人口普查比重各增加5.44%和4.63%[1]。随着老年人口增长速度在不断加快，养老问题成为我国需要解决的关键问题。而养老建筑作为养老事业的载体，其建设成为我国民生建设的重中之重。2006年至今，国家出台了《十四五国家老龄事业发展和养老服务体系规划》《关于推进老年宜居环境建设的指导意见》等政策，要求建设和完善养老建筑和养老设施，提升老年人生活环境质量，以满足快速发展的老龄化需求。

随着养老事业的不断推进，我国养老建筑建设成果显著。健康中国背景下，人们的养老理念逐渐转变为健康养老，而传统的养老建筑在满足相关规范的基础上更多地关注空间的使用功能，缺乏对居住者身心健康的关注。因此，从健康建筑视角出发，探讨新时代养老建筑的设计，对老年人的身心健康和加快养老建筑健康可持续发展具有重要意义。[2]

学者们对养老建筑设计进行了大量研究。国外研究主要集中在养老模式、人文关怀、绿色养老、室内外舒适等方面。日本强调老年人注重的归属感和认同感[3]；欧美注重满足老年人的多功能需求和绿色技术的运用[4]；美国主张"以人为本"的设计原则，在进行养老建筑设计时注重老年人的心理感受[5]；德国的养老建筑设计注重老年人的行为和生活状态，更加倾向于空间的规划与布局[6]。各国的养老建筑逐步倾向于对室内外物理环境和老年人的心理环境的关注。而国内研究集中在养老建筑功能空间设计、养老模式、绿色养老等方面。在养老建筑功能空间设计方面，学者们总结了养老设施空间设计的实践经验和老年人住宅套内卧室[7]、厨房[8]、卫生间[9]、门厅[10]、起居室[11]、阳台[12]、走廊[13]、餐厅[14]的设计策略。在养老建筑模式方面，通过分析老年人的居住问题，提出居家养老、社区养老、机构养老、医养结合等模式[15,16]，建立适合我国老年人居住的模式体系。在绿色养老方面，学者们从优化绿色空间布局、深化绿色应用技术、强化绿色智慧运营等方面提出了绿色建筑理念下的养老设计策略[17]；还有从场地规划与室外环境、节能与能源利用、节水与水资源利用、节材与材料资源利用、室内环境质量和运营管理等几个方面阐述养老建筑的绿色设计[18]。

综上所述，国内外从基本功能、人文关怀、绿色养老等不同视角对养老建筑进行探讨，但是较少学者从健康建筑的角度对养老建筑进行深入的研究。因此，本文从健康建筑视角出发，以居住型养老建筑为研究对象，从物理环境和心理环境两个层面进行研究，进一步探讨居住型养老建筑的核心问题，提出对老年人健康有益的设计策略，为其设计提供一种不同的视角。

2 健康建筑理念与养老建筑设计的关联性分析

2.1 健康建筑理念

20世纪80年代，"健康建筑"会议首次在瑞典召开。经过多年的发展，美国于2014年制定了WELL1.0健康建筑评价标准[19]，并于2018年发布了WELL2.0健康建筑评价标准。2015年我国首次引入WELL标准，对健康建筑的理解和重视进入新高度[20]。2017年年初，我国建筑学会颁布了《健康建筑评价标准》T/ASC 02-2016，2021年修订为《健康建筑评价标准》T/ASC 02-2021（以下简称《标准》）[21]。《标准》中健康建筑的定义为：在满足建筑功能的基础上，提供更加健康的环境、设施和服务，促进使用者的生理健康、心理健康和社会健康，实现健康性能提升的建筑[21]。

健康建筑是绿色建筑更深层次的发展，绿色建筑侧重关注建筑外部对环境的影响，而健康建筑更注重建筑及建筑本身对人的影响[22]。所以，健康建筑不局限于建筑工程领域内学科，还涉及公共卫生学、心理学、人文与社会科学、体育学等多个学科领域。健康建筑以人的全面健康为目标导向，采用多种技术手段，促进人的健康，即健康建筑不仅关注建筑本体设计，还关注建筑和环境对人的影响以及人本身的感受。《标准》包括空气、水、舒适、人文、健身和服务六大概念[21]，从不同层面阐述了健康建筑的内容与侧重点（表1），体现了《标准》对建筑物理环境舒适的重视和对居住者身心健康的关注。

2.2 老年人对养老建筑的健康需求

老年人年龄的增加导致其机能的衰退。通过问卷调查，归纳总结出老年人对居住环境的独特需求，主要包括满足身体健康的生理机能需求和满足心理健康的精神需求。

（1）生理需求

随着年龄的增加，人们会出现记忆力退化、视知觉减弱、对环境更加敏感等生理机能衰退的情况，所以对居住的环境有特殊的需求[23]，比如期望能够获得安全感、舒适感等。所以，提供良好的空气质量、适宜的光环境、安静的声环境、舒适的热环境可以满足老年人对安全、舒适、健康的需求，从而促进其身心健康。

《健康建筑评价标准》T/ASC 02-2021 各条款数量与侧重　　　　表1

概念	条款数量	侧重点	概念	条款数量	侧重点
空气	15	对空气中污染物的控制和监测	健身	13	通过健身、运动促进身心健康
水	16	水质的把控	人文	17	通过人文关怀促进身心健康
舒适	24	室内声、光、热环境舒适	服务	22	健康建筑管理制度

（2）心理需求

老年人的生理变化会对心理产生较大的影响，从而产生孤独、失落和自卑等心理，所以期望能够在居住的环境中获得归属感、满足感、安全感等。营造丰富的交往空间、多样的健身空间、合理的空间尺寸、优美的绿化环境等促进心理健康的环境，可以满足老年人的心理需求，从而促进其心理健康[23]。

2.3 健康建筑理念与老年人健康需求的一致性

老年人对居住的环境有特殊的需求，但现阶段养老建筑的设计仅满足基本功能空间布局和基础无障碍设计，并不能满足老年人独特的需求。老年人对物理环境和心理环境的需求与《标准》对舒适、人文和健身等方面的要求具有一致性（表2）。因此，从健康建筑的视角出发，在符合养老建筑的相关规范的基础上提出优化措施，设计出满足老年人需求的居住环境，为其提供更加健康的环境，更加完善的设施和服务，有利于促进老年人的生理健康和心理健康。所以，健康建筑理念在养老建筑中的应用成为一种必然的发展趋势。

3 健康建筑理念下的养老建筑设计策略

养老建筑环境品质对老年人的身心健康有着显著的影响，在现阶段养老建筑发展趋势的基础上，结合健康建筑理念，从老年人的生理、心理的健康需求出发，探讨健康养老建筑的物理空间和心理环境的营造策略，以满足老年人对居住环境的需求，促进其身心健康的发展。

3.1 合理运用健康技术，塑造舒适物理环境

3.1.1 基于空气健康的装修和设备选用

良好的室内空气质量是营造舒适、健康养老建筑环境的必备条件。从控制污染源、进行有效通风和空气质量检测三个层面采取有效措施，可对室内空气质量实行较为严格地把控。在建筑装修时，选用环保的材料，墙面采用有机乳胶漆或带有甲醛捕捉剂的装饰板材等，地面可以采用复合板代替实木地板、大理石地砖、瓷砖等，可减少室内污染物的产生。选用气密性较好的门窗幕墙，可从源头把控空气质量。采用集中式新风系统，并增设过滤功能，从而保证新风的质量。在空气质量监测方面，在老年中心内部和室外均安装测量空气污染物的传感器，在室内安装空气净化器，根据室内外空气质量监测情况，选择门窗和空气净化器的开启状态，可以保障老年人居住环境的空气质量[21]。

3.1.2 促进声环境健康的功能分区和构造设计

良好的声环境是老年人听觉健康、生活舒适的重要保障。在声环境的营造方面，可从控制噪声源和阻隔声音传播途径两个层面采取有效措施[24]。在控制噪声源方面，规划布局时合理布置变电房、水泵房、空调机房和餐厅、活动室等易产生噪声的房间位置，与老年养护单元保持一定的距离，保证主要活动空间不与产生噪声房间毗邻，从源头把控声环境质量。在阻隔声音的传播途径方面，可增加墙体的空气层或增加多孔吸声材料的厚度，可在楼板面层或在木地板格栅下部加装隔振垫增强建筑构件的隔声性能[25]。另外，在养护单元外围种植绿化、交通干线两侧设置声屏障等，可在一定程度上达到吸声效果，为老年人日常生活提供舒适的声环境。

3.1.3 以光环境适宜为导向的立面和室内设计

适宜的采光和照明环境对老年人的睡眠质量、记忆形成、免疫反应和代谢健康有重要影响。所以，在养老建筑光环境营造方面，应将自然采光和人工照明相结合。在自然采光设计方面，规划布局时将养护单元南向布置，辅助用房设置在采光空间的东北侧。在立面设计时控制立面开窗的位置、大小、形式，窗地比和窗台高度等其他因素一定的情况下，增加采光竖向高度比水平宽度有更好的采光效果，所以应优先提高窗户竖向高度，再考虑横向宽度的扩大，来营造良好的自然光环境。控制窗地比、窗墙比、房间的开间和进深比例，

《标准》评分项和老年人需求对比　　　　　　　　　　　　　　　　表2

	评分项	老年人特殊需求
物理环境	·室内空气质量应符合现行国家标准《室内空气质量标准》GB/T 18883的规定 ·建筑所处场地的环境噪声平均值应满足现行国家标准《声环境质量标准》GB 3096的限值 ·从噪声源、噪声传播途径等方面采取有效措施改善建筑内外部的声环境 ·老年人居住建筑主要功能房间应满足现行国家标准《建筑采光设计标准》GB 50033的采光系数要求 ·合理控制室内生理等效照度和照明系统具有良好的控制特性 ·室内人工冷热源热湿环境满足现行国家标准《民用建筑室内热湿环境评价标准》GB/T 50785的要求	新鲜的空气 安静的生活环境 舒服的光照 适宜的室内温度
心理环境	·空间、家具尺寸满足老年人的使用需求，合理设置楼梯、电梯 ·应根据使用人数设有室内外健身场地和健身设施 ·合理设置室内外交流活动、文娱活动场所 ·营造优美的绿化环境，提供使用者与自然接触的条件 ·设置自主情绪调节与心理减压空间 ·建筑设计兼顾老年人等弱势人群的安全与便捷 ·具有便利的医疗服务和紧急救援设施	休息空间 室内外健身空间 交流、交往空间 室内外活动空间

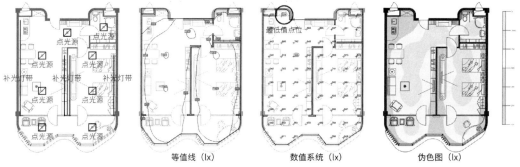

图 1 室内灯具点位布置及夜间光环境 Dialux-evo 计算结果

将窗地比控制在 1∶3.9 左右，居住单元照度水平能达到最高状态且符合建筑节能要求[26]。在人工照明设计方面，合理设置光源位置、数量、色温可提高室内照明效率[24]。采用多光源照明、增设补光灯带可防止室内眩光（图 1）。选用光源色温为 3000K 的室内节能灯，并在建筑入口和走廊设置辅助照明设备，可为老年人提供舒适的视觉感受。

3.1.4 以热舒适为核心的空间布局

建筑空间的热环境在一定程度上影响着使用者的舒适度，老年人自我调节能力较弱，所以更应该保证室内的热舒适度。由于我国存在多个热工分区，所以在热舒适方面的设计应根据不同地区的风环境、降水和太阳辐射等情况选择设计侧重点。从通风、热辐射和植被设计几个层面采取有效措施，可营造健康、舒适的热环境。在通风设计时，置入庭院或中庭作为出风口，在夏热冬暖或潮湿地区采取通风中庭、底层建筑架空、对齐开设门窗洞口的设计策略（图 2），形成贯穿建筑内部的自然通风，可有效提高空间热舒适水平。

南向窗户的自然直射光可能相对较强，可进行适宜的遮阳设计（图 3），并将遮阳构件融入立面造型，不仅可以有效遮蔽太阳辐射，还能丰富建筑立面造型。采取屋顶绿化或立面绿化的设计策略，不仅可以有效减弱太阳辐射的热量传递，还能借助植物的蒸腾和光合作用带走周围环境中的部分热量，通过植被设计改善老年建筑空间热环境舒适性。

3.2 满足特殊使用需求，营造健康心理环境

3.2.1 满足精神需求的公共活动空间

老年人的生理变化会对心理产生较大的影响，内心会产生孤独感和失落感。多样的公共活动空间可提供更多活动和交往的机会，丰富老年人的精神生活，促进其心理健康。营造多样的公共活动空间，可从健身空间和交流空间两个方面采取有效措施。

在健身空间设计方面，保证室外健身场地面积不小于总用地面积的 0.3%~1% 且不小于 60m² （图 4），室内健身场地的面积不宜小于总建筑面积的 0.5% 且不小于 100m²（图 5），且场地内健

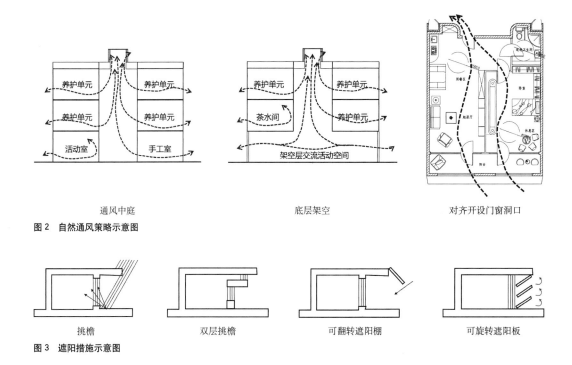

图 2 自然通风策略示意图

图 3 遮阳措施示意图

图4 室外健身空间

图5 室内健身空间

图6 大厅交流空间

图7 棋牌室

身设施台数不小于建筑总人数的1%~2%[21],可以设双人坐推、双联平步机、太极揉推器、直立健身车和肩关节康复器等多种健身器材,以及老年篮球、网球、乒乓球、羽毛球场地和健身步道。另外,室外健身场地内可以种植无害的乔木起到美化环境和遮荫的效果,并且应设有相对充足的休闲座椅。室内健身房还应设有健康监测设备和应急呼救设施。

在交流空间设计方面,不仅需要保证室外交流场地有足够的面积,还应设相对充足的座椅,达到不小于每千人5座且不小于10座的标准[21]。另外,场地内宜有一定的遮阳、避雨设施。室内交流场地可结合中庭、门厅、过厅、室外平台等设置交流场地(图6),可以结合休息空间、棋牌室、手工室等娱乐空间(图7),给老年人的生活提供更多可能性和趣味性。

3.2.2 基于老年人行为健康的人体工程学策略

老年人身体机能的退化导致其行为不便,所以适宜的空间尺度和家具尺度是老年人行为和心理健康的重要保障。在现阶段养老建筑人体工程学研究的基础上,结合健康建筑理念,可从建筑设计和家具设施配置两个层面采取合理措施,为老年人提供便利的生活环境。

在建筑设计层面,合理控制空间尺度,走廊宽度应设1800mm以上,保证两个轮椅可以交错方式移动,活动空间的扶手高度宜设置为850mm,卧室和卫生间须考虑有效轮椅回转半径,保障老年人的行为安全。根据使用人数和建筑面积,合理设置电梯数量,并且有一部可容纳担架的无障碍电梯[27]。考虑到老年人的生活特征,在养护单元内保证起居室、阳台、卫生间均在同一无障碍平面上,墙面无尖锐突出物,且墙、柱、家具等处的阳角均为圆角,并设有安全抓杆或扶手(图8)。

在家具设施配置层面,应设有医疗急救绿色通道,并配置有轮椅、担架、止血带、AED除颤仪等基本医学救援设施和应对突发公共卫生事件的应急储备,在卫生间设置距离马桶不大于50cm、在卧室设置距离床边不大于30cm的紧急求助呼救按钮,保障老年人的身体健康。另外,考虑到老年人视觉衰退的特征,其使用场所的标识系统如路线指示、安全提示等应便于老年人辨认。

3.2.3 以亲和力为导向的室内亲生命空间

在室内把植物作为设计元素可营造亲生命空间,可丰富空间的视觉效果,提供具有亲和力的空间,改变老年人的行为和生活态度,提高其对生活的满意度和幸福感。合理选择植物品种,结合建筑空间的功能和老年人的活动布置植物,可营造舒适的室内亲生命空间。门厅、大堂是进入养老建筑的主要空间,可布置较为美观和有较强观赏性的植物,如种植墙。走廊作为集散空间,宜选择小型植物如绿萝、薄荷等(图9)[24]。楼梯作为垂直交通的主要方式,可在休息平台或楼梯转角处放置大型植物,避免死角的产生(图10)。主要活动单元选用净化空气的吊兰、丁香,抑菌或杀菌的薄荷、兰花植物,提升空间质量和空间品质。养护单元的卧室根据老年人个人喜好进行植物配置,促进其身心健康(图11)。

3.2.4 寻找农耕记忆的种植体验区

老年人孤独、失落的心理会产生特殊的心理需求,期望从居住的环境中获得归属感。可从老

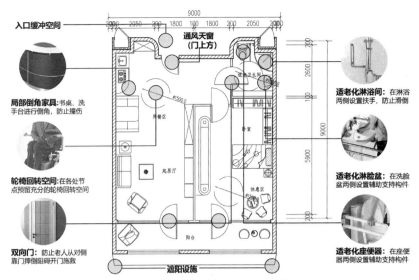

图8 基于老年人行为健康的人体工程学策略

图9 走廊绿植摆放

图10 楼梯转角处绿植摆放

图11 养护单元绿植配置

年人的心理需求出发，设计农耕体验区，为其提供耕种体验的场所，在照料农产品的过程中找到满足感和归属感。从场地和建筑设计两个层面置入种植体验区，帮助老年人寻找农耕记忆。在场地设计中，有条件的养老建筑，可设计果蔬种植体验区，供老年人耕种和采摘，并与生态餐厅联动，以低强度的劳动为餐厅提供生态蔬菜。在建筑设计层面，可将屋顶平台以小型种植模块打造为促进老年人耕种的屋顶菜地，在农产品收获季可组织农产品交换和厨艺大赛等活动，促进老年人的交流和交往。将室外平台设计成插花园艺平台，引导老年人走出室内、亲近自然，实现自我价值。

4 结论与展望

积极应对人口老龄化是我国经济和社会发展的重要任务。随着时代的发展，健康的养老建筑已成为养老建筑发展的新趋势。倡导健康的生活环境和生活方式，对老年人身心健康的发展具有重大的现实意义和科学价值。本文从老年人的健康需求和现阶段养老建筑的现实问题出发，结合健康建筑理念，从良好的物理环境塑造和健康的心理环境营造两个方面提出了对老年人健康有益的设计策略，营造舒适、安全、方便的养老环境，以期对新时代养老建筑的设计思路进行拓展补充。

参考文献

[1] 国务院第七次全国人口普查领导小组办公室.第七次全国人口普查公报：第七号[R].国家统计局，2021.
[2] 周燕珉.养老设施建筑设计详解：1[M].北京：中国建筑工业出版社，2018.
[3] 吴茵，王吉彤.日本养老政策发展及其对中国的启发与借鉴[J].南方建筑，2019（2）：19-26.
[4] RIBEIRO A，KRAINSKI E，CARVALHO M，et al. The association between socioeconomic deprivation and old-age survival in five European countries：a cross-national ecological analysis[J]. Revue d'épidemiologie et de Santé publique，2018，66（7）：255-257.
[5] JEFFREY R. Insuring long term care in the United States[J]. Journal of economic perspectives，2011（25）：35-46.
[6] BUTTER A. Showcase and window to the world：East German architecture abroad 1949—1990[J]. Planning perspectives，2018（3）：249-269.

[7] 周燕珉. 老年住宅套内空间设计：卧室篇[J]. 住区，2011（3）：124-131.
[8] 周燕珉. 老年住宅套内空间设计：厨房篇[J]. 住区，2011（4）：86-96.
[9] 周燕珉. 老年住宅套内空间设计：卫生间篇[J]. 住区，2011（5）：106-115.
[10] 周燕珉. 老年住宅套内空间设计：门厅篇[J]. 住区，2012（2）：104-108.
[11] 周燕珉. 老年住宅套内空间设计：起居室篇[J]. 住区，2012（3）：86-89.
[12] 周燕珉. 老年住宅套内空间设计：阳台篇[J]. 住区，2012（5）：100-105.
[13] 周燕珉. 老年住宅套内空间设计：走廊篇[J]. 住区，2012（6）：105-107.
[14] 周燕珉. 老年住宅套内空间设计：餐厅篇[J]. 住区，2012（6）：102-104.
[15] 张建军，高峰，金锋淑，等. 基于操作性原则的沈阳养老设施规划模式探索[J]. 城市规划，2016，40（S1）：34-42.
[16] 周博，陆伟，刘慧，等. 关于机构养老设施空间要素与行为类型关系的探讨：以大连市机构养老院为例[J]. 建筑学报，2009（S2）：20-23.
[17] 王波，文华，杨鑫春，等. 绿色建筑理念下城市养老建筑设计策略[J]. 科技导报，2021，39（8）：60-67.
[18] 周奕. 基于绿色建筑理念的养老建筑设计策略研究[J]. 城市发展研究，2016，23（5）：12-14，19.
[19] The WELL Building Standard v1 with May 2016 addenda[S].IWBI，2016.
[20] 路涵. 基于健康建筑理念的中学教学建筑布局设计研究[D]. 广州：华南理工大学，2021.
[21] 健康建筑评价标准：T/ASC 02—2021[S]. 北京：中国建筑工业出版社，2021.
[22] 王清勤，孟冲，李国柱，等. 我国健康建筑发展理念、现状与趋势[J]. 建筑科学，2018，34（9）：12-17.
[23] 宋丽. 重庆地区养老机构绿色建筑设计研究[D]. 重庆：重庆大学，2016.
[24] 孔光燕. 基于WELL建筑标准的健康办公空间设计研究[D]. 南京：东南大学，2019.
[25] 燕翔. 健康声环境营造[J]. 建筑技艺，2020（5）：66-69.
[26] 朱宏泰. 长沙市养老建筑居室空间光环境分析与优化研究[D/OL]. 长沙：湖南大学，2020.DOI：10.27135/d.cnki.ghudu.2020.001167.
[27] 老年人照料设施建筑设计标准：JGJ 450—2018[S]. 北京：中国建筑工业出版社，2018.

作者：韩琪，重庆大学建筑城规学院，建筑学硕士；宗德新（通讯作者），重庆大学建筑城规学院，硕士生导师，副教授

价值识别与文化运营背景下的旧建筑更新设计方法——以重庆大学创意产业园8号楼为例

陈 纲　季海泽　李政轩

Design Methods for Renewal of Old Buildings in the Context of Value Recognition and Cultural Operation—Taking Building 8 of Chongqing University Creative Industry Park as an Example

■ 摘要：当下城市更新越来越注重长效运营，而非短时更新；更注重文化延续，而非一味地推倒重建。构成城市更大范围肌理底色的旧建筑有别于文物建筑和历史建筑，这类旧建筑的文化价值具有隐藏性、识别难的特点，需要文化运营，本文引入层次分析法和专家评分法，提出了一种创新性的旧建筑更新设计方法。以重庆大学创意产业园8号楼的更新设计案例为例，详细阐述该方法的应用，以期为类似建筑的更新设计提供实用的方法参考和经验借鉴，以推动城市文化的延续和城市更新的可持续发展。

■ 关键词：旧建筑；价值识别；文化运营；层次分析法；专家评分法；更新设计方法

Abstract: Nowadays, urban renewal focuses more and more on long-term operation rather than short-term renewal, and pays more attention to cultural continuity rather than just knocking down and rebuilding. The old buildings that constitute the base of the city's wider texture are different from the cultural relics and historical buildings. This paper proposes an innovative design method for the renewal of old buildings by introducing the hierarchical analysis method and the expert scoring method for the characteristics and difficulties that the cultural value of this kind of old buildings is hidden, difficult to identify, and needing cultural operation. Taking the case of the renewal design of Building 8 of Chongqing University Creative Industry Park as an example, the application of the method is elaborated in detail. In order to provide practical methodological reference and experience for the renewal design of similar buildings, so as to promote the continuation of urban culture and the sustainable development of urban renewal.

Keywords: Old buildings; value identification; cultural operations; hierarchical analysis; expert scoring; renewal design methods

引言

自 2019 年，中央经济工作会议首次强调要加强"城市更新"，加大住房保障工作以来，"城市更新"便频繁出现在十四五规划、二十大报告、住建部文件[①]，以及地方政府的立法中，城市更新得到中央和地方的高度重视，为未来城市建设和新型城镇化提供了清晰的指导方向。

在城市更新的大背景下，旧建筑的更新将持续推进，而城市建筑是有体系层级的，自 1961 年《文物保护管理暂行条例》（国务院〔1961〕）颁布以来，我国的文物建筑和历史建筑保护有了规范和依据。然而，在城市历史文化传承中，文物建筑和历史建筑仅占一小部分，大多数建筑为普通建筑，例如重庆大学 A、B 校区，其中文物和历史建筑有 11 栋（总数 103 栋），占比不到 10%。其余的都是普通建筑，而这些普通建筑中有部分建筑具有一定的文化价值，只是价值程度不高，传统的保护标准难以适用，并且套用文物和历史建筑的保护标准会制约旧建筑的更新利用，而单纯依赖建筑师的个人能力不足以确保其得到保护和发展。因此，需要对这类建筑进行有针对性的设计方法研究，以更好地保护和延续它们的文化价值。

1 旧建筑更新设计的特点和难点分析

1.1 价值识别层面

旧建筑的文化价值具有隐藏性，难以识别全、识别准。显性的艺术价值、部分科学价值容易识别，例如建筑的风格、造型艺术、空间装饰、结构技术、环境关系等肉眼可见的部分是较容易发现的。而其背后隐形的历史故事、设计理念、场所记忆等则容易被忽略，甚至肉眼可见的特定时代下的风格、材料、构造、工艺等部分也容易被忽略。例如重庆渝中区 1986 年设计建造的报社出版社大楼（图 1 左），其建筑立面三段式做法和流畅的横向曲线的结合是在古典与求变时期的积极探索，马赛克砖立面、出于防西晒考虑的外廊，都是极具时代特色的材料和做法[1]。但改造后（图 1 右），屋顶被遮挡，立面被整改，完全失去了原来建筑的特色。

上海华东电力大楼，曾为上海南京路新中国成立后的第一栋高层建筑，在改造为精品酒店的方案中，诸多方案都改得面目全非，当时的方案审查专家组成员伍江教授讲述了大楼的设计理念，例如坡屋顶是向和平饭店致敬，凸出的三角窗是呼应上海里弄老虎窗等，大楼的特色才得以保留，如今其屋顶三角窗（图 2 右）已成为沪上潮人的打卡点。重庆白象居同样如此，建于 1993 年，其为适应地形和经济条件而设计了空中连廊，具有

图 1 重庆报社出版社大楼改造前（左） 改造后（右）

图 2 上海南京路华东电力大楼外观（左）
内部三角窗与餐厅的结合（右）

多首层、24 层无电梯等特点，直到 2006 年被电影《疯狂的石头》选为拍摄地，才开始火爆网络。

2006 年的重庆洪崖洞改造，典型的川蜀建筑风格、材质是保留下来的，但失去了原有的山地步行体系和灵活多变的空间[2]（图 3）。再如重庆李子坝轻轨楼（图 4），曾流出轻轨穿楼改为穿火锅的方案，受到社会各界的批评，李子坝站是在时代经济条件约束下，尝试通过城市基础设施与居住建筑相结合解决资金和运营、连接上下高差的垂直交通等问题，轻轨穿楼是外在表现，设计理念才是其价值内核。

由此可见旧建筑改造存在价值识别不全、识别不准是普遍存在的问题，而这些容易被忽视的价值特征，往往是旧建筑的文化价值所在。

1.2 文化运营层面

建筑衰退的主要原因是建筑老化和运营不善，而后者通常是导致前者的直接原因[3]，这凸显了合理运营的重要性。

运营主要强调开源增收和节流降本，而在旧建筑更新的文化运营中，开源即将文化价值作为更新后的特色名片，做到持续的吸引流量、消费，进而创造更多的经济价值。成功案例如重庆戴家巷围绕特色山地老街区、城墙等元素，以及北京前门大栅栏围绕商业发祥地、多业态混杂等历史渊源，塑造自身名片，形成"更新—运营"闭环。这种品牌效应也称为"IP"，包括 1992 年巴塞罗那的"高迪策略"[②]、贵州"村 BA"等，都突显了 IP 对增收的重要性。

节流强调尽最大可能的降低更新投入，做到这一点就需要挖掘利用自身资源，在如今城市更新进程中，不少城市争相模仿，古城商业、民国

图 3　洪崖洞

街区、不夜城等，却陷入天价打造网红地的误区，东拼西凑，失去自身特色，还被嘲笑为"东施效颦"。旧建筑更新中利用自身特色既能避免同质化，还能降低塑造名片的投入。例如重庆魁星楼广场（图5）以屋顶作为感受重庆山地建筑应对地形的观景台，成为网红打卡点，来往人群络绎不绝。反之则例如鄂尔多斯的"鬼城"[3]，可见打造IP绝非易事。因此，良好的运营应更多关注自身文化特色。

当然，长久运营的前提需要合理的功能，深化设计也应基于此。当建筑原有功能不再适用时，就需要进行转型。例如，重庆虎溪土陶厂曾是旧式龙窑（图6），随市场变化，在周边餐饮休闲行业远未饱和的情况下，保留土窑元素和生态环境，成功转型为文艺基地。功能选择时不仅要考虑建筑适应性，还需综合考虑周边需求，预测功能植入后的生命力，以确保建筑持续焕发活力。类似的成功转型案例有很多，如北京798、伦敦巴特西电站、福州马尾船政书局等，它们都取得了显著的成效。

1.3 价值识别与文化运营的辩证关系

价值识别是开展旧建筑更新的先导，为文化运营提供决策依据。尽可能全的识别出建筑的固有价值特征后，需要综合考虑旧建筑的未来功能、经济成本进行选择性的保留取舍。

因此，价值识别全，并为相关决策人员赋予权重，进而更准确获取各价值特征因子的评分或权重排序成为旧建筑更新设计的难点。在文化价值与功能、经济之间存在冲突时，可以采用设计手段解决，不必一味坚持保护文化价值，而应根据情况做出取舍。例如重庆的防空洞改造，几许

图 4　李子坝轻轨站

图 5　重庆魁星楼打卡点

图 6　重庆虎溪土陶厂更新

町酒吧在三个防空洞相互分隔的状态下，没有在内部打穿破坏原空间形态，而是采用增设外廊和内部弧型吧台的方式，提高了空间的连续性，最大化地保留了洞穴空间，而放弃外部入口形式（图7）。旧建筑并非不强调文化，而应以实用为主，文化价值较高的已经被评为历史建筑，有的不愿评为历史建筑的，往往也是因为约束太多，无法很好地运营以创造更多的价值。

2 研究对象

2.1 基本概况

重庆大学创意产业园8号楼，位于重庆大学设计创意产业园内，原功能为重庆鸽牌电线电缆厂的办公场所，位于园区北侧地带，是一栋四层坡屋顶建筑，开敞外廊，一字形布局，具有典型的山地建筑掉层特征。建筑占地面积245m²，总建筑面积953m²，首层层高4.6m，二、三层层高3.2m，四层层高4.5m，面宽25m，进深9.5m，外廊1.5m。

2.2 研究方法

本文研究主要涉及两种研究方法：层次分析法和专家加权评分法。层次分析法（AHP）由美国匹兹堡大学教授萨得于20世纪70年代提出，其将定性判断转化为多因子的两两重要性比较，并得到相对重要的程度，获取因子的权重总排序，从而实现定量判断，提高了决策的科学性和有效性[4]。同级评价项目较多时，由于两两比较次数增多，使用较为不便，不建议使用此方法。在旧建筑价值评估中，各决策人员由于信息、认知、专业和利益相关性不同，其在价值评估决策中的话语权占比也不相同，层次分析方法可帮助获取评估人员的权重，为后续准确求取价值权重提供保障。

专家评分法是一种定性描述的量化方法，它首先根据评价对象选定若干个评价项目，再根据评价项目制订出评价标准，例如每个标准分别用5分、4分、3分、2分、1分（百分制或原始指标）记下，由专家凭借自己的经验按此评价标准给出各项目的分值评价，然后对其计算得到结果[5]。计算方法一般有加法评分、连积评分、加乘评分和加权评分等几种类型[6]，具体可参考相关文献。本文所选用的是专家评分法中的加权计算方法，常规的加权评分法是对项目给予相应的权重，本文针对旧建筑价值评估人员的信息认知等不同，事先运用层次分析法获取各评价人员权重，再进行各项目的评分，评分结果 C_i 计算公式如下：

$$C_i = \sum_{i=1}^{m} A_i * W_i$$

式中 m 为评价人员数；A_i 为相应评价人员对 C_i 项目的评分；W_i 为该评价人员的权重；

图7 重庆几许町酒吧改造前（上） 改造后（下）

专家评分法简便、直观性强、计算简单，可以较为准确地得到旧建筑价值特征评分排序，且已在建筑工程领域有广泛应用，结合层次分析法获取评价人员权重，在旧建筑价值评估中也就具备了可行性。

2.3 价值标准构建和评估体系

文化价值普遍存在于各类建筑之间，只是价值体系的分类方式和侧重点有所不同。例如《世界遗产公约实施指南》将文化遗产的价值划分为历史价值、科学价值、艺术价值、情感价值、环境价值、经济价值、社会价值、使用价值和生态价值共9类，《威尼斯宪章》将其分为历史价值、文化价值、艺术价值，《巴拉宪章》则将其划分为历史价值、科学价值、美学价值、社会价值。熊华希（2020）则通过调研筛选出历史价值、社会价值、文化价值、艺术价值、技术价值、经济价值、环境价值和使用价值8项[7]。

根据《中华人民共和国文物保护法》第2条[8]的规定^⑥，文物建筑的价值分为历史、艺术和科学价值。从各地方历史建筑方面的保护条例看，价值体系也同样包含历史、艺术和科学价值。本文所述的旧建筑文化价值参考文物建筑和历史建筑的价值体系也划分为历史、艺术和科学价值。本文旧建筑价值标准参考地方历史建筑方面的保护条例，以《重庆市历史文化名城名镇名村保护条例》

旧建筑价值标准细化 表1

价值体系	价值分类	内容描述
历史价值	具有代表性	在其年代或同类型中独特珍稀，具有代表性
	反映生产生活	体现某一历史时期的物质生产、生活方式、思想观念、风俗习惯等
	与重要人物事件有关	与重要的政治、经济、文化、军事等历史事件或者著名人物、设计师相关
	反映历史背景	由于某种历史原因而建造，并真实反映这种历史实际
科学价值	总图合理	包括选址布局、生态保护、灾害防御，以及造型、空间结构设计等
	结构构造	结构、材料与工艺，反映着当时的科学技术水平，或反映科学技术发展过程中的重要环节
	科学实验生产场所	本身是某种科学实验及生产、交通等设施或场所
	重要资料保存场所	在其中记录和保存着重要的科学技术资料
艺术价值	细节	附属于建筑的造型艺术品、装饰、构件细节等
	建筑艺术	建筑艺术，包括空间构成、造型等形式美
	环境关系	景观艺术，包括风景名胜估计中的人文景观、城市景观、园林景观，以及特殊风貌的遗址景观等
	巧妙构思	各种艺术的创意构思和表现手法

第十五条[9]规定为参考⑤，结合调研和专家讨论，将旧建筑价值标准归纳细化，如表1所示。

综上所述，旧建筑的价值体系分为历史、艺术和科学价值，评估体系中的主体应根据建筑的具体情况，选择性吸纳建筑师、结构师、机电专家、原使用者、未来使用者、艺术家、设计师、投资者等人员，他们可以站在各自的角度保证价值识别尽可能全和准。评价客体则根据表1标准，包括外观、结构、内部、周边环境、设计理念、历史故事、场所记忆等。

3 价值识别和文化运营下的旧建筑设计方法研究

基于旧建筑评价的特点和难点，借鉴AHP和专家加权评分法，提出了初步预判、价值识别、功能匹配、设计结合的体系流程和方法。下文以实践项目详细介绍这一方法的应用步骤。

3.1 初步预判阶段

该阶段旨在预先识别并为后续的价值识别、决策和反馈建立人员体系和获取所需资料。资料方面除平立剖技术图纸和结构检测报告等设计依据资料外，最好包括运营策划报告，不做过多阐述。详细步骤如下：

①对8号楼初步判断

建筑师对8号楼进行初步调研，发现首层为框架结构，上层为砌体墙承重，四楼西侧大空间由框架柱和檩木屋架组成，属多种混合结构体系，认定为是具有一定文化价值的旧建筑。

②8号楼人员体系架构

首先，基于对8号楼的初步判断，为确保对多种混合结构的准确判断，加之建筑局部开裂，但体量较小，需要吸纳结构专家共同判断。同时，鉴于四楼有大会议室，南面墙体有通告栏，初步猜测该楼曾是前厂区的主办公楼。因此，需要与原使用者合作，共同评估其历史价值。结合整个厂区定位，投资方为重庆大学建筑规划设计研究总院，主要供设计人员使用等因素，需要征求设计和投资运营人员的看法（表2）。

其次，基于上述人员选取，运用AHP法，在8号楼评价主体权重计算的目标层下，由于后续各评价主体是对相同价值点进行识别、评估，内容相同，意义相近，所以属于同一准则层，指标层便是五类评价人员（表3）。

最后，组织表2人员开研讨会，介绍参会人员的各自识别角度、专业性、利益相关性等，明确分配决策权重的目标，向13位参会人员发放两两重要性比较表。评价标准采取9级标度，例如两因素i和j重要性比较时，前者i极端重要为9，强烈重要为7，较强重要为5，稍微重要为3，同等重要为1，位于两相邻判断的中间值则为8、6、4、2，反之若i与j两两重要性相比是后者稍微重要则为其对应的倒数，其余同理。以此获取13份评价主体的两两重要性比较表，以其中一份两两重要性比较表示意进行说明（表4），表中对角线数据为

8号楼人员体系架构 表2

人员分类	人数	备注
建筑师	3名	建筑学角度识别
结构专家	2名	结构角度识别
投资运营方	3名	投资运营角度识别
原使用者	2名	原住民角度识别
设计人员	3名	未来使用者角度识别

8号楼评价主体权重计算指标体系 表3

目标层	准则层	指标层
8号楼评价主体权重计算	人员体系	建筑师
		结构专家
		投资运营方
		原使用者
		设计人员

同因素相比,为同等重要,数值均为1,填写时仅需对对角线右上方的两两重要性进行比较即可,对角线左下方为右上方相应因素比较结果的倒数。表中具体比较结果则由纵向因素逐一与横向因素进行重要性比较,例如数据 A_1 为建筑师与结构专家进行两两重要性比较,前者建筑师更重要,重要程度介于较强重要和强烈重要之间,数值为6。数据 A_3 为建筑师与厂区原使用者进行两两重要性比较,前者建筑师稍微重要,数值为3。再如数据 A_5 为结构专家与投资运营方进行两两重要性比较,后者投资运营方稍微重要,数值为1/3,其余同理。对获得的13份两两重要性比较表数据,进行几何平均四舍五入取整,形成五类评价主体的两两重要性比较情况汇总表(表5),其中各数据 B_i 计算公式为:

$$B_i = \frac{\sum_{i=1}^{m} A_i}{m}$$

式中 m 为两两重要性比较表份数,本文为13份;A_i 为13份两两重要性比较表中对应的因素两相比较结果;

将表5数据输入层次分析法软件yaahp计算得出各类评价主体在8号楼价值评估中的决策权重结果(表6)。

3.2 价值识别阶段

该阶段的目标是确定8号楼的文化价值点及其权重排序,以供后续设计参考。具体步骤如下:

① 8号楼的价值识别

首先,由建筑师组织表2人员,明确调研目标,一同前往现场。在调研过程中,各人员代表进行实时交流讨论,从各自的专业视角出发,参照旧建筑价值标准(表1),提出需保留的价值特征及缘由,最后总结成价值识别表如下(表7):

② 8号楼价值特征权重评分量化

其次,在识别出8号楼价值点的基础上,展开专家会,进行充分讨论,使各方人员对8#楼9个价值点的认知达成共识。运用专家评分法,9个价值点作为评价项目,经过讨论明确评价标

8号楼评价主体的两两重要性比较表示意 表4

	建筑师	结构专家	投资运营方	厂区原使用者	设计人员
建筑师	1	A_1:6	A_2:2	A_3:3	A_4:3
结构专家		1	A_5:1/3	A_6:1/3	A_7:1/5
投资运营方			1	A_8:5	A_9:3
厂区原使用者				1	A_{10}:1/3
设计人员					1

8号楼评价主体的两两重要性比较汇总表 表5

	建筑师	结构专家	投资运营方	厂区原使用者	设计人员
建筑师	1	B_1:3	B_2:1/2	B_3:2	B_4:2
结构专家	1/3	1	B_5:1/2	B_6:1/2	B_7:1
投资运营方	2	2	1	B_8:3	B_9:3
厂区原使用者	1/2	2	1/3	1	B_{10}:1
设计人员	1/2	1	1/3	1	1

8号楼评价主体价值评估决策权重计算结果 表6

目标层	准则层		指标层	
	准则层	权重值	指标层	权重值(w_i)
8号楼评价主体权重计算	人员体系	1	建筑师	0.2537
			结构专家	0.1117
			投资运营方	0.3689
			原使用者	0.1437
			设计人员	0.1220

8 号楼价值特征识别表　　　　　　　　　　　　　　　　　　　表 7

价值体系	价值分类	识别团队	特征分类	特征描述
历史价值	反映生产生活	建筑师+原使用者	通告栏	原址为鸽牌电缆厂主办公楼，通告栏用于厂区宣传和业绩展示，反映着厂区 90 年代在市场经济竞争下的励志场景
	具有代表性反映历史背景	结构师+原使用者	多种混合结构体系	90 年代厂区自救时期，经济困难，为适应 8 号楼用地北面的坡地情况，防止地基不稳定情况出现，底层用框架支撑，上层采用砌体墙承重，四楼大空间与木屋架结合使用，是特殊时代背景的产物，是框架结构+砖木结构的典型代表，具有一定技术价值和历史见证意义
科学价值	结构细部	结构师	井字梁槽板	现已十分少见的井字梁槽板
艺术价值	细节	建筑师	檩木屋架	在砌体墙承重情况下，为获得较大开间，将底层框架柱升至四楼，承载木屋架，展现传统木构建造技艺与砖混的结合，具有技术价值和工艺美感
其他	特殊构件和构造	建筑师	封火山墙	重庆地区较为常见的一种山墙处理方式
		建筑师+原使用者	山墙孔洞	为适应重庆地区潮湿天气，保证木屋架干燥，用于木屋架和檐下空间通风降温
			横墙孔洞	
			外墙与屋架间隙	
		建筑师	老虎窗	楼梯间顶部北面老虎窗，屋顶装饰，兼顾阁楼通风

准分三级：文化价值较高（3 分）、文化价值一般（2 分）、无文化价值或文化价值较低（1 分）。由各评价主体对九个评价项目进行评分，统计如表 8 所示。

综上所述，从价值量的角度为后续更新设计提出了三点设计依据（图 8）：

（1）专家评分显示，多种混合结构体系和檩木屋架评分最高，是 8 号楼的主要价值点，因此

8 号楼价值特征权重量化专家评分表　　　　　　　　　　　　　　　　表 8

评价主体 评价项目	通告栏	多种混合结构体系	井字梁槽板	檩木屋架	封火山墙	山墙孔洞	横墙孔洞	外墙与屋架间隙	老虎窗
建筑师（0.2537）	2	3	2	3	2	1	1	1	2
投资运营方（0.3689）	2	3	2	3	1	1	1	1	1
设计人员（0.1220）	2	3	2	3	1	1	1	1	1
原使用者（0.1437）	3	3	1	3	1	1	1	1	1
结构师（0.1117）	2	3	2	3	1	1	1	1	1
$C_i = \sum_{i=1}^{5} A_i * W_i$	2.1437	3	1.8563	3	1.2537	1	1	1	1.2537

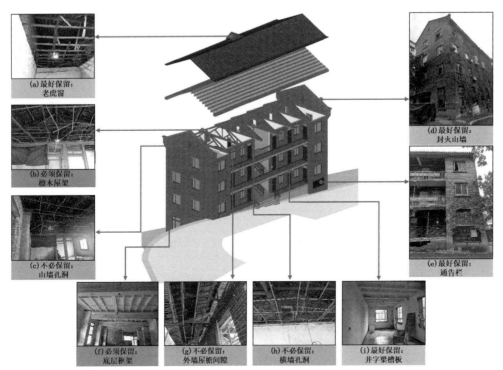

图 8　8 号楼更新设计依据示意

在更新设计中，这一特征为“必须保留”项。混合结构体系的构成部分底层框架也应属于“必须保留”的要素，是需要极力保留的元素。

(2) 井字梁槽板和通告栏评分接近2分，文化价值一般，建议“最好保留”。封火山墙和老虎窗评分1.2537，文化价值较低，但出于其是8号楼整体建筑风貌的组成部分，也应列为“最好保留”项，但若与功能、经济冲突无法解决时可舍弃。

(3) 山墙孔洞、横墙孔洞、外墙与屋架间隙等特征的评分显示文化价值较低，可以在更新设计中根据功能和经济的需要进行灵活处理，列为“不必保留”项。

3.3 功能匹配阶段

该阶段是综合考虑旧建筑自身适宜的功能与周边的需求，进行功能匹配，以确保后续能够可持续运营。具体操作如下：

①需求整合过程

在区域发展需求方面，根据创意产业园的基本功能构成，主要分为办公创作空间、休闲交流空间、展览会议空间、配套服务空间[10]，一期7号、9号楼已改造为创作办公与食堂，厨房空间已经满足，需适当增设用餐空间。

在自身功能适配方面，8号楼主要分为5种空间形式（图9）。从建筑自身空间属性考虑，适配办公、旅馆、餐厅、售卖、会议、健身娱乐等功能。

②功能匹配过程

首先，基于园区现有建筑空间尺度、区位条件，对每栋建筑的功能契合度进行分析（图10）。

其次，优先选取契合度明显高于其余三项的功能，作为该栋建筑的未来功能（图11）。

再次，对契合度差距不明显的建筑进行分析，由于12号楼仅适合布置园区休闲交流和售卖空

图9　8号楼平面空间形式示意图

楼栋号	面积	层数	建筑布局
1#	329.91m²	2F/-1F	一字形
2#	78.16m²	1F	一字形
3#	843.44m²	2F	一字形
5#	622.57m²	1F	一字形
6#	1136.38m²	4F	回形
7#	4526.93m²	2F/-1F	一字形
8#	910.39m²	3F/-1F	外廊式一字行
9#	242.62m²	1F	一字形
10#	2194.78m²	2F/-2F	一字形
11#	1288.14m²	1F/-2F	内廊式一字形
12#	120.09m²	2F	外廊式一字行
13·14#	1534m²m²	1F	一字形
16#	658.73m²	3F	一字形
18#	958.11m²	4F	外廊式折线形
19#	253.70m²	2F	方形

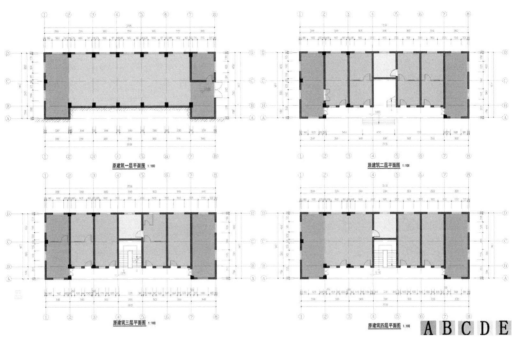

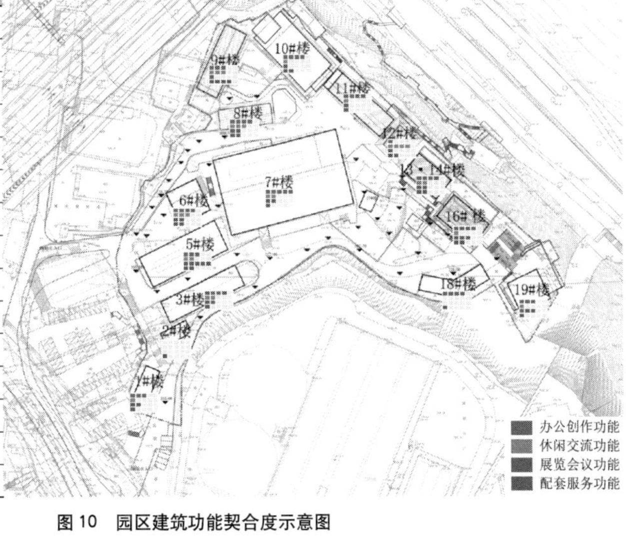

图10　园区建筑功能契合度示意图

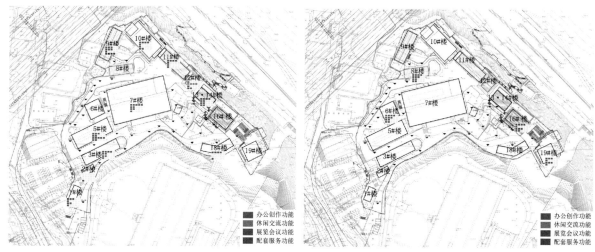

图 11　契合度优先原则确定建筑功能示意　　　　　　图 12　契合度差距不明显的建筑功能匹配情况

间，且功能辐射面相对于 6 号楼、8 号楼更广，为防止园区休闲交流功能过剩，所以此功能不再在 6 号、8 号楼进行布置。5 号楼是园区仅有的单层大厂房，面积达 622m²，可以灵活布置多功能会议空间，19 号楼区位较偏，适宜布置目的性较强的园区展览空间。16 号楼三楼是 255m² 大空间，较 8 号楼首层 B 空间景观视线更优越，且出入更方便，适宜布置未来园区的会议室。8 号楼与食堂 9 号楼有车道相隔，布置餐厅容易造成流线交叉，而 9 号楼与 10 号楼人行流线较为方便，因此将补充餐厅布置于 10 号楼首层。

最后，经过上述功能匹配，仅剩 8 号楼与 6 号楼未确定功能，8 号楼适宜功能仅剩旅馆配套和办公创作，结合园区的区位条件，周边酒店住宿便捷，且 8 号楼改造为旅馆功能时，由于原先办公楼采用公卫形式，需要加设独立卫生间，势必需要对楼板进行改造或者向外"加包"，会增大经济投入，且运营预测后续经济效益相对办公较低。布置办公时，无需付出太大经济代价，仅需修缮加固、替换破损构件，不会对建筑现状造成较大影响。而办公功能主要为总院职能部门和设计创作部门服务，总院职能部门分为事业部、市场部、科创部等，若设置在 8 号楼无法全部布置，需要另外增设，后期使用较为不便。而对于设计创作部门，按二级办公用房标准，8 号楼每层能容纳 12 人左右，刚好合适一个小型设计团队入驻，人数较多时可跨层使用，而 6 号楼则可作为园区配套功能作为补充（图 12）。

3.4　设计结合阶段

该阶段是根据价值识别阶段获得的评分依据（图 8）开展设计，最大限度地延续建筑的文化特色，同时满足功能和经济要求。

首先，"必须保留"项是 8 号楼的最高价值所在，包括多种混合结构的组成部分（图 8b、f）。底层框架被保留原状，而原檩木屋架部分的构件出现老化，采取了修复、加固和替换部分檩条的措施，以最大程度保留屋架的原始状态，向使用者展示了木屋架的原始美感（图 13b），采取低造价的方式强化了 8 号楼的文化特色。

其次，"最好保留"项文化价值一般，保留它们可以增强建筑的底蕴。通告栏、井字梁槽板和封火山墙不会对后续使用产生影响，因此它们被保留原状（图 8d、e、i）。老虎窗最初用于四楼 D 空间上部阁楼的通风和采光，可以不予保留，但其修复成本较低，所以进行修复保留设置阁楼作为储物空间（图 13a）。

"不必保留"项文化价值较低，在与功能和经济产生冲突时，可以不必保留，但若能够通过设计手段保留则更好。山墙孔洞较小，对房间使用影响较小，保留它们可以创造散射光线，为空间增添一分神秘感，因此保留原状（图 13c）。至于外墙与屋檐之间的间隙和横墙孔洞，它们的面积较大，保留会影响房间的封闭性，因此采用玻璃砖填充，既形成现代标记，又与建筑的原始构造产生对比，还能提高空间的通透性（图 13g），多彩的玻璃砖组合也为空间赋予了艺术气息（图 13e）。

新增元素。原先屋顶存在漏水问题，因此在檩木屋架之上铺设望板做防水，为保持室内瓦屋顶的意向，望板下方绘制了瓦的痕迹（图 13d）。此外，原本的栏杆部分已锈蚀，经过加固和替换，并在上方增加置物板，增加了外廊空间多种功能使用的可能性（图 13i）。楼梯休息平台处，消防管道涂上醒目的红色，与明黄色的塑钢板以及踏步上黑黄色通道指示线相呼应，强化了 8 号楼的工业氛围（图 13j、f）。新增的大字报（图 13e）和卫生间墙上的柯布西耶"模度人"画像（图 13h）也加强了 8 号楼的历史感和专业氛围。

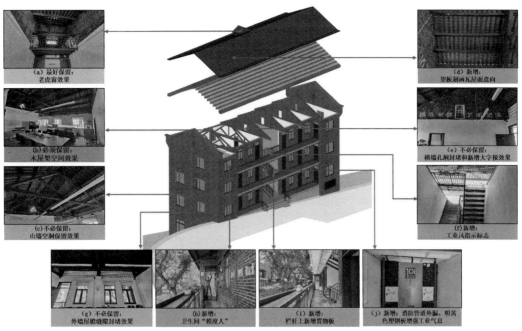

图 13　8 号楼更新设计效果示意

设计过程中，"必须保留"项被成功保留并且效果较好，增强了建筑的独特性。"最好保留"项，未与功能和经济产生冲突，均得以保留，为建筑增添了底蕴。而"不必保留"项以"修旧如新"的方式进行处理，保留了修复痕迹，提升了空间效果。新增的元素丰富了 8 号楼的工业气息和专业特色。因此，表 2 中人员一致认为 8 号楼的更新设计已经达到了预期效果。

4　结语

城市更新发展已经越来越注重文化运营，既能延续城市的文化，也能为城市的持续更新提供动力。在这一进程中，文物建筑和历史建筑之外的旧建筑扮演了重要的角色。本文从价值识别和文化运营角度出发，探讨了旧建筑的设计方法和流程，以供类似项目参考借鉴。本设计强调在保留建筑原有特点的同时，将其转化为现代城市运营所需的功能和服务。我们的城市发展过程不应只有文物、历史建筑留存，城市的多样性和生机也需要更多接地气的建筑，吸引居民和游客的同时，为城市提供了一种独特的身份认同，增强城市的社会凝聚力。

注释

① 2021 年住建部发布《关于在实施城市更新行动中防止大拆大建问题的通知（建科〔2021〕63 号）》《关于开展第一批城市更新试点工作的通知》（建办科函〔2021〕443 号），2022 年发布《关于开展 2022 年城市体检工作的通知》（建科〔2022〕54 号），2023 年住房和城乡建设部发布《关于扎实有序推进城市更新工作的通知（建科〔2023〕30 号）》等。

② 巴塞罗那将建筑师高迪品牌化（即所谓"高迪策略"），用城区的高迪系列建筑作品来构建城市美学体验体系，塑造了高迪 IP，吸引了来自全球各地的大批游客。

③ 中国鄂尔多斯市，因煤炭致富而盲目建设的康巴什新区，意欲打造东方"迪拜"，最后也因煤炭跌价而从中国"迪拜"变为鄂尔多斯"鬼城"。

④ "具有历史、艺术、科学价值的古建筑"和"与重大历史事件、革命运动或者著名人物有关的，以及具有重要纪念意义、教育意义或者史料价值的近代现代代表性建筑"。

⑤ "建成三十年以上，未公布为文物保护单位，也未登记为不可移动文物的建（构）筑物，符合下列条件之一的，可以申报历史建筑：（一）能够反映重庆历史文化和民俗传统，具有特定时代特征和山水环境地域特色；（二）与重要政治、经济、文化、军事等历史事件或者著名人物相关；（三）代表性、标志性建（构）筑物或者著名建筑师的代表作品；（四）建筑样式、结构、材料、设备、施工工艺或者工程技术能够反映重庆地域建筑特点或者具有科学研究价值；（五）建筑形体、空间、色彩、细部和装饰等具有一定的艺术特色和历史文化价值；（六）具有其他重大历史文化意义的码头、渡口、索道、桥梁、隧道等建（构）筑物。"

参考文献

[1] 肖瀚. 重庆现代建筑研究（1978-1997）[D]. 重庆大学，2017.
[2] 王纪武. 地域城市更新的文化检讨——以重庆洪崖洞街区为例[J]. 建筑学报，2007，(05)：19-22.
[3] 张兵，李红庆. 平凡建筑的平凡改造[J]. 当代建筑，2022，(02)：41-45.
[4] 张逸昕，崔茂中. 产业资源承载力界定及其技术方法支持——专家评分法和层次分析法的综合应用[J]. 管理现代化，2011，(5)：33-35.

[5] 袁志芳，苗学问，侯一蕾，等．一种基于专家评分法的装备测试性要求论证方法 [C]// 第十七届中国航空测控技术年会，2020：479-481.
[6] 裴学军．专家评分评价法及应用 [J]．哈尔滨铁道科技，2000，(1)：32.
[7] 熊华希．价值评估体系下的旧建筑改造更新策略研究 [J]．居舍，2020，(34)：177-178.
[8] 中华人民共和国文物保护法 [J]．中华人民共和国全国人民代表大会常务委员会公报，2017，(6)：863-873.
[9] 重庆市历史文化名城名镇名村保护条例 [N]．重庆日报．2018-8-7.
[10] 何冰．旧工业园区改造为文创园的建筑策划研究 [D]．清华大学，2014.

图、表来源

图 1 左：引自参考文献 [1]。
图 2：https://www.thepaper.cn/newsDetail_forward_19393987
图 7 左：https://www.gooood.cn/jixuting-bar-china-by-qing-studio.htm
其余图片、表格均为作者自绘和自摄。

作者：陈纲，重庆大学建筑城规学院，硕士，副教授，硕士生导师；李海泽，重庆大学建筑城规学院硕士研究生；李政轩，重庆大学建筑城规学院硕士研究生